Web 前端开发 1+X 证书配套用书

Vue.js 3 前端开发案例教程

赵增敏　卢　捷　屈化冰　主　编

张　博　王　亮　宋红相　副主编

电子工业出版社·

Publishing House of Electronics Industry

北京·BEIJING

内 容 简 介

本书以 Vue.js 3 为蓝本系统地讲述了 Web 前端开发技术。本书采用理实一体、案例驱动的教学方式组织教学。本书共分 10 章，主要内容包括 Vue.js 使用基础、Vue 应用创建、Vue 模板应用、Vue 事件处理、Vue 表单绑定、Vue 组件应用、组合式 API、Vue 路由管理、Vue 网络请求、Vue 状态管理。

本书坚持以能力为本位，增加实用性、适用性和先进性，结构合理、论述准确、内容翔实，注意知识的层次性和技能培养的渐进性，遵循难点分散的原则合理安排各章的内容，通过丰富的案例引导学生学习，旨在培养他们的实践能力和创新精神。

本书可以作为职业院校计算机类专业的教材，也可以作为 Web 前端开发培训班的教学用书，还可以作为 Vue.js 爱好者和 Web 前端开发人员的参考书。

图书在版编目（CIP）数据

Vue. js 3 前端开发案例教程 / 赵增敏，卢捷，屈化冰主编. -- 北京 : 电子工业出版社，2024. 7. -- ISBN 978-7-121-48364-6

Ⅰ．TP393.092.2

中国国家版本馆 CIP 数据核字第 202459D4X8 号

责任编辑：郑小燕
印　　刷：三河市龙林印务有限公司
装　　订：三河市龙林印务有限公司
出版发行：电子工业出版社
　　　　　北京市海淀区万寿路 173 信箱　　　　邮编：100036
开　　本：880×1 230　　1/16　　印张：23　　字数：545 千字
版　　次：2024 年 7 月第 1 版
印　　次：2024 年 7 月第 1 次印刷
定　　价：65.00 元

凡所购买电子工业出版社图书有缺损问题，请向购买书店调换。若书店售缺，请与本社发行部联系，联系及邮购电话：（010）88254888，88258888。

质量投诉请发邮件至 zlts@phei.com.cn，盗版侵权举报请发邮件至 dbqq@phei.com.cn。

本书咨询联系方式：（010）88254550，zhengxy@phei.com.cn。

前　言

党的二十大报告指出："教育、科技、人才是全面建设社会主义现代化国家的基础性、战略性支撑。"在职业院校中，Web 前端开发是计算机类专业的一门重要专业课。在本书的编写过程中，为了推进党的二十大精神进教材、进课堂、进头脑，作者努力将知识教育与思想品德教育相结合，通过案例加深学生对知识的认识和理解，让学生在学习新兴技术的同时了解国家在科技发展上的伟大成果，提升学生的民族自豪感，引导学生树立正确的世界观、人生观和价值观，进一步提升学生的职业素养，落实德才兼备、高素质和高技能的人才培养要求。

Vue.js 是目前的主流 Web 前端框架之一，其特点是易于理解和使用，性能出色，适用场景丰富，可以有效地提高开发效率并改善开发体验。熟练掌握 Vue.js 框架的应用已成为前端开发人员必备的一项技能。本书结合现代职业教育的特点和社会用人需求，采用理实一体和案例驱动的教学方式，通过大量案例详细地讲述了 Vue.js 前端开发技术。

本书共分 10 章，详细地讲述了 Web 前端开发的基本知识和设计技巧。第 1 章讲解 Vue.js 使用基础，包括 Vue 简介、配置 Vue 开发环境及 Vue 的简单使用。第 2 章讲解 Vue 应用创建，包括应用的创建和配置、响应式基础及生命周期。第 3 章讲解 Vue 模板应用，包括模板基础、绑定类与样式、条件渲染及列表渲染。第 4 章讲解 Vue 事件处理，包括标准 DOM 事件模型、监听事件及 v-on 指令修饰符。第 5 章讲解 Vue 表单绑定，包括 v-model 指令的基本用法、绑定动态值及使用修饰符。第 6 章讲解 Vue 组件应用，包括创建和使用组件、向组件传递数据、处理组件事件、组件双向绑定、透传属性、内容分发、依赖注入及单文件组件。第 7 章讲解组合式 API，包括 setup 钩子、响应式 API、生命周期钩子及依赖注入。第 8 章讲解 Vue 路由管理，包括初识 Vue Router、通过路由传递数据、路由匹配语法、嵌套路由与命名路由、编程式导航、命名视图、重定向和别名、路由的历史模式及导航守卫。第 9 章讲解 Vue 网络请求，包括 Axios 基本用法及 Axios API。第 10 章讲解 Vue 状态管理，包括 Pinia 使用基础、创建 store、管理 state、管理 getter、管理 action 及 Pinia 持久化存储。

本书由赵增敏、卢捷和屈化冰担任主编，由张博、王亮和宋红相担任副主编。其中，卢捷负责编写第 1 章和第 2 章，屈化冰负责编写第 3 章和第 4 章，张博负责编写第 5 章和第 9 章，王亮负责编写第 6 章，宋红相负责编写第 8 章，赵增敏负责编写第 7 章和第 10 章并负责全书统稿。

为了方便教师教学，本书还配有 PPT 课件和习题答案（电子版）。请有需要的教师登录华信教育资源网免费注册后进行下载，有问题时请在网站留言板留言或与电子工业出版社联系（E-mail：hxedu@phei.com.cn）。

由于作者水平有限，书中疏漏和不妥之处在所难免，欢迎广大读者提出宝贵意见。

作　者

目　　录

Vue.js 使用基础

Vue.js（以下简称 Vue）是目前的主流 Web 前端框架之一。与其他前端框架相比，Vue 更易于理解和使用，它性能出色，适用场景丰富，不仅可以提高开发效率，还可以改善开发体验。熟练掌握 Vue 的应用已成为前端开发人员必备的一项技能。本章首先对 Vue 做一个简要介绍，然后讲解如何配置 Vue 开发环境，最后通过示例说明 Vue 的简单使用。

1.1　Vue 简介

在学习 Vue 之前，首先简单回顾一下前端技术的发展历程，然后介绍 Vue 的基本概念和主要优势，以及 Vue 3 的新特性。本书内容基于 Vue 3.3.4 编写。

1.1.1　前端技术的发展

前端是指网站的前台部分，它运行在 PC 端、移动端等设备的 Web 浏览器上，并呈现供用户浏览的网页。前端技术一般分为前端设计和前端开发，前端设计一般可以理解为网站的视觉设计，前端开发则是网站前台代码的实现。

在前端开发中，使用 HTML、CSS 和 JavaScript 作为基础语言来实现网页的结构、样式和行为。HTML 用于创建网页的结构，如用<p></p>标签表示段落，用<a></a>标签表示超链接等；CSS 用于控制网页的样式和布局，如颜色、大小和字体等，可以实现布局合理且美观的页面效果；JavaScript 用于实现网页的逻辑、行为和动作等，可以动态改变页面元素的内容、属性和样式，为网页添加更多的交互性和动态性，实现更好的用户体验。

在构建大型项目时，往往需要编写大量的 JavaScript 代码来操作 DOM 并处理浏览器兼容性问题，导致代码逻辑越来越烦琐。在这种情况下，用 JavaScript 编写的 jQuery 库应运而生，其核心理念是"Write Less，Do More"，即通过编写少量代码来做更多的事情，使用它可以轻松实现 DOM 操作、事件处理、动画效果及 AJAX 交互等功能。

AJAX 是一种用于创建动态网页的技术。使用 AJAX 可以在不刷新整个页面的情况下更新其中的部分内容，使网站运行更加流畅，极大地提高了网站的用户体验。

随着移动设备的普及，人们需要访问适合于各种设备的网页。为了满足这种需求，响应式设计应运而生，它可以根据设备的屏幕大小调整网页的布局和样式，这使得网页在不同设备上的显示效果更加统一和流畅。例如，推特发布的 Bootstrap 就是一套常用的前端开源工具包，它提供了 Sass 变量和 mixins、响应式网格系统、丰富的预构建组件及 JavaScript 插件，可以快速地设计响应式的、移动优先的 Web 站点。

随着移动端的发展，前端技术被逐渐应用到移动端开发中，用来构建单页应用。这种单页应用是前端开发的一种形式，在切换页面时不需要刷新整个页面，而是通过 AJAX 异步加载数据并改变局部内容。为了更方便地开发这一类的应用，各种前端框架应运而生。前端框架为开发人员提供了各种强大的功能，如组件化、状态管理、路由等。前端框架的兴起标志着前端技术的进一步成熟和发展。

现代前端框架中较为流行的主要有 Vue、Angular 和 React，随着版本的不断更新，这些框架的功能也在日臻完善，目前已成为前端开发人员的首选工具。Vue 作为一个前端框架，其主要职责是在浏览器中生成和操作 DOM，它通过虚拟 DOM 技术减少对 DOM 的直接操作，通过部分 API 实现响应式的数据绑定，通过组件化降低项目开发的复杂度，使代码易于复用，同时提高了项目的可维护性，便于团队的协同开发。

1.1.2　什么是 Vue

Vue 的读音是[vju:]，听起来类似于英文单词 view。Vue 是一款用于构建用户界面的 JavaScript 框架，它在标准的 HTML、CSS 和 JavaScript 的基础上构建，并提供了一套声明式的、组件化的编程模型，可以用来高效地开发用户界面。无论是简单还是复杂的界面开发工作，Vue 都可以胜任。

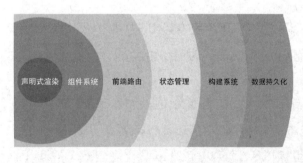

Vue 是一个渐进式的 JavaScript 框架，其分层结构如图 1.1 所示。Vue 的功能涵盖了 Web 前端开发中的大多数常见需求，它在设计上非常注重灵活性，具有可以被逐步集成的特点。

在如图 1.1 所示的分层结构中，最核心的部分是声明式渲染，紧邻的是组件系统，以它们为基础的是前端路由和状态管理，最后是构建系统和数据持久化。

图 1.1　Vue 分层结构

根据需求场景，开发人员可以通过不同的方式使用 Vue。

如果后端框架已经渲染了大部分 HTML，或者前端逻辑并不复杂，则可以将 Vue 当作一个 JavaScript 库来使用，此时不需要构建步骤。对于这一类比较简单的系统，其主要需求是访问页面中的 DOM 节点以获取用户输入的数据，并将更新后的数据渲染到视图中。此时，可以使用 Vue 的声明式渲染机制轻松地操作 DOM，并在数据变化时自动渲染视图。

如果前端界面比较复杂，则可以考虑将界面组件化，可以使用 Vue 的组件系统将界面元素（HTML）、样式（CSS）和逻辑（JavaScript）封装成一些可复用的组件，从而大大降低前端系统的复杂度。

如果要求前后端分离，则可以通过 Vue Router 插件将前端开发为单页应用（SPA）。如果应用中有许多数据需要在不同组件之间共享，则可以引用 Pinia 或 Vuex 状态管理库对状态进行统一管理。

如果要进行前端项目开发，则可以使用 Vue 提供的构建工具 Vite 或 Vue CLI 轻松搭建一个 Vue 项目，该项目内置了运行环境，便于开发、调试和观察项目的运行结果，并且很容易构建发布版本。

1.1.3　Vue 的优势

Vue、Angular 和 React 是当今三大主流前端框架。Vue 继承了 Angular 和 React 的优势，代码简洁，易学好用，在前端开发中得到了越来越广泛的应用。

与其他前端框架相比，Vue 主要有以下优势。

（1）简单易学。Vue 提供了简洁的 API，易于理解和使用，这使其成为学习 JavaScript 前端框架的理想选择。

（2）灵活性。Vue 作为一个渐进式的 JavaScript 框架，具有良好的灵活性，可以在不同的应用场景中使用，提高了自身可扩展性。

（3）组件化。Vue 支持组件化开发，可以将 UI 划分为一些独立的、可重用的组件，并在每个组件内封装自定义的内容和逻辑，降低了项目开发的复杂度。

（4）响应式。Vue 采用响应式的设计模式，在数据发生改变时会自动更新对应的视图，降低了代码的维护成本。

（5）前端路由。Vue Router 是 Vue 官方提供的路由管理器，它与 Vue 的核心深度集成，可以很方便地应用于单页应用开发。

（6）状态管理。Vuex 和 Pinia 都是专为 Vue 应用而开发的状态管理库，它们采用集中式存储管理应用的所有组件的状态，并以相应规则保证状态以可预测的方式发生变化。

（7）虚拟 DOM。Vue 通过虚拟 DOM 技术将 UI 通过数据结构"虚拟"地表示出来并保存在内存中，之后使真实 DOM 与之保持同步，从而有效解决浏览器性能问题。

（8）工具链。Vue 官方提供了 Vite 和 Vue CLI 项目脚手架工具：前者是一个轻量级的、速度极快的构建工具，对 Vue 单文件组件（SFC）提供了第一优先级支持；后者则是基于 Webpack 的工具链，现在仍处于维护模式。

此外，Vue 还对各种集成开发环境提供了语法高亮、TypeScript 支持和智能提示功能，以及浏览器开发者插件，可以使用该插件来浏览 Vue 应用的组件树，查看各个组件的状态，追踪状态管理的事件。

1.1.4　Vue 3 的新特性

Vue 3 发布于 2020 年 9 月 18 日，虽然目前 Vue 2 还可以使用，但 Vue 官方已宣布停止维护 Vue 2。如果打算从现在开始学习 Vue 前端开发，最好直接选择 Vue 3 作为蓝本。这是因为 Vue 3 并没有沿用 Vue 2 的代码，而是采用了 TypeScript 重新编写，新版本的 API 全部采用普通函数，编写代码时可以享受完整的类型推断。

Vue 3 的新特性主要包括以下几个方面。

（1）更好的性能。Vue 3 重写了虚拟 DOM 的实现，并对模板编译进行了优化，改进了组件初始化的速度。与 Vue 2 相比，Vue 3 在组件更新速度和内存占用方面的性能有显著提升。

（2）Tree-shaking 支持。对无用模块进行剪枝，仅打包需要的模块，减小了产品发布版本的大小。Vue 3 支持按需引入，而在 Vue 2 中，那些用不到的功能也会被打包进来。

（3）组合式 API。在 Vue 2 中，组件只能使用选项式 API 编写。Vue 3 在保留原有选项式 API 的前提下，新增了一种组合式 API。目前，组件可以使用这两种不同风格的 API 来编写。在使用选项式 API 时，可以用包含多个选项的对象来描述组件的逻辑，这些选项所定义的属性都会暴露在函数内部的 this 上，它会指向当前的组件实例。在使用组合式 API 时，可以用导入的 API 函数来描述组件的逻辑，代码更为简洁。

（4）碎片（Fragment）。Vue 2 要求组件必须有一个唯一的根节点，Vue 3 不再有这个限制，组件可以有多个节点。

（5）传送（Teleport）。在某些情况下，组件模板中的一部分在逻辑上属于该组件，但从技术角度来看，这部分最好被移至 DOM 中 Vue 应用之外的其他位置，此时使用 Teleport 内置组件即可实现这个目标。

（6）悬念（Suspense）。Suspense 内置组件用来在组件树中协调对异步依赖的处理，它可以在嵌套层级中等待下层嵌套的异步依赖项解析完成，并在等待时渲染一个加载状态。

（7）更好的 TypeScript 支持。Vue 3 的代码库全部使用 TypeScript 编写，具有更好的类型支持。开发人员现在可以使用 TypeScript 来编写程序，无须担心兼容性问题，结合 Vue 3 的 TypeScript 插件使用，可以拥有类型检查和自动补全代码等功能，使开发更加高效。

（8）自定义渲染器 API。通过自定义渲染器 API，Vue 3 可以尝试与第三方库集成。

1.2　配置 Vue 开发环境

工欲善其事，必先利其器。在使用 Vue 之前，需要搭建好 Vue 开发环境。下面首先介绍几种常用的集成开发环境，然后介绍如何安装相关软件。

1.2.1　常用集成开发环境

集成开发环境（Integrated Development Environment，IDE）是指提供程序开发环境的应用

程序，一般包括代码编辑器、编译器、调试器和图形用户界面等工具。在使用 Vue 进行前端开发时，常用的集成开发环境有以下几种。

1. WebStorm

WebStorm 是 JavaScript 和相关技术的集成开发环境，使用它可以获得令人愉快的开发体验，实现前端开发的自动化，有助于轻松处理各种复杂任务，其主要特点如下。

（1）专攻 JavaScript。WebStorm 建立在开源的 IntelliJ 平台上，它包含许多改进功能，使编写 JavaScript 代码更加轻松，并能获得卓有成效的体验。WebStorm 带有对 JavaScript、TypeScript、Vue、React、Angular、Node.js、HTML 和 CSS 等的开箱即用支持，可以直接编码，无须考虑安装或维护任何插件。

（2）智能编辑器。WebStorm 深入了解整个项目的结构，可以在各个方面为开发人员编写代码提供帮助，它能自动补全代码、检测并建议错误修复和冗余，安全地重构代码。在使用智能编辑器键入时会显示相关关键字和符号，使编写代码的速度更快。智能编辑器中的所有建议都是根据上下文和类型感知提出的，并且可以跨语言工作，如 CSS 中的类名可以在.js 文件中完成。

（3）内置 HTML 预览。在 WebStorm 中可以直接预览静态 HTML 文件的页面效果，在保存对 HTML 文件或所链接的 CSS 文件和 JavaScript 文件的更改时，预览会自动重新加载。

（4）集成终端和调试控制台。在 WebStorm 的嵌入式终端中可以使用命令行执行某些任务，也可以通过调试控制台调试 JavaScript 代码，无须离开集成开发环境。

（5）Vue 支持。WebStorm 提供了 Vue 单文件组件的模板支持，从 WebStorm 2023.1 开始还附带了对 Vue 模板的 TypeScript 支持。

2. Visual Studio Code

Visual Studio Code 是 Microsoft 推出的一款免费开源的代码编辑器，它内置对 JavaScript、TypeScript 和 Node.js 的支持，并具有丰富的语言和运行时扩展的生态系统，其主要特点如下。

（1）轻巧快捷，占用系统资源少。

（2）具有语法高亮、智能代码补全、自定义快捷键和代码匹配等功能。

（3）具有跨平台性，可以运行于 macOS、Windows 和 Linux 之上。

（4）用户界面设计较人性化，可以自定义主题颜色、分屏显示代码、快速查看最近打开的项目文件并查看项目结构。

（5）提供了丰富的插件，可以根据需要下载和安装插件，以扩展其功能。Vue 官方推荐使用的集成开发环境是 Visual Studio Code，并提供了配合 Vue 语言特性的 Volar 插件，该插件提供了语法高亮、TypeScript 支持、模板内表达式及组件 props 的智能提示等。

（6）自带终端和调试控制台，可以通过执行某些命令来完成常见的任务，也可以对 JavaScript 代码进行调试。

3．HBuilderX

HBuilderX（简称 HX）是 DCloud（数字天堂）推出的一款支持 HTML5 的 Web 集成开发环境，是一款免费的开发工具，其主要特点如下。

（1）轻巧极速。它采用 10MB 的绿色发行包，无须安装，解压缩后即可使用。采用 C++架构，启动速度快，打开大文档和编码提示都是极速响应的。

（2）强大的语法提示功能。它具有一流的语法分析能力，语法提示精准、全面、细致，支持各种表达式语法，以及 script 和 style 支持的其他语言的高亮显示，无须安装插件。

（3）Vue 支持。在 HBuilderX 中打开.vue 文件时，会自动挂载 Vue 语法库。如果在 HTML 文件中引用 Vue，则需要单击窗口右下角的语法提示库并选择 Vue 语法库。推荐开发人员使用 Vue 单文件组件规范直接打开.vue 文件。从 HBuilderX 3.2.5 开始，优化了对 Vue 3 的支持，其不仅支持 Vue 3 的基本 API，还支持组合式 API 及 Vue 3 推荐使用的 setup 语法糖，在 data、props 和 setup 中定义的变量，以及在 methods 和 setup 中定义的函数都能在组件模板中提示及跳转到变量和函数的定义处。

（4）自带 Web 浏览器、终端和调试控制台，不用离开集成开发环境就可以浏览程序运行结果，通过命令行执行相关任务，调用 JavaScript 代码并排查错误。

1.2.2　Node.js 环境

Node.js 是一个基于 Chrome V8 引擎的 JavaScript 运行环境，它可以让 JavaScript 运行在服务器端。在构建 Vue 项目和进行服务器渲染时都要用到 Node.js，因此需要事先安装。

下面介绍如何在 Windows 平台上安装 Node.js。

（1）在浏览器中打开 Node.js 官方网站，进入 Node.js 下载页面，如图 1.2 所示。其中可以看到，Node.js 有以下两个版本：LTS（Long Term Support）是提供长期支持的版本，平时仅进行微小的 Bug 修改，版本稳定，推荐大多数用户使用；Current 是当前发布的最新版本，增加了一些新特性，有利于开发人员使用最新技术进行开发。这里建议选择运行于 Windows 平台的 LTS 64 位版本。

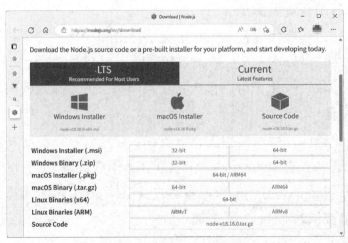

图 1.2　Node.js 下载页面

（2）下载完成后，双击安装包开始安装，Node.js 安装向导的欢迎界面如图 1.3 所示。

图 1.3　Node.js 安装向导的欢迎界面

（3）在安装向导的提示下进行安装，每个步骤均使用默认设置，直至安装完成。

（4）安装完成后，打开 Windows 终端窗口，在命令提示符后面输入命令"node -v"，查看 Node.js 的版本信息，如图 1.4 所示。

（5）在 D 盘中创建 Vue3\chapter01 目录，并在该目录中创建一个 JavaScript 脚本文件，将其保存为 demo.js，代码如下。

```
console.log('Hello Node.js!')
```

（6）在命令提示符后面输入命令"node demo.js"来运行 demo.js 文件，如图 1.5 所示。

图 1.4　查看 Node.js 的版本信息

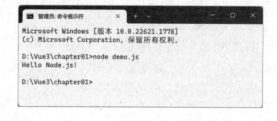

图 1.5　运行 demo.js 文件

1.2.3　npm 包管理工具

npm 是 Node.js Package Manager 的缩写，它是一个 Node.js 的包管理工具，可以用来安装各种 Node.js 的扩展，并解决 Node.js 的代码部署问题。npm 也是 JavaScript 的包管理工具，它是世界上最大的软件注册表，拥有超过 60 万个可供下载的 JavaScript 代码包，让 JavaScript 开发人员可以轻松地使用其他开发人员共享的代码。npm 由网站、注册表和命令行界面（CLI）三部分组成，会随着 Node.js 的安装而自动安装，无须单独安装。

作为包管理工具，npm 提供了一些操作包的命令，只需要在命令行中输入命令就可以对包进行管理。下面列出常用的 npm 命令。

• 查看 npm 版本信息：

```
npm -v
```

- 使用交互的方式生成项目的 package.json 文件，若结合使用-y，则表示使用默认值：

```
npm init -y
```

- 根据项目中的 package.json 文件自动下载项目所需的全部依赖：

```
npm install
```

- 安装开发依赖包，这些包将出现在 package.json 文件的 devDependencies 属性中：

```
npm insall <PackageName> -D 或 npm install <PackageName> --sava-dev
```

- 安装要发布到生产环境的包，这些包将出现在 package.json 文件的 dependenceies 属性中：

```
npm insall <PackageName> -S 或 npm install <PackageName> --save
```

- 全局安装指定的包：

```
npm insall <PackageName> -g
```

- 查看当前目录下已安装的包：

```
npm list
```

- 查看已经安装的全局包：

```
npm list -g
```

- 查看 npm 帮助命令：

```
npm --help
```

- 更新指定包：

```
npm update <PackageName>
```

- 卸载指定包：

```
npm uninstall <PackageName>
```

- 查看远程 npm 上指定包的所有版本信息：

```
npm info <PackageName>
```

- 查看当前包的安装路径：

```
npm root
```

- 查看全局包的安装路径：

```
npm root -g
```

- 查看本地安装的指定包及其版本信息：

```
npm ls <PackageName>
```

- 查看全局安装的指定包及其版本信息：

```
npm ls <PackageName> -g
```

- 运行 package.json 文件中定义的脚本命令：

```
npm run <ScriptCommand>
```

例如，下面的 package.json 文件中定义了 3 个脚本命令：

```
{
  "scripts": {
    "dev": "vite",
    "build": "vite build",
    "preview": "vite preview --port 4173"
  }
}
```

1.2.4　Vue Devtools 扩展

Vue Devtools 是 Vue 官方提供的一个用于调试 Vue 应用程序的浏览器开发工具插件，使用它可以浏览 Vue 应用的组件树，查看各个组件的状态，追踪状态管理的事件，还可以进行组件性能分析。下面以 Edge 浏览器为例来介绍该插件的安装步骤。

（1）在 Edge 浏览器中打开 Vue Devtools 安装页面，在该页面中选择"Install on Edge"选项，如图 1.6 所示。

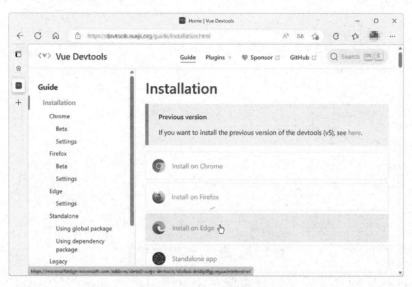

图 1.6　Vue Devtools 安装页面

（2）进入"Edge 外接程序"页面，显示 Vue Devtools 的相关信息，在"获取"按钮下方可以看到"与你的浏览器兼容"字样，此时可以通过单击该按钮来获取 Vue Devtools 插件，如图 1.7 所示。

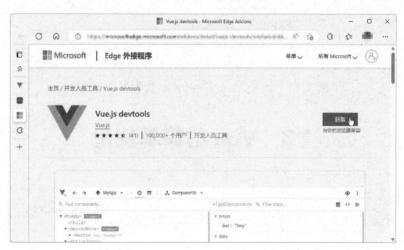

图 1.7　获取 Vue Devtools 插件

（3）当弹出如图 1.8 所示的提示对话框时，单击"添加扩展"按钮；如果该插件安装成功，则会弹出如图 1.9 所示的提示对话框，表示该插件已经被添加到 Edge 浏览器中。

图 1.8　确认添加扩展　　　　　　　　　　　　　图 1.9　扩展安装成功

（4）单击浏览器窗口右上角的"..."按钮，在弹出的菜单中选择"扩展"选项，并从"扩展"列表中选择"Vue Devtools"选项，即可查看该插件的详细信息，如图 1.10 所示。

图 1.10　查看已安装的扩展

完成 Vue Devtools 的安装后，如果需要在浏览器中运行 Vue 程序，则可以通过按 F12 键打开开发者工具窗格，之后在工具栏中选择"Vue"选项，即可激活 Vue Devtools，如图 1.11 所示。

图 1.11　使用 Vue Devtools 查看状态信息

1.3　Vue 的简单使用

搭建好 Vue 开发环境后，即可通过不同的方式来使用 Vue。下面首先介绍借助<script>标签通过 CDN 使用 Vue，然后介绍使用 nmp 包管理工具构建 Vue 项目。

1.3.1　通过 CDN 使用 Vue

CDN 是 Content Delivery Network 的缩写，意即内容分发网络，其基本理念是尽可能避开互联网上可能影响数据传输速度和稳定性的瓶颈和环节，使内容传输得更快、更稳定。通过在网络各处放置节点服务器构成一层基于现有互联网的智能虚拟网络，CDN 系统能够实时地根据网络流量和各节点的连接、负载状况，以及到用户的距离和响应时间等综合信息，将用户的请求重新导向距离用户最近的服务节点上。其目的是使用户就近取得所需内容，缓解 Internet 网络拥挤的状况，提高用户访问网站的响应速度。

对于比较简单的需求，可以通过 CDN 使用 Vue 来满足，即在 HTML 文件中借助<script>标签直接通过 CDN 来使用 Vue。在这种情况下，不涉及 Vue 项目的构建步骤，设置更加简单，并且可以用于增强静态的 HTML 文件或与后端框架集成。不过，此时无法使用单文件组件语法。

在通过 CDN 使用 Vue 时，常用的 CDN 主要有 unpkg、jsdelivr 和 cdnjs。当然，为了省去联网过程，也可以将 Vue 文件下载到本地。

Vue 文件分为全局构建版本和 ES 模块构建版本，两者在使用方法上略有不同。

1. 全局构建版本

在使用全局构建版本时，可以在<script>标签中通过 CDN URL 来引用 vue.global.js 文件：

```
<script src="https://unpkg.com/vue@3/dist/vue.global.js"></script>
```

也可以将此文件下载到本地，存放在项目的 js 目录中，之后通过<script>标签来引用：

```
<script src="../js/vue.global.js"></script>
```

引入全局构建版本的 Vue 后，所有顶层 API 均以属性的形式暴露在全局对象 Vue 上，此时可以先通过对 Vue 对象解构赋值来获取 createApp()函数：

```
const {createApp} = Vue
```

然后，通过调用该函数来创建一个应用实例：

```
const app = createApp(/* ... */)
```

最后，将应用实例挂载在一个容器元素中：

```
app.mount('#app')
```

【例 1.1】使用全局构建版本创建第一个 Vue 应用。

（1）下载 Vue 全局构建版本 vue.global.js，并将其复制到 D:\Vue3\js 目录中。

（2）在 D:\Vue3\chapter01 目录中创建 1-01.html 文件，代码如下。

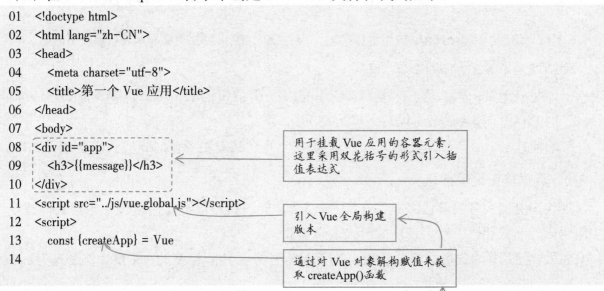

```
01  <!doctype html>
02  <html lang="zh-CN">
03  <head>
04    <meta charset="utf-8">
05    <title>第一个 Vue 应用</title>
06  </head>
07  <body>
08    <div id="app">
09      <h3>{{message}}</h3>
10    </div>
11  <script src="../js/vue.global.js"></script>
12  <script>
13    const {createApp} = Vue
14
```

用于挂载 Vue 应用的容器元素，这里采用双花括号的形式引入插值表达式

引入 Vue 全局构建版本

通过对 Vue 对象解构赋值来获取 createApp()函数

```
15    createApp({
16       data() {
17          return {
18             message: 'Hello World!'
19          }
20       }
21    }).mount('#app')
22  </script>
23  </body>
24  </html>
```

调用 createApp() 函数创建 Vue 应用实例

挂载 Vue 应用实例

在上述代码中，第 11 行使用 <script> 标签引入了 Vue 全局构建版本；第 13 行通过对 Vue 对象解构赋值来获取 createApp() 函数；第 15 行～第 21 行通过调用该函数来创建一个 Vue 应用实例，并将其挂载在 id 属性值为 app 的 div 元素中。当调用 createApp() 函数时，传入一个 JavaScript 对象作为根组件选项。在本例中，该对象仅包含一个 data 属性，它是一个函数，用于声明组件的初始响应式状态，其返回值是一个 JavaScript 对象，用于声明组件的 message 属性。

第 9 行在 DOM 模板中使用 Vue 提供的模板语法，采用双花括号的形式引入了一个插值表达式 {{message}}，并将 message 属性绑定到 h3 元素上。

（3）在浏览器中打开 1-01.html 文件，通过按 F12 键打开开发者工具窗格，之后激活 Vue Devtools，并使用它查看组件状态，结果如图 1.12 所示。

（4）当使用该插件修改 message 属性值时，页面显示结果将随之更新，如图 1.13 所示。

图 1.12 使用 Vue Devtools 查看组件状态　　　图 1.13 页面显示结果自动更新

本例展示了 Vue 的两个核心功能。

- 声明式渲染：Vue 基于标准 HTML 拓展了一套模板语法，可以声明式地描述最终输出的 HTML 与 JavaScript 状态之间的关系。
- 响应性：Vue 会自动跟踪 JavaScript 状态，并在其发生变化时响应式地更新 DOM。

2．ES 模块构建版本

现代浏览器大多数都已经原生支持 ES 模块功能，而且能够采用最优化的形式加载模块，与使用库的形式相比，使用模块的形式效率更高。

如果要使用模块的形式来加载 Vue，则首先需要将 <script> 标签的 type 属性值设置为 module，然后使用 import 语句通过 CDN 和原生 ES 模块来使用 Vue，代码如下。

```
<script type="module">
  import {createApp} from 'https://unpkg.com/vue@3/dist/vue.esm-browser.js'

  createApp({
    data() {
      return {
        message: 'Hello Vue!'
      }
    }
  }).mount('#app')
</script>
```

注意：将 type 属性值设置为 module

从原生 ES 模块中导入 createApp() 函数

在上述代码中，导入的 CDN URL 指向的是 Vue 的 ES 模块构建版本。当然，也可以将此文件下载到本地，并使导入的 URL 指向其位置。

当使用 import 语句导入 vue 模块时，除了直接使用绝对 URL 或相对 URL，也可以使用 import map（导入映射表）。

导入映射表为在浏览器中使用 ES 模块提供了一种更合理的方式，语法格式如下。

```
<script type="importmap">
  // 定义导入的 JSON 对象
</script>
```

导入映射表是一个 JSON 对象，它允许开发人员在导入 JavaScript 模块时控制浏览器如何解析模块标识符，提供了在 import 语句或 import() 运算符中用作模块标识符的文本，并在解析标识符时与要替换的文本之间建立映射。

导入映射表用于解析静态和动态导入中的模块标识符，因此必须在导入映射表中声明的标识符导入模块的任何 <script> 标签之前进行声明和处理。导入映射表仅适用于 import 语句或 import() 运算符中的模块标识符，而不适用于 <script> 标签的 src 属性中指定的路径。

例如，下面通过导入映射表定义了一个 imports 键，该键包含 square 和 circle 属性（即模块标识符），它们分别被映射为相对 URL 和绝对 URL，代码如下。

```
<script type="importmap">
  {
    "imports": {
      "square": "./module/shapes/square.js",
      "circle": "https://example.com/shapes/circle.js"
    }
  }
</script>
```

在创建导入映射表后，即可使用 import 语句通过模块标识符来导入相应的模块。

如果启用 import map，则可以使用导入映射表来指定浏览器如何定位到导入的 vue 模块，代码如下。

```
<script type="importmap">
  {
```

```
    "imports": {
      "vue": "https://unpkg.com/vue@3/dist/vue.esm-browser.js"
    }
  }
</script>
<div id="app">{{message}}</div>
<script type="module">
  import {createApp} from 'vue'

  createApp({
    data() {
      return {
        message: 'Hello Vue!'
      }
    }
  }).mount('#app')
</script>
```

> 通过映射表来导入 vue 模块
>
> 从 vue 模块中导入 createApp() 函数

也可以在导入映射表中添加其他的依赖，但必须确保使用的是所导入库的 ES 模块版本。

目前只有基于 Chromium 的浏览器支持导入映射表，所以在学习过程中推荐使用 Chrome 或 Edge 浏览器。

简单的应用项目通常将 JavaScript 代码写在一个单独的文件中。但是，如果要开发复杂的应用项目，则需要编写大量的 JavaScript 代码，此时可以将 JavaScript 代码拆分成可按需导入的单独模块，以便管理。

【例 1.2】通过导入映射表使用 Vue 的 ES 模块构建版本，并将根组件选项对象拆分到一个单独的文件中。

（1）下载 Vue 的 ES 模块构建版本 vue.esm-browser.js，并将其复制到 D:\Vue3\js 目录中。

（2）在 D:\Vue3\chapter01\modules 目录中创建 App.js 文件（根组件），代码如下。

```
01   export default {
02     data() {
03       return {
04         count: 0
05       }
06     },
07     template: `
08       <h3>根组件</h3>
09       <button @click="count++">单击次数：{{count}}</button>`
10   }
```

> ES 模块化系统中用来导出模块的默认成员。此处用来导出一个匿名对象，这个对象包含 data 和 template 属性，分别用于定义根组件的数据属性和字符串模板

在上述代码中，第 1 行～第 10 行使用 export default 语句导出了一个匿名对象，该对象具有 data 和 template 属性。第 2 行～第 6 行定义了 data 属性，它属于组件的状态选项，用于声明组件的初始响应式状态。本例中声明了一个数据属性 count，用于表示按钮的单击次数。

第 7 行～第 9 行定义了 template 属性，它属于组件的渲染选项，用于声明组件的字符串模板。在本例中，使用反引号（`）声明了一个多行字符串，表示模板字面量，其优点是可

以直接在其中使用单引号和双引号，不需要进行转义。组件模板中包含 h3 和 button 两个元素，在 button 元素中使用 Vue 提供的 v-on 指令（缩写为@）设置了 click 事件监听器，当单击相应按钮时可实现 count 属性的自增运算，并且会在该按钮上显示该属性的当前值（单击次数）。

（3）在 D:\Vue3\chapter01 目录中创建 1-02.html 文件，代码如下。

```
01  <!doctype html>
02  <html lang="zh-CN">
03  <head>
04    <meta charset="utf-8">
05    <title>拆分模块</title>
06    <script type="importmap">
07    {
08      "imports": {
09        "vue": "../js/vue.esm-browser.js"
10      }
11    }
12    </script>
13  </head>
14  <body>
15  <div id="app"></div>
16  <script type="module">
17    import {createApp} from 'vue'
18    import App from './modules/App.js'
19
20    createApp(App).mount('#app')
21  </script>
22  </body>
23  </html>
```

依次从 vue 模块中导入 createApp() 函数，从 App.js 文件中导入根组件对象并将其命名为 App

创建并挂载 Vue 应用实例

在上述代码中，第 6 行～第 12 行和第 16 行～第 21 行分别使用了一个<script>标签，它们的 type 属性值分别被设置为 importmap 和 module。

在第一个<script>标签中，第 8 行～第 10 行声明了一个模板标识符 vue，将要映射的路径指定为 Vue 的 ES 模块构建版本的 URL。将该标签放在页面的 head 部分，以确保能够导入 vue 模块。

在第二个<script>标签中，第 17 行使用 import 语句从 vue 模块中导入 createApp() 函数，第 18 行从 App.js 文件中导入根组件对象并将其命名为 App；第 20 行先调用 createApp() 函数并传入 App 对象，从而创建了一个 Vue 应用实例，再调用 mount() 函数将该应用实例挂载在 id 属性值为 app 的 div 元素中。在上述代码中，像 createApp() 和 mount() 函数这样被连续调用的方式称为链式调用。

（4）在浏览器中打开 1-02.html 文件，每当单击按钮时，单击次数都会发生变化。按 F12键，打开开发者工具窗格，使用 Vue Devtools 查看组件状态，结果如图 1.14 所示。

图 1.14　使用 Vue Devtools 查看组件状态

1.3.2　构建 Vue 项目

前面介绍了如何通过 CDN 使用 Vue，这对于比较简单的应用程序来说是完全可以满足要求的。但是，如果应用程序的功能比较复杂，则需要进行项目化开发。下面介绍如何在本地创建 Vue 单页应用，并使用基于 Vite 的构建设置创建一个简单的 Vue 项目。在该项目中使用的是 Vue 的单文件组件，该组件将被保存为.vue 文件。

【例 1.3】使用 npm 命令创建 Vue 项目，并创建一个 Vue 单页应用。

（1）打开命令行窗口，使用 cd 命令切换到 D:\Vue3\chapter01 目录。

（2）要初始化一个 Vue 单页应用项目，可以输入并运行以下命令：

```
npm init vue@latest
```

运行此命令将会安装并执行 create-vue，它是 Vue 官方提供的项目脚手架工具。

（3）在运行命令的过程中，输入项目名称"vue-project1-01"，接下来会看到一些诸如 TypeScript、Vue Router、Pinia 状态管理及测试支持的可选功能提示，如果不确定是否要开启某个功能，则可以直接按回车键选择"No"选项，如图 1.15 所示。

图 1.15　使用 npm 命令实现 Vue 项目初始化

（4）使用 cd 命令进入项目目录 vue-project1-01，并运行以下命令：

npm install

该命令用于安装 Vue 项目所需的全部依赖，其运行过程如图 1.16 所示。

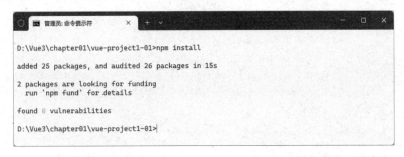

图 1.16　使用 npm 命令安装 Vue 项目所需的全部依赖

（5）在集成开发环境中打开该项目，查看其目录结构。其中包含的主要目录和文件如下。

- node_modules 目录：包含项目的依赖模块。
- public 目录：包含编译过程中未加工的静态资源。
- src/assets 目录：包含项目依赖的静态资源，可以进行预处理。
- src/componets 目录：包含项目中用到的自定义组件（.vue 文件）。
- src/App.vue 文件：Vue 应用的根组件文件。
- src/main.js 文件：应用的入口文件，它会初始化 Vue 应用并将其挂载在容器元素中。
- index.html 文件：应用的入口页面，它提供了应用的挂载容器元素，并且可以通过<script> 标签导入应用的入口文件 main.js。
- package.json 文件：项目配置文件，包含项目的依赖项列表、部分元数据和 eslint 配置。
- README.md 文件：项目说明文档，包含部分脚本命令，如 dev 和 build 命令。
- vite.config.js 文件：Vite 配置文件。

（6）使用 npm 命令启动 Vite 开发服务器：

npm run dev

这时会显示用于访问新建项目的网址（一般为 http://localhost:5173），如图 1.17 所示。

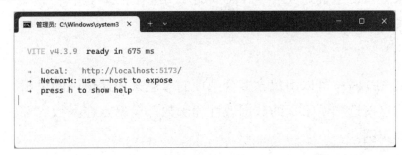

图 1.17　使用 npm 命令启动 Vite 开发服务器

（7）在浏览器地址栏中输入在上一步操作中获取的项目网址，将会看到 Vue 项目的运行结果。页面中包含一些链接，可以用来访问 Vue 官方文档，也可以用来访问相关的 Vite、Pinia 状态管理、Vue Router 及 Vue Devtools 等工具和生态系统的官方网站，如图 1.18 所示。

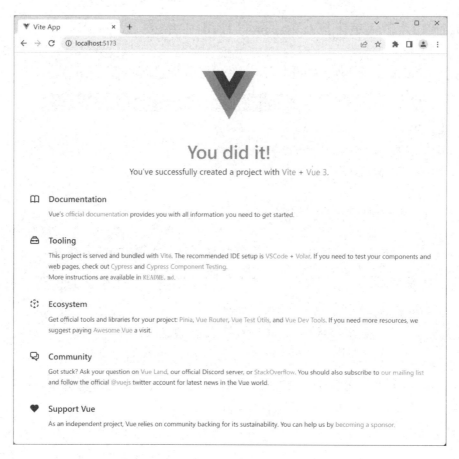

图 1.18　Vue 项目运行结果

1.3.3　两种 API 风格

API 是 Application Programming Interface 的缩写，意即应用编程接口，是软件系统不同组成部分之间衔接的约定。API 主要用于为开发人员提供访问一组例程的功能，不需要访问代码，也不需要理解内部工作机制的细节。

组件化开发是 Vue 支持的核心功能。在 Vue 3 中，组件可以按照选项式 API 和组合式 API 两种不同的风格来编写，组合式 API 是 Vue 3 的新特性之一。

下面对这两种 API 风格进行简单说明。

1. 选项式 API

当使用选项式 API 时，可以用包含多个选项的对象来描述组件的逻辑，如 data、methods 和 mounted 等。由这些选项所定义的数据属性和函数都会暴露在函数内部的 this 上，所以它会指向当前的组件实例。

【例 1.4】使用 npm 命令创建单页应用，并通过选项式 API 定义单文件组件。

（1）使用 npm 命令创建一个单页应用，设置项目名称为 vue-project1-02。

（2）在集成开发环境中打开该项目。

（3）对 D:\Vue3\chapter01\vue-project1-02\src\App.vue 文件进行修改，代码如下。

```
01   <script>
02   export default {
03     data() {
04       return {
05         count: 0
06       }
07     },
08     methods: {
09       increment() {
10         this.count++
11       }
12     },
13     mounted() {
14       console.log(`初始单击次数为：${this.count}。`)
15     }
16   }
17   </script>
18
19   <template>
20     <button @click="increment">单击次数：{{count}}</button>
21   </template>
```

说明框：
- 单文件组件中的<script>标签
- 声明组件的响应式数据属性
- 声明组件的方法，可用作事件处理函数
- 声明组件的生命周期钩子
- 单文件组件中的<template>标签

App.vue 文件为 Vue 单文件组件，其中包含<script>和<template>两个标签。第 19 行～第 21 行通过<template>标签来声明组件的模板，其中仅包含一个按钮；第 1 行～第 17 行在<script>标签中使用 export default 语句导出了一个匿名的 JavaScript 对象，用于描述根组件的逻辑，其中主要包含 data、methods 和 mounted 选项。

第 3 行～第 7 行在 data 选项中定义了组件的属性 count，用于表示按钮被单击的次数，它将成为组件的响应式状态并暴露在 this 上。

第 8 行～第 12 行在 methods 选项中声明了一个 increment()函数，用于更改组件的 count 属性，它在组件模板中作为按钮的 click 事件处理器被绑定。

第 13 行～第 15 行在 mounted 选项中声明了一个生命周期钩子，它将在组件挂载完成后被调用，并在控制台中输出单击次数，此处在模板字面量中使用${}占位符来引用 this.count 属性。

（4）对 D:\Vue3\chapter01\vue-proj1-02\src\main.js 文件进行修改，代码如下。

```
01   import {createApp} from 'vue'
02   import App from './App.vue'
03
04   createApp(App).mount('#app')
```

在上述代码中，第 1 行和第 2 行使用 import 语句依次导入了 createApp()函数和 App 组件；第 4 行通过调用 createApp()函数创建了应用实例，并将其挂载在容器元素中。

（5）使用 npm run dev 命令启动 Vite 开发服务器，并在浏览器中查看项目运行情况。在页面中单击按钮，查看单击次数更新；使用 Vue Devtools 查看组件状态，如图 1.19 所示。

图 1.19　使用 Vue Devtools 查看组件状态

2.　组合式 API

当使用组合式 API 时，可以使用导入的 API 函数来描述组件的逻辑。在单文件组件中，组合式 API 通常与<script setup>标签搭配使用，其中的 setup 属性是一个标识，用于通知 Vue 需要在组件编译时处理一些问题。

<script setup>是在单文件组件中使用组合式 API 编译时的语法糖。与普通的<script>语法相比，它更加简洁，并且具有更多优势。例如，在<script setup>标签中导入的顶层变量和函数都可以在组件模板中直接使用。

【例 1.5】使用组合式 API 改写例 1.4 中的根组件。

（1）在集成开发环境中打开项目 vue-project1-02。

（2）对 D:\Vue3\chapter01\vue-project1-02\src\App.vue 文件进行改写，代码如下。

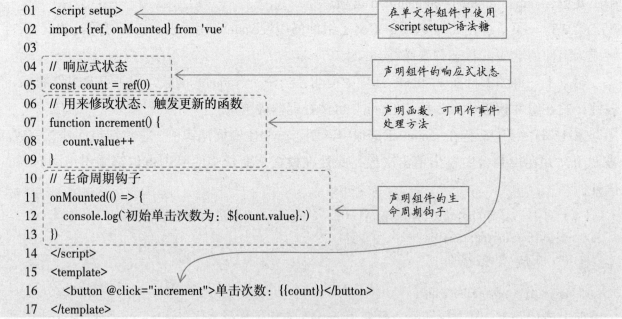

```
01    <script setup>
02    import {ref, onMounted} from 'vue'
03
04    // 响应式状态
05    const count = ref(0)
06    // 用来修改状态、触发更新的函数
07    function increment() {
08        count.value++
09    }
10    // 生命周期钩子
11    onMounted(() => {
12        console.log(`初始单击次数为：${count.value}。`)
13    })
14    </script>
15    <template>
16        <button @click="increment">单击次数：{{count}}</button>
17    </template>
```

（在单文件组件中使用<script setup>语法糖）
（声明组件的响应式状态）
（声明函数，可用作事件处理方法）
（声明组件的生命周期钩子）

上述代码与例 1.4 中的组件功能完全相同，但有所改动。第 1 行～第 14 行在单文件组件中使用<script setup>标签，并从 vue 模块中导入了 ref()和 onMounted()函数。其中，第 5 行使用 ref()函数定义了响应式状态，该函数接收一个内部值并返回一个响应式的、可更改的 ref 对象，该对象仅有一个指向其内部值的属性.value。因此，响应性属性可以通过 count.value 的形式来引用，但在模板中仍然是通过插值表达式{{count}}来引用的。

第 7 行～第 9 行直接使用 function 定义了 increment()函数，该函数可以在模板中用作按钮的 click 事件处理器，用于修改组件的状态并触发更新；第 11 行～第 13 行使用 onMounted() 函数注册了一个生命周期钩子，即回调函数，它将在组件挂载完成后执行。

（3）启动 Vite 开发服务器，在浏览器中查看项目运行结果，并使用 Vue Devtools 查看组件状态，如图 1.20 所示。

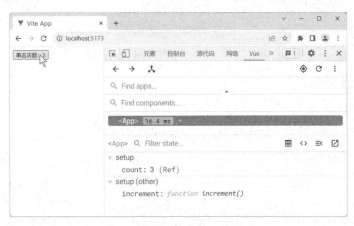

图 1.20　使用 Vue Devtools 查看组件状态

3. 如何选择 API 风格

实际上，两种 API 只是同一个底层系统所提供的两套不同的接口，Vue 框架的基础概念和相关知识在这两种 API 之间是通用的，它们都可以覆盖大多数的应用场景。实际上，选项式 API 是在组合式 API 的基础上实现的。

选项式 API 以"组件实例"的概念为核心（即上述示例中的 this），对具有面向对象编程语言基础的读者来说，它与基于类的心智模型更为相似。同时，它将响应式相关的细节抽象出来，并强制按照选项来组织代码，从而对初学者更为友好。

组合式 API 的核心思想是直接在函数作用域内定义响应式状态变量，并将从多个函数中得到的状态组合起来处理复杂问题。这种形式更加自由，组合式 API 的灵活性也使得组织和重用逻辑的模式变得更加强大，但需要读者对 Vue 的响应式系统有更深的理解才能高效地使用。

对使用 Vue 的新手来说，在学习过程中应当采用更易于自己理解的风格。不过，在学习阶段也不必固守一种风格，因为大部分核心概念在这两种风格之间是通用的，熟悉一种风格之后就能很快地理解另一种风格。

在生产项目中，如果不需要使用构建工具，或者希望在低复杂度的场景中使用 Vue，如渐进增强的应用场景，则推荐使用选项式 API。如果希望使用 Vue 构建完整的单页应用，则推荐使用组合式 API + 单文件组件。

习题 1

一、填空题

1. Vue 是一款用于构建_____的 JavaScript 框架。

2. npm 也是 JavaScript 的_____工具。

3. 要自动下载项目所需的全部依赖，可以使用 npm_____命令。

4. 要查看当前目录下已安装的包，可以使用 npm_____命令。

5. npm run 命令可以运行_____文件中定义的脚本命令。

6. Vue Devtools 是一个用于调试_____的浏览器开发工具插件。

7. CDN 的中文含义是_____。

8. Vue 文件分为_____版本和_____版本。

9. 使用导入映射表时应将<script>标签的 type 属性值设置为_____。

10. 要初始化一个 Vue 单页应用项目，可以使用 npm init_____命令。

二、判断题

1. 使用模板语法可以声明式地描述输出的 HTML 与 JavaScript 状态之间的关系。
（   ）

2. Vue 会自动跟踪 JavaScript 状态并在其发生变化时响应式地更新 DOM。（   ）

3. 使用 export default 语句可以导出一个匿名对象。（   ）

4. data 属性属于组件的渲染选项。（   ）

5. 通过运行 npm run build 命令可以启动 Vite 开发服务器。（   ）

6. 当使用组合式 API 时，this 会指向当前组件实例。（   ）

三、选择题

1. npm 是基于（   ）使用的包管理工具。
   A. Vue   B. Node.js   C. Vuex   D. Pinia

2. 在下列各项中，用于初始化 Vue 单页应用项目的正确命令是（   ）。
   A. npm init -y   B. npm install
   C. npm install vue   D. npm init vue@latest

3. 在下列各项中，用于存储 Vue 项目依赖模块的目录是（   ）。
   A. node_modules   B. public   C. src/assets   D. src/componets

四、简答题

1. 简述 Vue 渐进式分层结构有哪些组成部分。

2. 简述 Vue 有哪些使用方式。

3. 简述 Vue 有哪些优势。

4. 简述 Vue 3 有哪些新特性。

5. 简述 Vue 前端开发有哪些常用的集成开发环境。

五、编程题

1. 请自己动手配置 Vue 开发环境。

2. 使用 Vue 的全局构建版本创建一个 Vue 应用。

3. 使用 Vue 的 ES 模块构建版本创建一个 Vue 应用。

4. 使用 npm 命令创建一个 Vue 单页应用，并通过选项式 API 定义单文件组件。

5. 使用 npm 命令创建一个 Vue 单页应用，并通过组合式 API 定义单文件组件。

第 2 章

Vue 应用创建

通过上一章的介绍，读者现在应该已经了解什么是 Vue，并且知道如何配置 Vue 开发环境及通过不同方式来使用 Vue。在这个基础上，本章将讨论如何创建 Vue 应用，首先介绍应用的创建和配置，然后介绍响应式基础，最后介绍应用的生命周期。为了便于理解，本章的叙述主要使用选项式 API，并且在 HTML 文件中通过 ES 模块构建版本来使用 Vue，不使用构建步骤。

2.1　应用的创建和配置

在使用 Vue 进行前端开发时，首先要创建一个 Vue 应用实例，然后将该实例挂载在一个容器元素中。在挂载之前，可以根据需要对应用进行一些配置。

2.1.1　创建应用实例

每个 Vue 应用实例都是通过 createApp() 函数创建的，调用格式如下。

```
createApp(rootComponent, rootProps)
```

其中，rootComponent 为必选参数，表示应用的根组件，可以是直接内联的根组件，也可以从其他文件中导入；rootProps 为可选参数，用于指定要传递给根组件的 props 选项，应该在根组件中声明相应的 props 选项来接收数据。

createApp() 函数属于全局 API，无论使用何种 API 来创建应用实例，在调用该函数时均采用相同的语法格式，可以传入根组件和可选的 props，并且返回所创建的应用实例。

每个应用都需要一个根组件，其他组件将作为其子组件。大多数应用都是由一棵嵌套的、可重用的组件树组成的。例如，一个待办事项（Todos）应用的组件树可能具有以下结构：

```
App (根组件)
```

```
├── TodoList
│      └── TodoItem
│             ├── TodoDeleteButton
│             └── TodoEditButton
└── TodoFooter
       ├── TodoClearButton
       └── TodoStatistics
```

其中，根组件由 TodoList 和 TodoFooter 组成；TodoList 由一些 TodoItem 组成；每个 TodoItem 均包含 TodoDeleteButton 和 TodoEditButton；TodoFooter 由 TodoClearButton 和 TodoStatistics 组成。关于 Vue 组件的详细介绍，参见第 6 章。

1. 导入 createApp() 函数

在使用 createApp() 函数前，必须通过某种方式导入该函数。当不使用构建步骤时，根据所使用的 Vue 构建版本，可以将导入 createApp() 函数的方式分为以下两种。

1）通过对象解构赋值导入（全局构建版本）

```
<script>
  const {createApp} = Vue
  ...
</script>
```

2）通过 import 语句导入（ES 模块构建版本）

```
<script type="module">
  import {createApp} form 'vue'
  ...
</script>
```

2. 根组件设置

在导入 createApp() 函数后，即可通过调用该函数来创建一个应用实例。所传入的第一个参数将作为该应用的根组件，可以直接传入一个描述根组件的对象字面量，也可以传入从其他文件中导入的根组件。

在创建应用实例时，可以传入一个对象字面量作为内联根组件，代码如下。

```
<script type="module">
  import {createApp} from 'vue'

  const app = createApp({ /* 根组件选项 */ })
</script>
```

其中，根组件包含的选项类别很多，可以分为状态选项、渲染选项、生命周期选项、组合选项及其他杂项等。其中比较常用的选项有：状态选项，如 data、computed、methods、watch、props、emits；渲染选项，如 template、slots；生命周期选项，如 created、mounted、updated 等。这些选项将在后续章节中介绍。

【例 2.1】使用 Vue 的全局构建版本，创建应用实例并传入一个对象字面量作为内联根组件。

（1）在 D:\Vue3\Chapter02 目录中创建 2-01.html 文件，代码如下。

```
01    <!doctype html>
```

```
02    <html lang="zh-CN">
03    <head>
04      <meta charset="utf-8">
05      <title>内联根组件示例</title>
06    </head>
07    <body>
08    <div id="app">
09      <h3>{{title}}</h3>
10      <p>{{content}}</p>
11    </div>
12    <script src="../js/vue.global.js"></script>
13    <script>
14      const {createApp} = Vue
15
16      createApp({
17        data() {
18          return {
19            title: '内联根组件',
20            content: '使用全局构建版本创建应用实例'
21          }
22        }
23      }).mount('#app')
24    </script>
25    </body>
26    </html>
```

（第12行右侧批注）导入 Vue 的全局构建版本

（第17~22行右侧批注）在根组件中设置响应式属性

在上述代码中，第 12 行用于导入 Vue 的全局构建版本；第 14 行通过对象解构赋值从全局对象 Vue 中导入 createApp() 函数；第 16 行~第 23 行通过调用 createApp() 函数创建应用实例，并将其挂载在 id 属性值为 app 的 div 元素中，而且在调用 createApp() 函数时传入了一个对象字面量作为内联根组件，并在该组件中通过 data 选项定义根组件的 title 和 content 属性；第 9 行和第 10 行在根组件的 DOM 模板中，通过插值表达式分别将 title 和 content 属性的值展示在 h3 标题和段落中。

（2）在浏览器中打开 2-01.html 文件，运行结果如图 2.1 所示。

图 2.1　内联根组件示例

在创建应用实例时，也可以传入从其他文件（.vue 或.js 文件）中导入的根组件，代码如下。

```
<script type="module">
  import {createApp} from 'vue'
  // 从其他文件（.vue 或.js 文件）中导入根组件
  import App from './App.vue'
```

```
      const app = createApp(App)
</script>
```

在所导入的根组件文件中，同样需要对组件的相关选项进行设置。

【例 2.2】使用 Vue 的 ES 模块构建版本，创建应用实例并传入从其他文件中导入的根组件。

（1）在 D:\Vue3\Chapter02 目录中创建 2-02.html 文件，代码如下。

```
01  <!doctype html>
02  <html lang="zh-CN">
03  <head>
04    <meta charset="utf-8">
05    <title>导入根组件示例</title>
06    <script type="importmap">          导入 Vue 的 ES 模块构建版本
07    {
08      "imports": {
09        "vue": "../js/vue.esm-browser.js"
10      }
11    }
12    </script>
13  </head>
14  <body>
15  <div id="app"></div>              从其他文件中导入根组件
16  <script type="module">
17    import {createApp} from 'vue'
18    import App from './modules/App2-02.js'
19
20    createApp(App).mount('#app')      创建并挂载应用实例
21  </script>
22  </body>
23  </html>
```

在上述代码中，第 6 行～第 12 行在页面的 head 部分创建了一个导入映射表，用于定义 vue 模块标识符映射；第 17 行使用 import 语句从 vue 模块中导入 createApp() 函数；第 18 行通过 import 语句从 App2-02.js 文件中导入根组件并将其命名为 App；第 20 行通过调用 createApp() 函数传入根组件 App，以创建应用实例，并将其挂载在 id 属性值为 app 的 div 元素（容器元素）中。

（2）在 D:\Vue3\chapter02\modules 目录中创建 App2-02.js 文件（根组件），代码如下。

```
01  export default {              定义并导出默认匿名对象，
02    data() {                  用于描述根组件的相关选项
03      return {
04        title: '从文件中导入根组件',
05        content: '使用 ES 模块构建版本创建应用实例'
06      }
07    },
08    template: `
```

```
09        <h3>{{title}}</h3>
10        <p>{{content}}</p>`
11   }
```

上述代码使用 export default 语句定义并导出了一个匿名对象，该对象用于描述根组件的相关选项，可供其他文件导入并使用；第 2 行～第 7 行通过 data 选项定义了根组件的 title 和 content 属性，这些属性将用作响应式数据；第 8 行～第 10 行通过 template 选项以字符串的形式定义了根组件的模板，并通过插值表达式在模板中引用 title 和 content 属性的值。

（3）在浏览器中打开 2-02.html 文件，运行结果如图 2.2 所示。

图 2.2　导入根组件示例（1）

3. 可选的 props

如果在根组件中使用 props 选项声明了要接收的数据，则在使用 createApp() 函数创建应用实例时，就需要传入可选的第二个参数，用于指定要传递给根组件的 props 选项，该参数的值是一个对象，其中包含了要传递给根组件的键值对。

【例 2.3】创建应用实例，通过传入第二个参数为根组件传递数据。

（1）在 D:\Vue3\Chapter02 目录中创建 2-03.html 文件，代码如下。

```
01   <!doctype html>
02   <html lang="zh-CN">
03   <head>
04     <meta charset="utf-8">
05     <title>导入根组件示例</title>
06     <script type="importmap">
07     {
08       "imports": {
09       "vue": "../js/vue.esm-browser.js"
10       }
11     }
12     </script>
13   </head>
14   <body>
15   <div id="app"></div>
16   <script type="module">
17     import {createApp} from 'vue'
18     import App from './modules/App2-03.js'
19
20     createApp(App, {
21       name: 'zs',
22       email: 'zs@163.com'
```

在创建应用实例时传入第二个参数，为根组件传递数据

```
23        }).mount('#app')
24    </script>
25    </body>
26    </html>
```

在上述代码中，第 15 行在 DOM 模板中添加了一个 id 属性值为 app 的 div 元素，以此作为挂载应用实例的容器。第 18 行从 App2-03.js 文件中导入根组件并将其命名为 App。第 20 行 ~ 第 23 行通过调用 createApp() 函数创建应用实例，并将其挂载在容器元素中，而且在调用该函数时传入 App 对象作为第一个参数，用于表示根组件本身；传入对象字面量作为第二个参数，用于指定要传递给根组件的数据，包含 name 和 email 属性，分别对应根组件中 props 数组的两个元素。

（2）在 D:\Vue3\chapter02\modules 目录中创建 App2-03.js 文件（根组件），代码如下。

```
01    export default {
02      props: ['name', 'email'],        ←── 在根组件中声明 props 数组，两
03      data() {                              个数组元素用于接收传入的数据
04        return {
05          title: '从文件中导入根组件',
06          content: '传入可选的第二个参数'
07        }
08      },
09      template: `
10        <h3>{{title}}</h3>
11        <p>{{content}}</p>              ←── 在根组件模块中以插值表达式的
12        <hr>                                形式来引用传入的数据
13        <p>用户名：{{name}}；电邮：{{email}}</p>`
14    }
```

上述代码用于创建并导出一个描述根组件的对象，第 2 行定义了状态选项 props，以字符串数组的形式声明了根组件所接收的数据，该数组包含两个元素，分别对应作为第二个参数传入 createApp() 函数的对象所包含的属性名；第 3 行 ~ 第 8 行定义了状态选项 data，以函数的形式声明了根组件的数据属性；第 9 行 ~ 第 13 行定义了渲染选项 template，以字符串的形式定义了组件的模板，其中引用了在 props 和 data 选项中声明的数据。

（3）在浏览器中打开 2-03.html 文件，运行结果如图 2.3 所示。

2.1.2　挂载应用

在使用 createApp() 函数创建应用实例后，该实例并不会自动渲染出来，而是必须调用 mount() 方法才能渲染出来。mount() 方法将应用实例挂载在一个容器元素中，接收一个容器参数，其值可以是一个CSS 选择器字符串（使用匹配到的第一个元素），也可以是一个 DOM 元素。

图 2.3　导入根组件示例（2）

在实际开发中，通常会在 HTML 文件中添加一个 div 元素作为挂载 Vue 应用实例的容器元素：

```
<div id="app"></div>
```

之后，在 JavaScript 代码中创建一个 Vue 应用实例：

```
const app = createApp(/*...*/)
```

接着，通过调用 mount() 方法来挂载应用。例如，传入容器元素的 id 选择器字符串：

```
app.mount('#app')
```

也可以传入一个实际的 DOM 元素。例如，传入当前文档中 body 元素的首个子节点：

```
app.mount(document.body.firstChild)
```

应用挂载后，其根组件的内容便会被渲染到容器元素中，但该容器元素本身并不会被视为应用的一部分。

根组件的模板通常是组件本身的一部分，但是也可以通过直接在挂载容器内编写模板来单独提供。当没有在根组件中设置 template 选项时，Vue 将自动使用容器元素的 innerHTML 属性作为模板，称为 DOM 模板。这种 DOM 模板通常用于无构建步骤的 Vue 应用程序，也可以与服务器端框架一起使用，此时，根模板可能是由服务器动态生成的。

在使用 mount() 方法时，应注意以下几点。

- 在整个应用配置和资源注册完成后调用该方法。
- 对于每个应用实例，该方法只能调用一次。
- 该方法的返回值是根组件实例，而不是应用实例。
- 要卸载一个已挂载的应用实例，可以使用 unmount() 方法。当使用该方法卸载一个应用实例时，将会触发该应用组件树内所有组件的卸载生命周期钩子。

【例 2.4】创建一个应用实例，并将其挂载在指定的容器元素中。

（1）在 D:\Vue3\Chapter02 目录中创建 2-04.html 文件，代码如下。

```
01   <!doctype html>
02   <html lang="zh-CN">
03   <head>
04     <meta charset="utf-8">
05     <title>挂载应用实例</title>
06     <script type="importmap">
07       {
08         "imports": {
09           "vue": "../js/vue.esm-browser.js"
10         }
11       }
12     </script>
13   </head>
14   <body>
15   <div class="app">
16     <h3>{{title}}</h3>
17     <p>
18       <button @click="count++">
```

```
19          单击按钮次数：<em>{{count}}</em>
20        </button>
21      </p>
22    </div>
23    <script type="module">
24      import {createApp} from 'vue'
25
26      const app = createApp({
27        data() {
28          return {
29            title: '挂载应用实例',
30            count: 0
31          }
32        }
33      })
34      app.mount(document.querySelector('.app'))
35    </script>
36    </body>
37    </html>
```

创建应用实例并赋值给 app 对象

将应用实例挂载在指定的容器元素中

在上述代码中，第 26 行～第 33 行使用 createApp()函数创建应用实例，并传入一个对象字面量，用于定义根组件的 title 和 count 属性；第 34 行在创建应用实例后使用 mount()方法将其挂载在类名为 app 的第一个 DOM 元素中。

创建应用实例时未设置根组件的模板，而是直接在当前页面的 body 元素中编写根组件的模板，即在挂载的 DOM 元素中添加内容。第 16 行～第 21 行在 DOM 模板中添加了一些 HTML 元素，并以插值表达式的形式引用组件的 title 和 count 属性，此外还设置了按钮的 click 事件处理器。

（2）在浏览器中打开 2-04.html 文件，运行结果如图 2.4 所示。

图 2.4　挂载应用实例

2.1.3　应用配置

Vue 应用实例会向外部暴露一个 config 对象，用于配置一些应用级别的选项。在实际开发中，应当在确保完成所有应用配置后再挂载应用实例。

例如，可以在应用级别上定义一个错误处理器，用于捕获所有子组件上的错误（这里使用了箭头函数），语法格式如下。

```
app.config.errorHandler = (err) => {
  /* 处理错误 */
}
```

在创建应用实例后，还可以使用一些实例方法来注册应用范围内可用的资源。

例如，通过调用实例方法 component() 来注册一个组件：

```
app.component('MyComponent', MyComponent)
```

在注册完成后，该组件在应用范围内都是可用的。

再如，通过调用实例方法 use() 来安装一个插件：

```
app.use(Plugin)
```

在安装完成后，该插件就可以在应用范围内使用。

【例 2.5】安装 View UI 插件后挂载应用实例。

（1）在 D:\Vue3\chapter02 目录中创建 2-05.html 文件，代码如下。

```
01  <!doctype html>
02  <html lang="zh-CN">
03  <head>
04    <meta charset="utf-8">
05    <title>安装插件后挂载应用</title>
06    <script src="../js/vue.global.js"></script>
07    <script src="https://unpkg.com/view-ui-plus"></script>
08    <link rel="stylesheet" href="https://unpkg.com/view-ui-plus/dist/styles/viewuiplus.css">
09  </head>
10  <body>
11  <div id="app">
12    <p style="margin: 10px">
13      <i-button type="primary" @click="visible=true">欢迎</i-button>
14    </p>
15    <Modal v-model="visible" title="欢迎">
16      <p>欢迎使用 View UI Plus</p>
17      <p>当前 Vue.js 版本：<b>{{version}}</b></p>
18    </Modal>
19  </div>
20  <script type="module">
21    const {createApp, version} = Vue
22    const app = createApp({
23      data() {
24        return {
25          version,
26          visible: false
27        }
28      }
29    })
30    app.use(ViewUIPlus)
31    app.mount('#app')
32  </script>
33  </body>
```

引入 View UI 支持文件

添加<i-button>按钮

添加<Modal>对话框

首先要加载 View UI 插件，然后才能挂载应用实例

```
34    </html>
```

在上述代码中,第 6 行和第 7 行依次导入了 Vue 的全局构建版本和 View UI 组件库;第 8 行用于链接该组件库的 CSS 样式文件;第 11 行～第 19 行添加了一个 div 元素作为挂载 Vue 应用的容器,并在其中添加<i-button>按钮和<Modal>对话框;第 13 行为按钮组件添加 click 事件监听器,当单击按钮时,设置 visible 属性值为 true,以打开对话框,其中显示当前所用 Vue 的版本号。

第 22 行～第 29 行使用 createApp()函数来创建应用实例,并定义 version 和 visible 属性;第 30 行使用 app.use()方法来加载 View UI 插件;第 31 行使用 app.mount()方法来挂载应用实例。

（2）在浏览器中打开 2-05.html 文件,当单击页面左上角的"欢迎"按钮时,会弹出一个对话框,该对话框可以通过单击"确定"按钮来关闭,运行结果如图 2.5 所示。

图 2.5　安装插件后挂载应用

2.1.4　多个应用实例

Vue 应用实例并不只限于一个,也可以根据需要在同一个页面中创建多个共存的 Vue 应用实例,每个应用实例都拥有自己的作用域。如果正在使用 Vue 来增强服务端渲染 HTML,并且只希望使用 Vue 控制一个大型页面中的一部分,则应该避免将一个单独的 Vue 应用实例挂载到整个页面上。这时可以创建多个小的应用实例,并将它们分别挂载在不同的容器元素中。

【例 2.6】本例用于说明如何创建多个应用实例。

（1）在 D:\Vue3\Chapter02 目录中创建 2-06.html 文件,代码如下。

```
01    <!doctype html>
02    <html lang="zh-CN">
03    <head>
04      <meta charset="utf-8">
05      <title>多个应用实例</title>
06      <script type="importmap">
```

```
07        {
08            "imports": {
09                "vue": "../js/vue.esm-browser.js"
10            }
11        }
12    </script>
13    <style>
14        div {
15            width: 200px;
16            padding: 10px;
17            border: thin solid gray;
18            border-radius: 10px;
19        }
20        #app2 {
21            background-color: green;
22            color: white;
23            font-style: italic;
24        }
25    </style>
26  </head>
27  <body>
28  <h2>多个应用实例</h2>
29  <div id="app1">
30      <h3>{{message1}}</h3>
31  </div>
32  <hr>
33  <div id="app2">
34      <h3>{{message2}}</h3>
35  </div>
36  <script type="module">
37      import {createApp} from 'vue'
38
39      const app1 = createApp({
40          data() {
41              return {
42                  message1: '应用实例 1 中的数据'
43              }
44          }
45      })
46      app1.mount('#app1')
47
48      const app2 = createApp({
49          data() {
50              return {
51                  message2: '应用实例 2 中的数据'
52              }
53          }
54      })
```

创建应用实例 1 的挂载容器

创建应用实例 2 的挂载容器

创建应用实例 1

创建应用实例 2

```
55    app2.mount('#app2')
56  </script>
57  </body>
58  </html>
```

在上述代码中，第 39 行~第 46 行创建应用实例 app1 并将其挂载在元素 div#app1 中；第 48 行~第 55 行创建应用实例 app2 并将其挂载在元素 div#app2 中，且在应用实例 app1 和 app2 中定义的数据属性只能在各自的模板中使用，而不能跨应用使用；第 13 行~第 25 行对两个容器元素设置不同的 CSS 样式，以便在视觉上对两个应用的范围加以区分。

（2）在浏览器中打开 2-06.html 文件，使用 Vue Devtools 查看各个应用实例的状态，运行结果如图 2.6 所示。

图 2.6　多个应用实例

2.2　响应式基础

Vue 的标志就是其低侵入性的响应式系统。在响应式设计模式下，组件的状态都是由响应式的 JavaScript 对象组成的，当对它们进行更改时，视图会随即自动更新，这让状态管理更加简单直观。下面介绍关于响应式的一些基础知识，包括数据属性、组件方法、计算属性及监听器。

2.2.1　数据属性

当使用选项式 API 时，可以使用 data 选项来定义组件的数据属性，该选项的值应为一个返回值为对象的函数。Vue 会在创建新的组件实例时调用此函数，并将它所返回的对象用响应式系统进行包装。此对象的所有顶层属性都会被代理到组件实例上，该实例即为组件方法和生命周期钩子中的 this 上下文。在组件方法和生命周期钩子中，可以通过"this.属性名"的形式来引用这些属性；而在组件模板中，可以通过"{{属性名}}"的形式来引用这些属性。这些属性会触发响应式更新。

在创建应用实例后，可以使用$data 属性来获取从 data() 函数中返回的对象，该对象会被组件赋为响应式，组件实例将会代理对其数据对象的属性访问。

在定义组件的数据属性时，需要注意以下几点。

（1）组件实例上的数据属性只能在首次创建组件实例时添加，因此必须确保它们都包含在 data()函数所返回的对象中，必要时也可以使用 null、undefined 或其他值来占位。

（2）虽然可以不通过组件的 data 选项来定义新属性，而是直接在组件实例上添加新属性，但这样的属性无法触发响应式更新。

（3）Vue 在组件实例上暴露的内置 API 使用美元符号"$"作为前缀，同时为内部属性保留了下画线"_"前缀。因此，应该避免在顶层 data 选项上使用以这些字符作为前缀的属性。

【例 2.7】本例用于说明如何定义和使用数据属性。

（1）在 D:\Vue3\chapter02 目录中创建 2-07.html 文件，代码如下。

```
01  <!doctype html>
02  <html lang="zh-CN">
03  <head>
04    <meta charset="utf-8">
05    <title>响应式状态</title>
06    <script type="importmap">
07      {
08        "imports": {
09          "vue": "../js/vue.esm-browser.js"
10        }
11      }
12    </script>
13  </head>
14  <body>
15  <div id="app">
16    <h3>{{message}}</h3>
17    <p>
18      <button @click="increment">按钮单击次数：{{count}}</button>
19    </p>
20  </div>
21  <script type="module">
22    import {createApp} from "vue"
23
24    createApp({
25      data() {
26        return {
27          message: 'Hello!',         ← 在 data 选项中定义数据属性
28          count: 0
29        }
30      },
31      methods: {
32        increment() {               ← 在组件方法中引用数据属性
33          this.count++
34          console.log(this.count, this.$data.count)
```

```
35            }
36        },
37        mounted() {
38            console.log(this.$data)
39        }
40    }).mount('#app')
41  </script>
42  </body>
43  </html>
```

在生命周期钩子中通过$data
引用数据属性

在上述代码中，第 24 行～第 40 行用于创建应用实例并将其挂载在容器元素中。其中，第 25 行～第 30 行通过 data 选项为根组件定义了 message 和 count 数据属性，并为这两个属性分别设置了初始值，它们的类型分别为字符串和数字；第 31 行～第 36 行通过 methods 选项为根组件定义了 increment() 方法，当单击页面中的按钮时会调用该方法，此时会修改 count 属性值，并向控制台输出 this.count 和 this.$data.count 的值；第 37 行～第 39 行为组件定义了生命周期钩子 mounted，它将在组件完成初始渲染并创建 DOM 节点后被调用，并且在调用这个钩子时向控制台输出 this.$data 的值。第 16 行和第 18 行在模板中引用了 message 和 count 属性，并将按钮的单击事件监听器绑定到 increment() 方法上。

（2）在浏览器中打开 2-07.html 文件，并在控制台中查看运行结果，如图 2.7 所示。

图 2.7　响应式状态

2.2.2　组件方法

组件中不仅可以包含数据属性，也可以包含方法，用于执行与组件相关的某些操作。在使用选项式 API 时，可以用 methods 选项为组件添加方法，该选项的值是一个对象，它包含组件中的所有方法。在组件的其他方法和生命周期钩子中可以通过 "this.方法名" 的形式来调用这些方法；在组件模板中也可以访问这些方法，此时它们通常是被当作事件监听器来使用的。

Vue 会自动为 methods 选项中的方法绑定永远指向组件实例的 this，以确保方法在作为事件监听器或回调函数时能够始终指向正确的 this。注意，不要在定义 methods 选项时使用箭头函数，因为箭头函数并没有自己的 this 上下文。

【例2.8】本例用于说明如何定义和调用组件方法。

（1）在 D:\Vue3\chapter02 目录中创建 2-08.html 文件，代码如下。

```
01  <!doctype html>
02  <html lang="zh-CN">
03  <head>
04    <meta charset="utf-8">
05    <title>定义根组件方法</title>
06    <script type="importmap">
07      {
08        "imports": {
09          "vue": "../js/vue.esm-browser.js"
10        }
11      }
12    </script>
13  </head>
14  <body>
15  <div id="app">
16    <p><button @click="onClick">请单击按钮</button></p>
17    <p>{{message}}</p>
18  </div>
19  <script type="module">
20    import {createApp} from 'vue'
21
22    createApp({
23      data() {
24        return {
25          message: ''
26        }
27      },
28      methods: {
29        onClick() {
30          this.message = '单击事件被触发！'
31        }
32      }
33    }).mount('#app')
34  </script>
35  </body>
36  </html>
```

在模板中将按钮的单击事件处理器绑定到组件方法 onClick() 上

在 methods 选项中定义组件的方法 onClick()

在上述代码中，第22行～第33行用于创建并挂载应用实例。其中，第23行～第27行通过 data 选项为根组件定义了属性 message，并将其初始值设置为空字符串；第28行～第32行通过 methods 选项为根组件定义了一个名为 onClick 的方法，用于修改根组件的 message 属性值，该方法在当前组件的其他方法或生命周期钩子中也是可以调用的。第16行和第17行在 DOM 模板中添加了段落和按钮元素，并将按钮的单击事件处理器绑定到 onClick() 方法上。

（2）在浏览器中打开 2-08.html 文件，初始页面如图 2.8 所示。

（3）当单击页面中的按钮时，下方段落中会显示提示信息，运行结果如图 2.9 所示。

图 2.8　初始页面　　　　　　　　　　　　图 2.9　触发单击事件

2.2.3　计算属性

如前文所述，使用 data 选项可以为组件定义数据属性，当这些属性发生变化时，视图会自动更新。在实际应用中，往往有一些数据会随着其他数据的变化而变化，对于依赖响应式状态的逻辑，通常可以使用计算属性来描述。

1. 基本用法

在使用选项式 API 时，可以用 computed 选项来定义要在组件实例上暴露的计算属性。该选项接收一个对象，其中键名是一个计算属性的名称，键值是该计算属性的 getter 方法，此方法会将其 this 上下文自动绑定为组件实例。计算属性在其他方法或生命周期钩子中通过"this.计算属性"的形式来引用，在组件模板中则通过"{{计算属性}}"的形式来引用。

在为组件定义计算属性时，应注意以下几点。

（1）如果定义一个计算属性时使用了箭头函数，则 this 不会指向该组件实例，不过仍然可以通过该函数的第一个参数来访问实例。

（2）计算属性的 getter 方法不应有附加作用。在计算属性的定义中描述的是如何根据其他值派生一个值，其 getter 方法的作用应该是计算和返回该值，不能有任何其他附加作用，如在该方法中做异步请求或更改 DOM。

（3）避免直接修改计算属性值。从计算属性返回的值是派生状态，可以把它看作一个临时快照，每当源状态发生变化时就创建一个新的快照。更改快照是没有意义的，因此计算属性的返回值应该被视为只读，并且永远不应该被更改，只能更新它所依赖的源状态以触发新的计算。

（4）组件方法与计算属性的比较。计算属性的功能也可以通过将其定义为组件方法来实现，虽然两种方法在结果上是相同的，但是它们之间也有区别：计算属性会基于其响应式依赖被缓存，仅在其响应式依赖更新时才重新计算，而方法调用总是在重渲染发生时被执行。在实际开发中，应该根据是否需要缓存来选择使用计算属性还是组件方法。

【例 2.9】本例用于说明如何定义和使用计算属性。

（1）在 D:\Vue3\chapter02 目录中创建 2-09.html 文件，代码如下。

```
01    <!doctype html>
02    <html lang="zh-CN">
```

```
03    <head>
04      <meta charset="utf-8">
05      <title>定义和使用计算属性</title>
06      <script type="importmap">
07        {
08          "imports": {
09            "vue": "../js/vue.esm-browser.js"
10          }
11        }
12      </script>
13    </head>
14    <body>
15    <div id="app">
16      <h3>计算矩形面积</h3>
17      <p>宽度：{{width}}</p>
18      <p>高度：{{height}}</p>
19      <p>面积：{{area}}</p>
20      <p>
21        <button @click="width++">增加宽度</button> 
22        <button @click="height++">增加高度</button>
23      </p>
24    </div>
25    <script type="module">
26      import {createApp} from 'vue'
27
28      createApp({
29        data() {
30          return {
31            width: 1,
32            height: 1
33          }
34        },
35        computed: {
36          area() {
37            return this.width * this.height
38          }
39        }
40      }).mount('#app')
41    </script>
42    </body>
43    </html>
```

在模板中引用计算属性 area

在 computed 选项中定义计算属性 area

　　上述代码以计算矩形面积为例说明如何定义和使用计算属性。第 28 行～第 40 行用于创建并挂载应用实例。其中，第 29 行～第 34 行在 data 选项中定义了 width 和 height 属性，分别表示矩形的宽度和高度，其初始值均为 1；第 35 行～第 39 行在 computed 选项中定义了计算属性 area，其函数返回值为 this.width * this.height，表示矩形的面积。矩形的面积依赖于其宽度和高度，每当宽度或高度发生变化时，面积都会随之发生变化。第 17 行～第 19 行在模板中引用了 width、height 和 area 属性。第 21 行和第 22 行分别为两个按钮设置了单击事件监听器，当单击这些按钮时，会增加矩形的宽度或高度。

（2）在浏览器中打开 2-09.html 文件，当单击按钮增加矩形的宽度或高度时，矩形的面积将随之发生变化，运行结果如图 2.10 和图 2.11 所示。

图 2.10　初始页面　　　　　　　图 2.11　用计算属性计算矩形面积

2. 可写的计算属性

在默认情况下，计算属性是只读的。如果尝试修改计算属性，则会收到一个运行时警告。在某些特殊场景中，可能需要用到"可写"的计算属性，这时可以通过同时提供 getter 和 setter 方法来创建，此时所有的 getter 和 setter 方法会将它们的 this 自动绑定为组件实例。

【例 2.10】本例用于说明如何定义可写的计算属性。

（1）在 D:\Vue3\chapter02 目录中创建 2-10.html 文件，代码如下。

```
01  <!doctype html>
02  <html lang="zh-CN">
03  <head>
04    <meta charset="utf-8">
05    <title>可写的计算属性</title>
06    <script type="importmap">
07      {
08        "imports": {
09          "vue": "../js/vue.esm-browser.js"
10        }
11      }
12    </script>
13  </head>
14  <body>
15  <div id="app">
16    <h3>可写的计算属性</h3>
17    <p>名字：{{firstName}}</p>
18    <p>姓氏：{{lastName}}</p>
19    <p>全名：{{fullName}}</p>
20    <p><button @click="change">更改</button></p>
21  </div>
22  <script type="module">
23    import {createApp} from 'vue'
24
25    createApp({
26      data() {
27        return {
```

在模板中引用可写的计算属性 fullName

41

```
28          firstName: 'Vittoria',
29          lastName: 'Ferralo'
30       }
31     },
32     computed: {
33       fullName: {
34         get() {
35           return this.firstName + ' ' + this.lastName
36         },
37         set(newValue) {
38           [this.firstName, this.lastName] = newValue.split(' ')
39         }
40       }
41     },
42     methods: {
43       change() {
44         this.fullName='Evelyn Alovis'
45       }
46     }
47   }).mount('#app')
48 </script>
49 </body>
50 </html>
```

通过提供 setter 方法定义可写的计算属性 fullName

在上述代码中，第 25 行～第 47 行用于创建并挂载应用实例。其中，第 26 行～第 31 行在 data 选项中定义了 firstName 和 lastName 属性。第 32 行～第 41 行在 computed 选项中定义了一个名为 fullName 的计算属性，同时为该计算属性提供了 getter 和 setter 方法。在 getter 方法中，将 firstName（名字）和 lastName（姓氏）组合成 fullName（全名）；在 setter 方法中，通过对传入的新值调用 split() 方法将 fullName 拆分为 firstName 和 lastName，并通过数组解构赋值语法对 firstName 和 lastName 进行赋值。第 42 行～第 46 行在 methods 选项中定义了方法 change()，用于修改计算属性 fullName，这将会调用该计算属性的 setter 方法，对 firstName 和 lastName 进行修改。第 17 行～第 20 行在模板中通过<p>标签将属性 firstName 和 lastName 及计算属性 fullName 分别显示在不同的段落中，并将按钮的 click 事件监听器绑定到 change() 方法上，当单击该按钮时将对计算属性 fullName 进行修改，同时也会更新 firstName 和 lastName 属性。

（2）在浏览器中打开 02-10.html 文件，通过单击"更改"按钮对全名进行修改，运行结果如图 2.12 和图 2.13 所示。

图 2.12　初始页面

图 2.13　修改可写的计算属性

2.2.4　监听器

通过在组件中定义计算属性可以声明式地计算衍生值。不过，在某些情况下，可能需要在组件状态发生变化时执行一些操作，如更改 DOM，或者根据异步操作的结果修改另一处的状态等，这些都可以通过为组件创建监听器来实现。当使用选项式 API 时，可以使用 watch 选项定义每次响应式属性发生变化时要调用的监听器回调函数。

1. 基本用法

在使用 watch 选项定义数据更改时调用的监听器回调函数时，该选项期望接收一个对象，其中的键名是需要监听的响应式组件实例属性，如通过 data 选项定义的普通属性，或者通过 computed 选项定义的计算属性，键值则是相应的回调函数，该回调函数接收被监听源的新值和原值。除了根级属性，键名也可以是一个由点分隔的简单路径，如 a.b.c。此外，键值也可以是通过 methods 选项定义的一个方法名称的字符串，或者包含更多选项的对象。

注意：在定义监听器回调函数时，应避免使用箭头函数，因为它们无法通过 this 访问组件实例。

【例 2.11】本例用于说明如何定义和使用属性监听器。

（1）在 D:\Vue3\chapter02 目录中创建 2-11.html 文件，代码如下。

```
01  <!doctype html>
02  <html lang="zh-CN">
03  <head>
04    <meta charset="utf-8">
05    <title>属性监听器</title>
06    <script type="importmap">
07      {
08        "imports": {
09          "vue": "../js/vue.esm-browser.js"
10        }
11      }
12    </script>
13  </head>
14  <body>
15  <div id="app">
16    <h3>监听器基本应用</h3>
17    <p><button @click="count++">按钮单击次数: {{count}}</button> </p>
18  </div>
19  <script type="module">
20    import {createApp} from 'vue'
21
22    createApp({
23      data() {
24        return {
25          count: 0
26        }
27      },
28      watch: {
```

```
29        count(newValue, oldValue) {
30          console.log(`原值：${oldValue}，新值：${newValue}`)
31        }
32      }
33    }).mount('#app')
34  </script>
35  </body>
36  </html>
```

> 在 watch 选项中定义 count 属性的监听器

在上述代码中，第 22 行~第 33 行用于创建并挂载应用实例。其中，第 23 行~第 27 行在 data 选项中定义了数据属性 count，表示单击按钮的次数，并将其初始值设置为 0；第 28 行~第 32 行在 watch 选项中定义了 count 属性的监听器，每当通过单击按钮更改 count 属性值时，都会调用该回调函数，在控制台中输出更改前后的单击次数。第 17 行在组件模板中添加了一个按钮，并为其设置 click 事件监听器，每单击一次按钮，count 属性的值就会加 1。

（2）在浏览器中打开 2-11.html 文件，在页面中单击按钮，并在控制台中查看监听器的输出结果，如图 2.14 所示。

图 2.14　监听器基本应用

2. 深层监听器

在默认情况下，使用 watch 选项定义的监听器是浅层的，即被监听的属性仅在被赋予新值时才会触发回调函数，而其嵌套属性的变化不会触发。如果被监听源是对象或数组，且要监听所有嵌套属性的变更，则需要定义深层监听器，此时应使用对象语法，将回调函数声明在 handler()方法中，并将 deep 选项设置为 true，语法格式如下。

```
export default {
  watch: {
    someObject: {
      handler(newValue, oldValue) {
        // 如果在嵌套属性的变更中没有替换对象本身
        // 则 newValue 的属性值与 oldValue 相同
      },
      deep: true
    }
  }
}
```

深层监听器需要遍历被监听对象中所有嵌套的属性，当用于大型数据结构时，开销可能会很大。因此建议读者只在必要时使用深层监听器，并且要留意其性能。

【例 2.12】本例用于说明如何定义深层监听器。

（1）在 D:\Vue3\chapter02 目录中创建 2-12.html 文件，代码如下。

```html
01  <!doctype html>
02  <html lang="zh-CN">
03  <head>
04    <meta charset="utf-8">
05    <title>深层监听器</title>
06    <script type="importmap">
07      {
08        "imports": {
09          "vue": "../js/vue.esm-browser.js"
10        }
11      }
12    </script>
13  </head>
14  <body>
15  <div id="app"><h3>深层监听器</h3>
16    <p>被监听对象：{{obj}}</p>
17    <p>
18      <button @click="obj.a+=5">更改 obj.a</button> 
19      <button @click="obj.b.c+=10">更改 obj.b.c</button>
20    </p>
21  </div>
22  <script type="module">
23    import {createApp} from 'vue'
24
25    createApp({
26      data() {
27        return {
28          obj: {
29            a: 10,
30            b: {
31              c: 20
32            }
33          }
34        }
35      },
36      watch: {
37        obj: {
38          handler(newValue, oldValue) {
39            const x = JSON.stringify(oldValue)
40            const y = JSON.stringify(newValue)
41            console.log(`obj-原值：${x}\n 新值：${y}`)
42          },
43          deep: true
44        },
```

> 对 obj 属性定义深层监听器的要点：
> ①将回调函数定义在 handler()方法中，
> ②将 deep 选项设置为 true

```
45          'obj.a': 'watchObjA',
46          'obj.b.c': function (newValue, oldValue) {
47              console.log(`obj.b.c-原值：${oldValue}，新值：${newValue}`)
48          }
49        },
50        methods: {
51          watchObjA(newValue, oldValue) {
52              console.log(`obj.a-原值：${oldValue}，新值：${newValue}`)
53          }
54        }
55      }).mount('#app')
56  </script>
57  </body>
58  </html>
```

在上述代码中，第 25 行～第 55 行用于创建并挂载应用实例。其中，第 26 行～第 35 行在 data 选项中定义了数据属性 obj，该属性为对象类型，包含 a 和 b 属性；其中 b 属性本身也是对象类型，包含 c 属性；第 36 行～第 49 行在 watch 选项中使用对象语法为 obj 属性定义了深层监听器，该对象中的键名为要监听的 obj 属性，键值为对象形式，handler 为监听器回调函数，将 deep 选项设置为 true，以开启深层监听；在 handler 监听器回调函数中，使用 JSON.stringify()函数将 JavaScript 对象转换为字符串类型，目的是避免 newValue 和 oldValue 属性的输出结果均为[Object Object]，无法查看具体内容；第 45 行用于监听单个嵌套属性 obj.a，相应的回调函数以字符串方法名称 'watchObjA' 的形式提供，该方法是在 methods 选项中定义的；第 46 行～第 48 行用于监听单个嵌套属性 obj.b.c，相应的回调函数直接以匿名函数的形式提供。

第 16 行在组件模板中将 obj 显示在段落中；第 18 行和第 19 行分别对两个按钮设置了单击事件监听器。当单击这些按钮时，会修改 obj.a 和 obj.b.c 的属性值，用于测试修改对象属性时能否触发监听器回调函数。

（2）在浏览器中打开 2-12.html 文件，之后依次单击页面中的两个按钮，并在控制台中查看监听器的输出结果，如图 2.15 所示。从图 2.15 中可以看到，当开启 deep 选项时（即将其设置为 true），确实可以触发监听器回调函数，但由于未修改对象本身，因此传入监听器回调函数的两个参数是相同的，都是修改后的值。对于嵌套属性 obj.a 和 obj.b.c，触发回调函数时可以在控制台中输出修改前后的值。

（3）如果在监听器中删除 deep: true 选项或设置 deep:false 选项，则无论在页面中单击哪个按钮，都不会触发监听器回调函数。

3. 即时回调监听器

在默认情况下，使用 watch 选项定义的监听器是懒执行的，仅当数据源发生变化时才会执行回调函数。但是，在某些场景中，希望在创建监听器时立即执行一次回调函数。例如，需要请求一些初始数据，并在相关状态更改时重新请求数据。此时，可以使用对象语法来定义监听器，并设置对象的 handler()方法和 immediate: true 选项，这样就能强制在创建组件实例时立即执行回调函数。

　　由于监听器回调函数的初次执行发生在生命周期钩子 created 之前，而这时 Vue 已经完成了对 data、computed 和 methods 选项的处理，因此组件的数据属性在第一次被调用时就是可用的，不过在第一次被调用时原值为 undefined。

图 2.15　深层监听器

【例 2.13】本例用于说明如何定义即时回调监听器。

（1）在 D:\Vue3\chapter02 目录中创建 2-13.html 文件，代码如下。

```
01  <!doctype html>
02  <html lang="zh-CN">
03  <head>
04    <meta charset="utf-8">
05    <title>即时回调监听器</title>
06    <script type="importmap">
07      {
08        "imports": {
09          "vue": "../js/vue.esm-browser.js"
10        }
11      }
12    </script>
13  </head>
14  <body>
15  <div id="app">
16    <h3>即时回调监听器</h3>
17    <p>
18      <button @click="count++">按钮单击次数：{{count}}</button>
19    </p>
20  </div>
21  <script type="module">
22    import {createApp} from 'vue'
23
```

```
24    createApp({
25      data() {
26        return {
27          count: 0
28        }
29      },
30      watch: {
31        count: {
32          handler(newValue, oldValue) {
33            console.log(`原值：${oldValue}，新值：${newValue}`)
34          },
35          immediate: true
36        }
37      }
38    }).mount('#app')
39  </script>
40  </body>
41  </html>
```

> 对 count 属性定义即时回调监听器的要点：
> ① 将回调函数声明在 handler() 方法中；
> ② 将 immediate 选项设置为 true

在上述代码中，第 24 行～第 38 行用于创建并挂载应用实例。其中，第 25 行～第 29 行在 data 选项中定义了数据属性 count，表示按钮被单击的次数；第 30 行～第 37 行在 watch 选项中定义了一个即时回调监听器，用于监听 count 属性的变化。这里使用的是对象语法，其中 handler() 为监听器回调函数，将 immediate 选项设置为 true，以开启即时监听。

（2）在浏览器中打开 2-13.html 文件，从控制台中可以看到打开页面时监听器回调函数立即执行了一次，此时被监听属性 count 的原值为 undefined。之后通过单击页面中的按钮来更改该属性的值，并在控制台中查看运行结果，如图 2.16 所示。

图 2.16　即时回调监听器

4. 命令式地创建监听器

除使用 watch 选项之外，也可以使用组件实例的 $watch() 方法来命令式地创建一个监听器，此时应传入三个参数，其中前两个是必选参数，最后一个是可选参数。

- source：监听来源，它可以是一个组件属性名的字符串，也可以是一个简单的由点分隔的路径字符串，或者是一个 getter 方法。
- callback：回调函数，它接收的参数分别是监听来源的新值和原值。
- options：可选的选项对象，它可以包含 immediate、deep 和 flush 选项，用于设置即时回调、深层监听及回调触发时机。

如果要在特定条件下设置一个监听器，或者只监听响应用户交互的内容，则可以考虑使用$watch()方法来命令式地创建一个监听器。该方法返回一个函数，可以用于停止监听器。

【例 2.14】本例用于说明如何命令式地创建监听器。

（1）在 D:\Vue3\chapter02 目录中创建 2-14.html 文件，代码如下。

```html
01  <!doctype html>
02  <html lang="zh-CN">
03  <head>
04    <meta charset="utf-8">
05    <title>命令式地创建监听器</title>
06    <script type="importmap">
07      {
08        "imports": {
09          "vue": "../js/vue.esm-browser.js"
10        }
11      }
12    </script>
13  </head>
14  <body>
15  <div id="app">
16    <h3>命令式地创建监听器</h3>
17    <p>
18      <button @click="count++">按钮单击次数：{{count}}</button>
19    </p>
20  </div>
21  <script type="module">
22    import {createApp} from 'vue'
23
24    createApp({
25      data() {
26        return {
27          count: 0
28        }
29      },
30      created() {                         使用$watch()方法命令式地创建监听器
31        this.$watch('count', (newValue, oldValue) => {
32          console.log(`原值：${oldValue}，新值：${newValue}`)
```

```
33              }, {immediate: true}
34          )
35      }
36  }).mount('#app')
37  </script>
38  </body>
39  </html>
```

在上述代码中，第 24 行～第 36 行用于创建并挂载应用实例。其中，第 25 行～第 29 行在 data 选项中定义了数据属性 count，表示按钮被单击的次数；第 30 行～第 35 行在生命周期钩子 created 中使用$watch()方法创建了一个监听器，并为其传入三个参数，第一个参数为字符串'count'，指定要监听的属性；第二个参数为箭头函数，指定要触发的回调函数，可以接收属性的原值和新值；第三个参数为选项对象，指定在创建组件实例时立即触发回调。

（2）在浏览器中打开 2-14.html 文件，并在控制台中查看运行结果，如图 2.17 所示。

图 2.17　命令式创建监听器

5. 停止监听器

使用 watch 选项或$watch()方法定义的监听器，会在宿主组件被卸载时自动停止。因此，在大多数场景下，根本不需要考虑如何停止它。不过，某些时候的确需要在宿主组件被卸载之前就停止监听器。在这种情况下，可以调用由$watch() API 返回的函数。该函数被调用之后，即使被监听的数据属性发生变化，也不会再触发监听器回调函数。

【例 2.15】本例用于说明如何停止监听器。

（1）在 D:\Vue3\chapter02 目录中创建 2-15.html 文件，代码如下。

```
01  <!doctype html>
02  <html lang="zh-CN">
03  <head>
04      <meta charset="utf-8">
05      <title>停止监听器</title>
```

```
06    <script type="importmap">
07      {
08        "imports": {
09          "vue": "../js/vue.esm-browser.js"
10        }
11      }
12    </script>
13  </head>
14  <body>
15  <div id="app">
16    <h3>停止监听器</h3>
17    <p>
18      <button @click="count++">按钮单击次数：{{count}}</button> 
19      <button @click="stop">停止监听</button>
20    </p>
21  </div>
22  <script type="module">
23    import {createApp} from 'vue'
24
25    createApp({
26      data() {
27        return {
28          count: 0,
29          unwatch: null
30        }
31      },
32      methods: {
33        stop() {
34          console.log('停止对属性 count 的监听')
35          this.unwatch()
36        }
37      },
38      created() {
39        this.unwatch = this.$watch('count', (newValue, oldValue) => {
40            console.log(`原值：${oldValue}，新值：${newValue}`)
41        }
42      )
43    }
44  }).mount('#app')
45  </script>
46  </body>
47  </html>
```

　　在上述代码中，第 25 行~第 44 行用于创建并挂载应用实例。其中，第 26 行~第 31 行
在 data 选项中定义了数据属性 count 和 unwatch，前者表示按钮被单击的次数，后者用于接收

$watch()方法的返回值（函数），其初始值被设置为 null；第 32 行～第 37 行在 methods 选项中定义了一个名为 stop 的方法，它将调用由$watch()方法返回的 unwatch()函数；第 38 行～第 43行在生命周期钩子 created 中使用$watch()方法定义了一个属性监听器，用于监听 count 属性的变化，并将该方法返回的函数赋值给 unwatch 属性。第 18 行～第 19 行在组件模板中添加了两个按钮，并将其中一个按钮的单击事件监听器设置为 count++，用来增加 count 属性的值，将另一个按钮的单击事件监听器绑定到 stop()方法上，在执行该方法后，即使 count 属性发生变化，也不再触发属性监听器的回调函数。

（2）在浏览器中打开 2-15.html 文件，之后进入控制台。当单击左边的按钮时，将输出更改前后的单击次数；当单击右边的按钮时，将停止属性监听器，此时即使再单击左边的按钮，控制台中也不会有新的内容输出了，运行结果如图 2.18 所示。

图 2.18　停止监听器

2.3　生命周期

每个 Vue 组件实例在创建时都需要经历一系列的初始化步骤，例如，设置数据监听、编译模板、挂载实例到 DOM 及在数据改变时更新 DOM 等。在这个过程中，将运行一些被称为生命周期钩子的回调函数，让开发人员有机会在特定阶段运行自己编写的代码，以实现所需要的功能。

2.3.1　生命周期概述

组件实例生命周期中的各个阶段如图 2.19 所示。目前，读者并不需要完全理解图中的所有内容，但它将是学习后续内容的一个十分重要的参考。

图 2.19 中列出了在组件实例生命周期的不同阶段中自动调用的生命周期钩子，关于这些生命周期钩子的调用说明如表 2.1 所示。需要注意的是，组合式 API 中的 setup 钩子会在所有选项式 API 钩子之前被调用，beforeCreate 钩子也不例外。

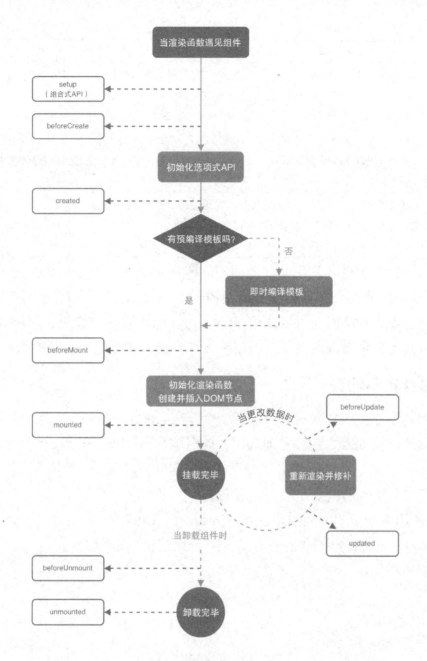

图 2.19　组件实例生命周期中的各个阶段

表 2.1　生命周期钩子的调用说明

生命周期钩子	说　　明
beforeCreate	在组件实例初始化完成之后被立即调用，即在实例初始化完成、props 解析之后、data 和 computed 等选项处理之前被立即调用
created	在组件实例处理完所有与状态相关的选项后被调用。此时以下内容已经设置完成：响应式数据、计算属性、方法和监听器。但此时挂载阶段还未开始，$el 属性（组件实例管理的 DOM 根节点）仍不可用
beforeMount	在组件被挂载之前被调用。此时组件已经完成了其响应式状态的设置，但还没有创建 DOM 节点，即将首次执行 DOM 渲染过程
mounted	在组件被挂载之后被调用。当所有同步子组件均已被挂载时，即可认为组件已被挂载，此时组件自身的 DOM 树已经创建完成并被插入父容器中

生命周期钩子	说　　明
beforeUpdate	在组件因响应式状态变更而更新其 DOM 树之前被调用。这个钩子可以用来在 Vue 更新 DOM 之前访问 DOM 状态。在这个钩子中变更状态也是安全的
updated	在组件因响应式状态变更而更新其 DOM 树之后被调用。父组件的更新钩子将在其子组件的更新钩子之后调用。这个钩子会在组件的任意 DOM 树更新之后被调用，这些更新可能是由不同的状态变更导致的
beforeUnmount	在组件实例被卸载之前被调用。当这个钩子被调用时，组件实例依然保有全部的功能。这个钩子在服务端渲染时不会被调用
unmounted	在组件实例被卸载之后被调用。如果一个组件的所有子组件都已经被卸载，而且所有相关的响应式作用都已经停止，则该组件可以被视为已卸载。在这个钩子中可以手动清理一些附加作用，如计时器、DOM 事件监听器或与服务器的连接。这个钩子在服务端渲染时不会被调用

生命周期钩子会在组件实例生命周期的不同阶段被调用，其中比较常用的是 mounted、unmounted 和 updated。在组件的所有生命周期钩子中，this 上下文会自动指向当前调用它的组件实例。当使用选项式 API 时，可以像使用 data 选项那样直接定义生命周期钩子，不过应避免使用箭头函数来定义生命周期钩子，否则将无法在函数中通过 this 获取组件实例。

2.3.2　组件实例创建

与组件实例创建相关的生命周期钩子有两个：beforeCreate 和 created。其中，beforeCreate 钩子在组件实例初始化完成之后被立即调用，此时响应式数据、计算属性、方法和监听器尚未完成设置；created 钩子则在组件实例处理完所有与状态相关的选项后被调用，此时响应式数据、计算属性、方法和监听器已经完成设置。

【例 2.16】本例用于说明如何使用 beforeCreate 和 created 钩子。

（1）在 D:\Vue3\chapter02 目录中创建 2-16.html 文件，代码如下。

```
01  <!doctype html>
02  <html lang="zh-CN">
03  <head>
04    <meta charset="utf-8">
05    <title>组件实例创建</title>
06    <script type="importmap">
07      {
08        "imports": {
09          "vue": "../js/vue.esm-browser.js"
10        }
11      }
12    </script>
13  </head>
14  <body>
15  <div id="app">
16    <h3>组件实例创建</h3>
17    <p>{{message}}</p>
18  </div>
19  <script type="module">
```

```
20      import {createApp} from 'vue'
21
22      createApp({
23        data() {
24          return {
25            message: 'Hello Vus.js!'
26          }
27        },
28        beforeCreate() {
29          console.log('组件实例创建之前：beforeCreate 钩子被调用')
30          console.log(`响应式数据：${this.message}`)
31        },
32        created() {
33          console.log('组件实例创建之后：created 钩子被调用')
34          console.log(`响应式数据：${this.message}`)
35        }
36      }).mount('#app')
37    </script>
38  </body>
39  </html>
```

定义 beforeCreate 钩子

定义 created 钩子

在上述代码中，第 22 行～第 36 行用于创建并挂载应用实例。其中，第 23 行～第 27 行在 data 选项中定义了响应式属性 message；第 28 行～第 31 行定义了生命周期钩子 beforeCreate，并在控制台中依次输出一条提示信息和 message 属性的值；第 32 行～第 35 行定义了生命周期钩子 created，并在控制台中依次输出一条提示信息和 message 属性的值。第 17 行在组件模板中将响应式属性 message 的值插入段落中。

（2）在浏览器中打开 2-16.html 文件，并在控制台中查看运行结果，如图 2.20 所示。

图 2.20　组件实例创建

2.3.3　组件实例挂载

与组件实例挂载相关的生命周期钩子有两个：beforeMount 和 mounted。其中，beforeMount 钩子在组件被挂载之前被调用，此时组件已经完成了其响应式状态的设置，但还没有创建

DOM 节点；mounted 钩子在组件被挂载之后被调用，此时组件自身的 DOM 树已经创建完成并被插入父容器中。

【例 2.17】本例用于说明如何创建和使用 beforeMount 和 mounted 钩子。

（1）在 D:\Vue3\chapter02 目录中创建 2-17.html 文件，代码如下。

```
01  <!doctype html>
02  <html lang="zh-CN">
03  <head>
04    <meta charset="utf-8">
05    <title>组件实例挂载</title>
06    <script type="importmap">
07      {
08        "imports": {
09          "vue": "../js/vue.esm-browser.js"
10        }
11      }
12    </script>
13  </head>
14  <body>
15  <div id="app">
16    <div id="root">
17      <h3>组件实例挂载</h3>
18      <p>{{message}}</p>
19    </div>
20  </div>
21  <script type="module">
22    import {createApp} from 'vue'
23
24    createApp({
25      data() {
26        return {
27          message: 'Hello Vus.js!'
28        }
29      },
30      beforeMount() {
31        console.log('组件实例挂载之前：beforeMount 钩子被调用')
32        console.log(`DOM 根节点：${this.$el != null ? this.$el.innerHTML : 'null'}`)
33      },
34      mounted() {
35        console.log('组件实例挂载之后：mounted 钩子被调用')
36        console.log(`DOM 根节点：${this.$el.innerHTML}`)
37      }
38    }).mount('#app')
39  </script>
40  </body>
41  </html>
```

定义 beforeMount 钩子

定义 mounted 钩子

在上述代码中，第 24 行~第 38 行用于创建并挂载应用实例。第 25 行~第 29 行在 data

选项中定义了响应式属性 message。第 30 行～第 33 行定义了生命周期钩子 beforeMount，其功能是在控制台中输出一条提示信息，并输出 DOM 根节点的内容（this.$el.innerHTML）。其中，$el 属性用于获取组件实例所管理的 DOM 根节点，innerHTML 属性用于获取元素开始和结束标签内包含的 HTML 标签。第 34 行～第 37 行定义了生命周期钩子 mounted，其功能与 beforeMount 钩子类似，但两者的调用时机不同。

第 15 行～第 20 行在组件模板的容器元素中插入了一个 id 属性值为 root 的 div 元素，用作组件的根元素，并在其中添加 h3 标题和段落，通过段落来展示 message 属性的值。

（2）在浏览器中打开 2-17.html 文件，并在控制台中查看运行情况。可以看到，在组件实例被挂载之前，this.$el（表示组件实例所管理的根节点）尚不存在；在组件实例被挂载之后，组件实例所管理的 DOM 根节点已经建立起来了，运行结果如图 2.21 所示。

图 2.21 组件实例挂载

2.3.4 状态更新

与组件实例的响应式状态更新相关的生命周期钩子有两个：beforeUpdate 和 updated。其中，beforeUpdate 钩子在组件因响应式状态变更而更新其 DOM 树之前被调用，updated 钩子则在更新之后调用。父组件的更新钩子将在其子组件的更新钩子之后被调用，updated 钩子会在组件的任意 DOM 更新之后被调用，这些更新可能是由不同的状态变更引起的。

【例 2.18】本例用于说明如何定义和使用 beforeUpdate 和 updated 钩子。

（1）在 D:\Vue3\chapter02 目录中创建 2-18.html 文件，代码如下。

```
01  <!doctype html>
02  <html lang="zh-CN">
03  <head>
04    <meta charset="utf-8">
05    <title>状态更新</title>
06    <script type="importmap">
07      {
08        "imports": {
09          "vue": "../js/vue.esm-browser.js"
10        }
11      }
```

```
12        </script>
13    </head>
14    <body>
15    <div id="app">
16        <h3>状态更新</h3>
17        <div v-if="visible" ref="div1">这是一个测试。</div>
18        <p><button @click="visible=!visible">切换显示</button></p>
19    </div>
20    <script type="module">
21        import {createApp} from 'vue'
22
23        createApp({
24          data() {
25            return {
26                visible: true
27            }
28          },
29          beforeUpdate() {
30            console.log('更新之前：beforeUpdate 钩子被调用')
31            console.log('目标元素：', this.$refs.div1)
32          },
33          updated() {
34            console.log('更新之后：updated 钩子被调用')
35            console.log('目标元素：', this.$refs.div1)
36          }
37        }).mount('#app')
38    </script>
39    </body>
40    </html>
```

定义 beforeUpdate 钩子

定义 updated 钩子

在上述代码中，第 23 行～第 37 行用于创建并挂载应用实例。第 24 行～第 28 行在 data 选项中定义了数据属性 visible，用于控制 div 元素的显示与隐藏，将其初始值设置为 false。第 29 行～第 32 行定义了 beforeUpdate 钩子，并通过它在控制台中输出一条提示信息和一个被测试的目标元素（this.$refs.div1）。其中，this.$refs 用于返回一个包含 DOM 元素和组件实例的对象，this.$refs.div1 则用于访问在组件模板中带有 ref="div1" 属性的 DOM 元素。第 33 行～第 36 行定义了 updated 钩子，其功能与 beforeUpdate 钩子类似，但两者的调用时机不同。

第 17 行在组件模板中对 div 元素应用了 v-if 指令，并将其值设置为 visible。该指令基于表达式值的真假有条件地渲染元素或模板片段，若 visible 的值为 true，则渲染该元素；若 visible 的值为 false，则移除该元素；若 visible 的值发生变化，则更新 DOM 树，从而触发相关生命周期钩子的调用。同时，第 17 行还对 div 元素添加了 ref 属性，目的是注册该元素的引用。当挂载结束后，该引用将被暴露在 this.$refs 上，可以通过 this.$refs.div1 来引用该元素。第 18 行对按钮设置了单击事件监听器，当单击按钮时，对 visible 的值取反，即由 true 变为 false，或者由 false 变为 true。

（2）在浏览器中打开 2-18.html 文件，通过单击按钮触发状态更新，运行结果如图 2.22 和图 2.23 所示。

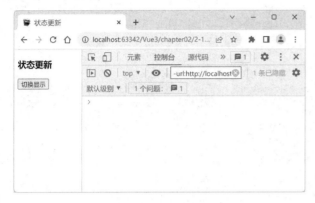

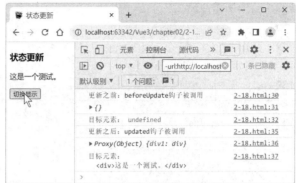

图 2.22 状态更新之前   图 2.23 状态更新之后

2.3.5 组件实例卸载

与组件实例卸载相关的生命周期钩子有两个：beforeUnmount 和 unmounted。其中，beforeUnmount 钩子在组件实例被卸载之前被调用，此时组件实例依然保有全部的功能；unmounted 钩子在组件实例被卸载之后被调用，在这个钩子中可以手动清理一些附加作用，如计时器、DOM 事件监听器或与服务器的连接等。

【例 2.19】本例用于说明如何创建与应用 beforeUnmount 和 unmounted 钩子。

（1）在 D:\Vue3\chapter02 目录中创建 2-19.html 文件，代码如下。

```
01  <!doctype html>
02  <html lang="zh-CN">
03  <head>
04    <meta charset="utf-8">
05    <title>组件实例卸载</title>
06    <script type="importmap">
07        {
08          "imports": {
09            "vue": "../js/vue.esm-browser.js"
10          }
11        }
12    </script>
13  </head>
14  <body>
15  <div id="app">
16    <div ref="root">
17      <h3>组件实例卸载</h3>
18      <div>{{message}}</div>
19      <p><button @click="onClick">卸载实例</button></p>
20    </div>
21  </div>
22  <script type="module">
```

```
23    import {createApp} from 'vue'
24
25    const app = createApp({
26      data() {
27        return {
28          message: 'Hello Vue.js！'
29        }
30      },
31      methods: {
32        onClick() {
33          app.unmount()
34        }
35      },
36      beforeUnmount() {
37        console.log('卸载之前：beforeUnmount 钩子被调用')
38        console.log('DOM 根节点：', this.$refs.root)
39      },
40      unmounted() {
41        console.log('卸载之后：unmounted 钩子被调用')
42        console.log('DOM 根节点：', this.$refs.root)
43      }
44    })
45    app.mount('#app')
46  </script>
47  </body>
48  </html>
```

定义 beforeUnmount 钩子

定义 unmounted 钩子

在上述代码中，第 25 行~第 45 行用于创建并挂载应用实例。第 26 行~第 30 行在 data 选项中定义了数据属性 message，并设置其初始值为 "Hello Vue.js！"。

第 31 行~第 35 行在 methods 选项中定义了一个名为 onClick 的方法，并通过它来调用实例方法 app.unmount()，以卸载已挂载的应用实例，此时将会触发该应用组件树内所有组件的卸载生命周期钩子。

第 36 行~第 39 行定义了生命周期钩子 beforeUnmount，并通过它首先在控制台中输出一条提示信息，然后输出 message 属性的值，最后输出组件实例所管理的 DOM 根元素的信息。

第 40 行~第 43 行定义了生命周期钩子 unmounted，其功能与 beforeUnmount 钩子类似，只是调用时机不同。

第 16 行~第 20 行在组件模板中将一个 id 属性值为 root 的 div 元素，用作组件的根元素添加到应用要挂载的容器元素中，并将按钮的单击事件监听器绑定到 onClick()方法上。

（2）在浏览器中打开 2-19.html 文件，通过单击按钮对程序进行测试。此时可以看到，单击按钮时将卸载已挂载的应用实例，并触发根组件的 beforeUnmount 和 unmounted 钩子，由于卸载之后根组件仍然存在，所以还可以正常访问 message 属性，但组件实例所管理的 DOM 根元素已经不复存在，因此页面显示为空白，运行结果如图 2.24 和图 2.25 所示。

图 2.24　组件实例卸载之前

图 2.25　组件实例卸载之后

习题 2

一、填空题

1. 使用 export_____语句导出一个用于描述组件相关选项的匿名对象。

2. 传入 createApp()函数的第二个参数用于指定要传递给根组件的_____。

3. Vue 应用实例向外部暴露的_____对象可以用于配置一些应用级别的选项。

4. app._____()方法用于安装一个插件。

5. 在创建应用实例后，可以使用_____属性获取从 data()函数中返回的对象。

6. 使用_____选项定义每次响应式属性发生变化时要调用的监听器回调函数。

7. 若要定义深层监听器，应使用对象语法，将回调函数声明在_____中，并将_____选项设置为 true。

二、判断题

1. 调用 createApp()函数时必须传入一个根组件。　　　　　　　　　　　（　　　）

2. 使用 createApp()函数创建的应用实例会自动渲染出来。　　　　　　　（　　　）

3. 在应用实例被挂载后，该容器元素本身也成为了应用实例的一部分。　（　　　）

4. 在未设置根组件的 template 选项时，将自动使用容器元素的 innerHTML 属性作为模板。

（　　　）

5. 在同一个页面中只能创建一个 Vue 应用实例。　　　　　　　　　　　（　　　）

6. 在响应式设计模式下，更改组件状态时视图会自动更新。　　　　　　（　　　）

7. 组件的数据属性可以通过 data 选项来定义，该选项的值应该是一个对象。（　　　）

8. 直接在组件实例上添加新属性会触发响应式更新。　　　　　　　　　（　　　）

9. 组件实例上的数据属性只能在首次创建组件实例时添加。　　　　　　（　　　）

10. 组件的方法可以用 methods 选项来添加，该选项的值是一个函数。　（　　　）

11. 在组件方法中，this 永远指向组件实例。　　　　　　　　　　　　　（　　　）

12. 可写的计算属性在创建时只需要提供 setter 方法。　　　　　　　　　（　　　）

13. 在定义即时回调监听器时，应使用对象语法将回调函数声明在 handler()方法中，并将 immediate 选项设置为 true。 　　　　　　　　　　　　　　　　（　　　）

14. 使用组件实例的$watch()方法可以命令式地创建一个监听器。 　　　（　　　）

15. 生命周期钩子 created 在组件被挂载之后被调用。 　　　　　　　（　　　）

16. 在组件的所有生命周期钩子中，this 会自动指向当前调用它的组件实例。 （　　　）

三、选择题

1. 在下列组件选项中，（　　　）不属于状态选项。

　　A．data　　　　　　　B．computed　　　　　C．methods　　　　D．template

2. 在下列组件选项中，（　　　）不属于生命周期选项。

　　A．emit　　　　　　　B．created　　　　　　C．mounted　　　　D．updated

3. 关于 app.mount()方法，下列说法错误的是（　　　）。

　　A．应该在整个应用配置和资源注册完成后再调用该方法

　　B．对于每个应用实例，该方法只能调用一次

　　C．该方法的返回值是应用实例

　　D．对于用该方法挂载的应用实例，可以使用 unmount()方法来卸载

4. 在下列选项中，（　　　）是在组件被挂载之后被调用的生命周期钩子。

　　A．beforeCreate　　　B．created　　　　　　C．beforeMount　　D．mounted

四、简答题

1. 简述组件选项中有哪些状态选项。

2. 简述组件选项中有哪些生命周期选项。

3. 简述计算属性与组件方法的区别。

五、编程题

1. 使用 Vue 的全局构建版本创建应用实例，并传入对象字面量作为根组件。

2. 在同一个页面中创建多个 Vue 应用实例，分别挂载在不同的容器元素中。

3. 创建一个 Vue 应用，要求单击按钮时在按钮上显示单击次数。

4. 创建一个 Vue 应用，根据商品数量和商品单价计算总金额，要求使用计算属性实现。

5. 创建一个 Vue 应用，根据商品数量和商品单价计算总金额，要求使用组件方法实现。

6. 创建一个 Vue 应用，要求单击按钮时在按钮上显示单击次数，并且对单击次数创建一个监听器，在控制台中输出变化前后的单击次数。

第 3 章

Vue 模板应用

Vue 提供了一种基于 HTML 的模板语法，可以声明式地将其组件实例的数据绑定到呈现的 DOM 元素上。从语法层面上看，Vue 模板中的所有内容使用的都是合法的 HTML 标签，可以被符合规范的浏览器和 HTML 解析器解析。在底层机制中，Vue 会将模板编译成高度优化的 JavaScript 代码。结合响应式系统，当应用状态变更时，Vue 能够智能地推导出需要重新渲染的组件的最少数量，并执行最少的 DOM 更新操作。本章介绍 Vue 模板语法的使用方法，主要包括模板基础、绑定类与样式、条件渲染及列表渲染。

3.1　模板基础

在使用 Vue 进行前端开发时，可以在 HTML 文件中使用双花括号语法来插入组件实例的数据属性，也可以使用 Vue 指令来绑定 HTML 元素的属性。要想熟练掌握 Vue 模板语法的使用方法，需要了解以下基本知识。

3.1.1　文本插值

在组件模板中，最基本的数据绑定形式是文本插值。文本插值使用 Mustache 语法来表示，即在双花括号中写入组件实例的数据属性。

例如，要在一个段落中显示 message 属性的值，可以按照以下形式编写。

```
<p>{{message}}</p>
```

其中，message 属性可以是数字、字符串或布尔值等简单类型，也可以是数组、对象等复杂类型。当渲染模板时，双花括号标签将会被替换为相应组件实例中 message 属性的值。当 message 属性的值更改时，文本插值也会同步更新。

有时希望模板中的文本插值仅渲染一次，并跳过之后的更新。这时可以在元素标签中使用 v-once 属性来实现。例如：

```
<p v-once>{{message}}</p>
```

这里的 v-once 属性被称为指令。Vue 的指令以 "v-" 为前缀，表明它们是由 Vue 提供的特殊属性，为要渲染的 DOM 应用特殊的响应式行为。在当前示例中，v-once 指令的作用是在随后进行的重新渲染中将 p 元素当作静态内容并跳过渲染。

【例 3.1】本例用于说明如何在模板中使用文本插值。

（1）在 D:\Vue3\chapter03 目录中创建 3-01.html 文件，代码如下。

```
01  <!doctype html>
02  <html lang="zh-CN">
03  <head>
04    <meta charset="utf-8">
05    <title>文本插值</title>
06    <script type="importmap">
07      {
08        "imports": {
09          "vue": "../js/vue.esm-browser.js"
10        }
11      }
12    </script>
13  </head>
14  <body>
15  <div id="app">
16    <h3>文本插值</h3>
17    <ul>
18      <li v-once>数字：{{num}}</li>
19      <li v-once>字符串：{{str}}</li>
20      <li>布尔值：{{bool}}</li>
21      <li>数组：{{arr}}</li>
22      <li>对象：{{obj}}</li>
23    </ul>
24  </div>
25  <script type="module">
26    import {createApp} from 'vue'
27
28    createApp({
29      data() {
30        return {
31          num: 123,
32          str: 'Hello Vue.js!',
33          bool: true,
34          arr: [1, 2, 3, 4, 5],
35          obj: {a: 200, b: 300}
36        }
37      }
38    }).mount('#app')
39  </script>
```

在这两个 li 元素中应用 v-once 指令，当 num 和 str 属性发生变化时，文本插值不会随之更新

在模板中用双花括号语法引用数据属性，称为文本插值。当这些属性发生变化时，文本插值会随之更新

在 data 选项中定义各种类型的数据属性

```
40    </body>
41    </html>
```

在上述代码中，第 28 行～第 38 行用于创建并挂载应用实例。其中，第 29 行～第 37 行在 data 选项中为组件实例定义了一些数据属性，类型分别为数字、字符串、布尔值、数组和对象，并设置它们的初始值。

第 17 行～第 23 行在组件模板中创建了一个无序列表，以显示组件实例的各个数据属性，并在前面两个列表项中应用了 v-once 指令。此时更改前面两个列表项对应的数据属性，内容将不会随之更新。

（2）在浏览器中打开 3-01.html 文件，同时使用 Vue Devtools 查看组件实例的数据属性。如果在 Vue Devtools 中更改数字或字符串，则页面显示结果并不会随之更新；如果更改布尔值、数组或对象，则页面显示结果将随之自动更新，运行结果如图 3.1 所示。

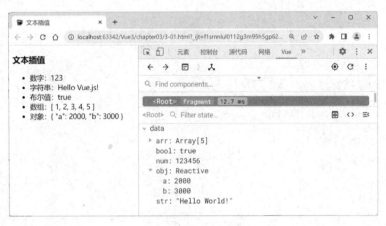

图 3.1　在模板中使用文本插值

3.1.2　插入 HTML 代码

当使用双花括号语法时，Vue 会将数据解析为纯文本字符串，而不是 HTML 代码。如果想要在模板中插入 HTML 代码，则需要使用 v-html 指令来实现。

例如，要在一个 div 元素中插入 HTML 代码，则可以按照以下形式编写。

```
<div v-html="rawHtml"></div>
```

其中，v-html 指令的作用是使 div 元素的 innerHTML 与 rawHtml 属性保持同步。

【例 3.2】本例用于说明如何在模板中插入 HTML 代码。

（1）在 D:\Vue3\chapter03 目录中创建 3-02.html 文件，代码如下。

```
01    <!doctype html>
02    <html lang="zh-CN">
03    <head>
04      <meta charset="utf-8">
05      <title>插入 HTML 代码</title>
06      <script type="importmap">
07        {
08          "imports": {
09            "vue": "../js/vue.esm-browser.js"
```

```
10        }
11      }
12    </script>
13  </head>
14  <body>
15  <div id="app">
16    <h3>插入 HTML 代码</h3>
17    <div v-html="rawHtml"></div>
18    <div>{{rawHtml}}</div>
19  </div>
20  <script type="module">
21    import {createApp} from 'vue'
22
23    createApp({
24      data() {
25        return {
26          rawHtml: `
27            <h4>春夜喜雨</h4>
28            <p>好雨知时节，当春乃发生。</p>
29            <p>随风潜入夜，润物细无声。</p>`
30        }
31      }
32    }).mount('#app')
33  </script>
34  </body>
35  </html>
```

（第16行）在此 div 元素中应用 v-html 指令，从而渲染 HTML 代码

（第19行）在此 div 元素中直接添加文本插值，这将以文本的形式来显示 HTML 代码

（第26~29行）在 data 选项中定义数据属性 rawHtml，其值为一段 HTML 代码

在上述代码中，第 23 行~第 32 行用于创建并挂载应用实例。其中，第 24 行~第 31 行在 data 选项中定义了数据属性 rawHtml，并将其值设置为一个使用反引号作为定界符的字符串，内容为 HTML 代码，其中包含一个<h4>标签和两个<p>标签。

第 17 行和第 18 行将两个 div 元素添加到要挂载的容器元素中，并在其中一个 div 元素中应用 v-html 指令，其值为 rawHtml；在另一个 div 元素中通过双花括号语法使用文本插值。

（2）在浏览器中打开 3-02.html 文件，此时会看到，在使用 v-html 指令时，div 元素中会显示一个标题和两个段落；而在使用文本插值时，div 元素中会显示一个普通字符串，如图 3.2 所示。

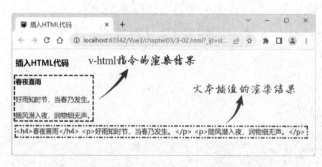

图 3.2　插入 HTML 代码

3.1.3　绑定 HTML 属性

使用双花括号语法可以在模板中插入组件实例的属性值，但这种语法是不能在 HTML 属性中使用的。如果想要响应式地绑定一个 HTML 属性，则应在元素标签中使用 v-bind 指令。

1. 基本用法

要将一个 HTML 属性绑定到组件实例的某个数据属性上，可以使用 v-bind 指令来实现，语法格式如下。

```
<标签 v-bind:属性="value"></标签>
```

v-bind 指令的作用是使元素的指定属性与组件的 value 属性保持一致。例如：

```
<a v-bind:href="Url">链接文本</a>
```

如果属性绑定的值为 null 或 undefined，则会从渲染的元素上移除该属性。

2. 简写语法

由于 v-bind 指令的使用比较频繁，所以 Vue 为它提供了简写语法，即省略 "v-bind"，仅在 HTML 属性前面使用一个冒号，语法格式如下。

```
<标签 :属性="value"></标签>
```

使用简写语法可以将上面的示例改写成如下形式。

```
<a :href="Url">链接文本</a>
```

这种以冒号 ":" 开头的属性看起来略显奇怪，似乎与一般的 HTML 属性不太一样，不过它的确是合法的属性名称字符，能够被所有支持 Vue 的浏览器正确地解析。实际上，这个冒号在最终渲染出来的 DOM 中并不会出现。这种简写语法在实际开发中的应用更为普遍。

3. 绑定布尔值

当绑定一个布尔值时，v-bind 指令的行为略有不同，它将根据取值为 true 或 false 来决定 HTML 属性是否应该存在于元素上。

在下面的示例中，将按钮的 disabled 属性绑定到布尔值 isButtonDisabled 上。

```
<button :disabled="isButtonDisabled">Button</button>
```

如果 isButtonDisabled 属性值为 true 或空字符串，则 button 元素会包含 disabled 属性，表示该按钮被禁用；如果其值为 false 或其他假值，则 disabled 属性不会出现在 button 元素中，表示该按钮处于正常状态。

4. 动态绑定多个值

使用不带参数的 v-bind 指令，可以将多个属性绑定到单个元素上，语法格式如下。

```
<标签 v-bind="object"></标签>
```

例如，通过 data 选项声明一个 JavaScript 对象，该对象中包含 id 和 class 属性：

```
data() {
  return {
    objectOfAttrs: {
      id: 'container',
      class: 'wrapper'
```

```
        }
    }
}
```

使用不带参数的 v-bind 指令，可以将 id 和 class 属性同时绑定到一个 div 元素上。例如：

```
<div v-bind="objectOfAttrs"></div>
```

【例 3.3】本例用于说明如何使用 v-bind 指令绑定 HTML 属性。

（1）在 D:\Vue3\chapter03 目录中创建 3-03.html 文件，代码如下。

```
01   <!doctype html>
02   <html lang="zh-CN">
03   <head>
04     <meta charset="utf-8">
05     <title>绑定 HTML 属性</title>
06     <script type="importmap">
07       {
08         "imports": {
09           "vue": "../js/vue.esm-browser.js"
10         }
11       }
12     </script>
13   </head>
14   <body>
15   <div id="app">
16     <h3>绑定 HTML 属性</h3>
17     <img :id="id + 'Logo'" :src="imgUrl" alt="" width="100">      ← 绑定 id 和 src 属性
18     <p><a :href="linkUrl">华信教育资源网</a></p>                    ← 绑定 href 属性
19     <p><button :disabled="isDisabled">这是一个按钮</button></p>
20   </div>                                                            ← 绑定 disabled 属性
21   <script type="module">
22     import {createApp} from 'vue'
23
24     createApp({
25       data() {
26         return {
27           id: 'vue',
28           imgUrl: '../images/logo.svg',                          ← 定义一些数据属性
29           linkUrl: 'https://www.hxedu.com',
30           isDisabled: true
31         }
32       }
33     }).mount('#app')
34   </script>
35   </body>
36   </html>
```

在上述代码中，第 24 行～第 33 行用于创建并挂载应用实例。其中，第 25 行～第 32 行在 data 选项中为根组件定义了 id、imgUrl、linkUrl 和 isDisabled 属性，其中前三个属性为字符串类型，最后一个属性为布尔类型。

第 17 行将 img 元素的 id 属性绑定到表达式 "id+'Log'"上，src 属性绑定到 imgUrl 上；第 18 行将 a 元素的 href 属性绑定到 linkUrl 上；第 19 行将 button 元素的 disabled 属性绑定到 isDisabled 上，该值为 true，此时，disabled 属性存在于该元素中，表示该按钮被禁用。

（2）在浏览器中打开 3-03.html 文件，按 F12 键，打开开发者工具窗格，查看渲染后的 HTML 文档内容，运行结果如图 3.3 所示。

图 3.3　绑定 HTML 属性

3.1.4　使用 JavaScript 表达式

在 Vue 模板中，不仅可以绑定组件实例的属性，还可以在所有的数据绑定中使用完整的 JavaScript 表达式。在文本插值（双花括号语法）和 Vue 指令属性的值中均可使用 JavaScript 表达式，它们将以当前组件实例为作用域进行解析执行。

1. 基本用法

当在 Vue 模板中使用 JavaScript 表达式时，可以在这些表达式中使用各种运算符，也可以调用函数，还可以使用模板字符串。例如：

```
{{number + 1}}
{{ok ? '是' : '否'}}
{{message.split('').reverse().join('')}}
<div :id="`list-${id}`"></div>
```

2. 仅支持表达式

每个数据仅支持绑定单一的表达式，即一段能够被求值的 JavaScript 代码。判断一段 JavaScript 代码是否为表达式，只需要看它能否被合法地写在 return 后面即可。如果能写在 return 后面，则这段代码是一个表达式，否则就不是一个表达式。因此，下面示例中的写法都是无效的。

```
<!-- 这是一个语句，而非表达式 -->
{{const num = 123 }}


<!-- 条件控制语句也不支持绑定，请使用三元表达式 -->
{{ if (ok) { return message } }}
```

3．调用函数

在绑定的表达式中，可以调用一个组件所暴露的函数（方法）。例如：

```
<time :title="toTitleDate(date)" :datetime="date">
  {{formatDate(date)}}
</time>
```

绑定在表达式中的方法在组件每次更新时都会被重新调用，因此不应该产生任何附加作用，如改变数据或触发异步操作。

4．受限访问的全局对象

在模板中使用的表达式将被沙盒化，只能访问有限的全局属性、全局方法和全局对象。这些属性、方法和对象如表 3.1 所示。

表 3.1　在模板中可访问的全局属性/方法/对象

全局属性/方法/对象	说　明
全局属性 Infinity	表示无穷大的数值
全局属性 undefined	表示一种原始数据类型，一个没有被赋值的变量的类型就是 undefined
全局属性 NaN	表示非数字的值
全局方法 isFinite()	用于检测传入的参数是否为有限数值
全局方法 isNaN()	用于检测一个值是否为非数字的值
全局方法 parseFloat()	用于解析一个参数（必要时先将参数转换为字符串类型）并返回一个浮点数
全局方法 parseInt(string, radix)	用于解析一个字符串并返回指定基数的十进制整数,其中参数 radix 是 2～36 的整数，表示被解析字符串的基数
全局方法 decodeURI()	用于解码由 encodeURI()方法创建或在其他流程中得到的统一资源标识符（URI）
全局方法 decodeURIComponent()	用于解码由 decodeURIComponent()方法或其他类似方法编码的部分统一资源标识符（URI）
全局方法 encodeURI()	通过将特定字符的每个实例替换为一个、两个、三个或四个转义序列来对统一资源标识符（URI）进行编码
全局方法 encodeURIComponent()	通过将特定字符的每个实例替换为代理字符的 UTF-8 编码的一个、两个、三个或四个转义序列来编码 URI（只有由两个代理字符组成的字符会被编码为四个转义序列）
全局对象 Math	内置对象，它拥有一些数学常数属性和数学函数方法
全局对象 Number	内置对象，表示浮点数，其构造函数包含常量和处理数值的方法
全局对象 Date	内置对象，用于创建一个 Date 实例，该实例呈现时间中的某个时刻
全局对象 Array	内置对象，支持在单个变量名下存储多个元素，并具有执行常见数组操作的成员
全局对象 Object	内置对象，表示一种数据类型，它用于存储各种键值集合和更复杂的实体
全局对象 Boolean	内置对象，是布尔值的对象包装器
全局对象 String	内置对象，用于表示和操作字符串
全局对象 RegExp	内置对象，表示正则表达式，用于将文本与一个模式匹配
全局对象 Map	内置对象，用于存储键值对，并且能够记住键的原始插入顺序。任何值（对象或基本类型）都可以作为一个键或一个值

续表

全局属性/方法/对象	说　明
全局对象 Set	内置对象，表示值的集合，允许存储任何类型的唯一值，无论是原始值还是对象引用
全局对象 JSON	内置对象，它包含两个方法：用于解析 JSON 字符串的 parse()方法，以及将对象/值转换为 JSON 字符串的 stringify()方法
全局对象 Intl	内置对象，表示 ECMAScript 国际化 API 的一个命名空间，它提供了精确的字符串对比、数字格式化及日期时间格式化
全局对象 BigInt	内置对象，它提供了一种方法来表示大于 $2^{53}-1$ 的整数，没有任何限制
全局对象 console	用于提供浏览器控制台调试的接口

表 3.1 中列出了比较常用的内置全局对象，如 String、Math 和 Date 等。没有显式包含在此表中的全局对象将不能在模板的表达式中访问，如用户附加在 window 对象上的各种属性。然而，也可以根据需要自行在 app.config.globalProperties 上显式地添加它们，供所有的 Vue 表达式使用。

【例 3.4】本例用于说明如何在模板中使用 JavaScript 表达式。

（1）在 D:\Vue3\chapter03 目录中创建 3-04.html 文件，代码如下。

```
01  <!doctype html>
02  <html lang="zh-CN">
03  <head>
04    <meta charset="utf-8">
05    <title>在模板中使用 JavaScript 表达式</title>
06    <script type="importmap">
07      {
08        "imports": {
09          "vue": "../js/vue.esm-browser.js"
10        }
11      }
12    </script>
13  </head>
14  <body>
15  <div id="app">
16    <h3>在模板中使用 JavaScript 表达式</h3>
17    <ul>
18      <li>加法：100 + 200 + 300 = {{100 + 200 + 300}}</li>
19      <li>字符串连接：'Hello' + ' Vue.js!' = '{{'Hello' + ' Vue.js!'}}'</li>
20      <li>求字符串长度：'Vue.js'.length = {{'Vue.js'.length}}</li>
21      <li>计算三角函数：sin 45&deg; = {{Math.sin(Math.PI/4)}}</li>
22      <li>当前日期：{{new Date().toLocaleDateString()}}</li>
23      <li>数组转字符串：{{[1, 2, 3, 4, 5, 5].join('-')}}</li>
24      <li>字符串转数组：{{'this is a book'.split(' ')}}</li>
25      <li>自定义全局变量：{{$user}}</li>
26    </ul>
27  </div>
28  <script type="module">
```

引用全局变量

```
29    import {createApp} from 'vue'
30    const app = createApp({})
31    app.config.globalProperties.$user = {name: '李逍遥', email: 'lxy@163.com'}
32    app.mount('#app')
33  </script>
34  </body>
35  </html>
```

定义全局变量

在上述代码中,第 30 行用于创建应用实例;第 31 行在 app.config.globalProperties 上定义了一个全局变量$user;第 32 行将应用实例挂载在容器元素中;第 17 行~第 26 行在组件模板中创建了一个无序列表,并在每个列表项中添加了一个 JavaScript 表达式,其中涉及运算符的使用、函数的调用及自定义全局变量的引用等。

(2)在浏览器中打开 3-04.html 文件,运行结果如图 3.4 所示。

图 3.4　在模板中使用 JavaScript 表达式

3.1.5　使用 Vue 指令

Vue 指令是一些带有"v-"前缀的特殊属性。指令属性的期望值是一个 JavaScript 表达式,只有少数几个指令(如 v-for、v-on 和 v-slot)例外。

1. 指令的作用

指令的作用是在其表达式的值发生变化时响应式地更新 DOM。例如,v-if 指令会基于其表达式取值的真假来移除或插入元素:

```
<p v-if="seen">Now you see me</p>
```

在这里,如果表达式 seen 的值为 true,则插入段落,否则移除段落。

2. 指令的参数

部分指令在使用时需要一个参数,在指令名后通过一个冒号与其进行分隔。例如,可以使用 v-bind 指令来响应式地更新一个 HTML 属性:

```
<a v-bind:href="url"> ... </a>
<!-- 简写语法 -->
<a :href="url"> ... </a>
```

在这里,href 是一个参数,用于通知 v-bind 指令将表达式 url 的值绑定到元素的 href 属性上。在简写语法中，参数前的所有内容（如 v-bind:）都会被缩略为一个冒号。

当使用 v-on 指令来监听 DOM 事件时，该指令也需要参数。例如：

```
<a v-on:click="onClick"> ... </a>
<!-- 简写语法 -->
<a @click="onClick"> ... </a>
```

在这里，指令参数是要监听的事件名称，即 click。v-on 指令也有一个简写语法，即@字符。关于事件处理的更多细节，请参阅后续章节。

3．指令的动态参数

在指令参数上也可以使用 JavaScript 表达式，此时需要将该表达式包含在一对方括号内，这种参数被称为动态参数。例如：

```
<a v-bind:[attributeName]="url"> ... </a>
<!-- 简写语法 -->
<a :[attributeName]="url"> ... </a>
```

在这里，方括号内的 attributeName 会作为一个 JavaScript 表达式被计算，所得到的值会被用作最终的参数。例如，如果组件实例中有一个数据属性 attributeName，其值为 href，则 v-bind:[attributeName]等价于 v-bind:href。

当使用 v-on 指令时，也可以将一个函数绑定到动态的事件名称上。例如：

```
<a v-on:[eventName]="doSomething"> ... </a>
<!-- 简写语法 -->
<a @[eventName]="doSomething">
```

在这里，如果 eventName 的值为 blur，则 v-on:[eventName]等价于 v-on:blur。

4．动态参数的限制

当在指令中使用动态参数时，方括号内表达式的值应当是一个字符串或 null，其中特殊值 null 意为显式移除该绑定。如果使用其他非字符串的值，则会触发警告。

当使用动态参数表达式时，因为某些字符的缘故会有一些语法限制。例如，空格和引号在 HTML 属性名称中都是不合法的。下面的示例中使用了引号，将会触发一个编译器警告。

```
<a :['foo' + bar]="value"> ... </a>
```

如果确实需要传入一个复杂的动态参数，则推荐使用计算属性来代替复杂的表达式，这也是 Vue 最基础的概念之一。

当使用 DOM 内嵌模板（即直接写在 HTML 文件中的模板）时，应当避免在名称中使用大写字母，因为浏览器会将其强制转换为小写字母。例如：

```
<a :[someAttr]="value"> ... </a>
```

当在 DOM 内嵌模板中使用<a>标签时，:[someAttr]将被转换为 :[someattr]。如果组件拥有的是 someAttr 属性而非 someattr 属性，则 someAttr 属性不会被识别，这段代码将无法工作。当使用单文件组件中的模板时，则不受这个限制。

5．指令修饰符

指令修饰符是以前导点开头的特殊后缀，表示指令需要以一些特殊的方式被绑定。例如，.prevent 修饰符会通知 v-on 指令对触发的事件调用 event.preventDefault()方法：

```
<form @submit.prevent="onSubmit">...</form>
```

在后续章节中还可以看到其他修饰符的示例。

6. 指令的完整语法格式

综合上述内容，可以得到指令的完整语法格式，如图 3.5 所示。

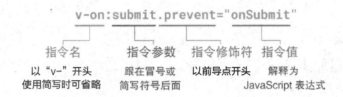

图 3.5 指令的完整语法格式

7. 内置指令

Vue 提供了许多内置指令，这些指令的功能在表 3.2 中列出。

表 3.2 Vue 内置指令

指令名	说　　明
v-text	更新元素的文本内容，期望的绑定值为字符串。\<span v-text="msg"\>\</span\> 等同于 \<span\>{{msg}}\</span\>
v-html	更新元素的 innerHTML 属性，期望的绑定值为字符串
v-show	基于表达式值的真假来改变元素的可见性。期望的绑定值为任意类型
v-if	基于表达式值的真假来条件性地渲染元素或模板片段。期望的绑定值为任意类型
v-else	表示 v-if 指令或 v-if / v-else-if 指令链式调用的 else 块。无须传入表达式
v-else-if	表示 v-if 指令的 else if 块，可以进行链式调用。期望的绑定值为任意类型
v-for	基于原始数据多次渲染元素或模板块。期望的绑定值为数组、对象、数字或字符串等
v-on	给元素绑定事件监听器，简写为@。期望的绑定值为函数或内联语句
v-bind	动态绑定一个或多个属性或者组件的 props 选项。简写为冒号，期望的绑定值为任意类型
v-model	在表单输入元素或组件上创建双向绑定。期望的绑定值类型随表单输入元素或组件输出的值而变化
v-slot	用于声明具名插槽或期望接收 props 的作用域插槽。简写为#
v-pre	跳过该元素及其所有子元素的编译。无须传入表达式
v-once	仅渲染元素和组件一次，并跳过之后的更新。无须传入表达式
v-memo	缓存一个模板的子树，期望的绑定值为数组。此指令为 Vue 3.2+新增指令
v-cloak	用于隐藏尚未完成编译的 DOM 模板。无须传入表达式

3.2　绑定类与样式

如前文所述，使用 v-bind 指令可以绑定元素的 HTML 属性。在实际应用中，往往需要通过数据绑定来操控元素的 CSS 类（class）列表和内联样式（style）。class 和 style 都是 HTML

属性，可以使用 v-bind 指令将它们与动态的字符串绑定。Vue 专门为 class 和 style 属性的数据绑定提供了特殊的功能增强，在使用 v-bind 指令时，表达式的值不仅可以是字符串，还可以是对象或数组。

3.2.1　绑定样式类

class 属性用于规定元素的类名，在大多数情况下都指向样式表中的类，被称为样式类。如果要规定多个样式类，则需要使用空格来分隔类名。通过 v-bind:class（简写为:class）传入一个表达式，可以动态地切换元素的样式类。

1. 绑定对象

在模板中，可以给 v-bind:class 传递一个对象，该对象包含一些键值对，键名为样式类名，键值为布尔类型，而样式类能否存在于元素中取决于相应的键值。例如：

```
<div :class="{active: isActive}"></div>
```

其中，active 是一个样式类，isActive 是组件实例中的一个布尔值。active 存在与否由 isActive 的值决定。如果 isActive 的值为 true，则 active 存在于 div 元素中。通过在对象中写入多个键值对，用户可以操控多个样式类。此外，:class 也可以与一般的 class 属性共存。

在将样式类绑定到一个对象上时，通常有以下几种方式。

1）传递内联字面量

例如，通过 data 选项定义下面的状态：

```
data() {
  return {isActive: true, hasError: false}
}
```

在模板中，对 div 元素同时使用 class 属性和:class：

```
<div class="static" :class="{active: isActive, 'text-danger': hasError}"></div>
```

渲染的结果为：

```
<div class="static active"></div>
```

当 isActive 或 hasError 改变时，class 列表将随之更新。

2）直接传递对象

例如，通过 data 选项定义一个 classObject 对象：

```
data() {
  return {
    classObject: {active: true, 'text-danger': false}
  }
}
```

在模板中直接给:class 传递 classObject 对象，也可以渲染出相同的结果：

```
<div :class="classObject"></div>
```

3）传递返回对象的计算属性

例如，通过 data 选项定义一个对象，它包含 isActive 和 error 两个属性；通过 computed 选项定义一个名为 classObject 的计算属性，它根据 isActive 和 error 属性进行计算并返回一个对象：

```
data() {
  return {
    isActive: true, error: null
  }
},
computed: {
  classObject() {
    return {
      active: this.isActive && !this.error,
      'text-danger': this.error && this.error.type === 'fatal'
    }
  }
}
```

在模板中，给:class 传递计算属性 classObject：

```
<div :class="classObject"></div>
```

【例 3.5】本例用于说明如何将元素的样式类绑定到对象上。

（1）在 D:\Vue3\chapter03 目录中创建 3-05.html 文件，代码如下。

```
01  <!doctype html>
02  <html lang="zh-CN">
03  <head>
04    <meta charset="utf-8">
05    <title>动态切换元素样式</title>
06    <style>
07      .static {
08        width: 180px;
09        height: 60px;
10        line-height: 60px;
11        padding: 10px;
12        margin: 10px;
13        text-align: center;
14      }
15      .bdClass {
16        border: 3px solid gray;
17      }
18      .bgClass {
19        background-color: coral;
20      }
21    </style>
22    <script type="importmap">
23      {
24        "imports": {
25          "vue": "../js/vue.esm-browser.js"
26        }
27      }
28    </script>
29  </head>
30  <body>
```

```
31    <div id="app">
32        <h3>动态切换元素样式</h3>
33        <div class="static" :class="divClass">这是一个测试。</div>
34        <button @click="hasBorder = !hasBorder">切换边框</button> 
35        <button @click="hasBg = !hasBg">切换背景</button>
36    </div>
37    <script type="module">
38        import {createApp} from 'vue'
39
40        createApp({
41            data() {
42                return {
43                    hasBorder: false,
44                    hasBg: false,
45                }
46            },
47            computed: {
48                divClass() {
49                    return {
50                        bdClass: this.hasBorder,
51                        bgClass: this.hasBg
52                    }
53                }
54            }
55        }).mount('#app')
56    </script>
57    </body>
58    </html>
```

给 :class 传递计算属性 divClass

定义两个布尔值，用于控制是否添加边框和背景

定义计算属性 divClass，其返回值是一个对象

在上述代码中，第 6 行 ~ 第 21 行在文档的 head 部分创建了一个样式表，并定义了 static、bdClass 和 bgClass 样式类。第 40 行 ~ 第 55 行用于创建并挂载应用实例。其中，第 41 行 ~ 第 46 行在 data 选项中定义了 hasBorder 和 hasBg 属性，分别用于控制是否应用 bdClass 和 bgClass 样式类，并将两个属性的初始值均设置为 false；第 47 行 ~ 第 54 行在 computed 选项中定义了一个名为 divClass 的计算属性，它返回一个对象，其中包含两个键值对，键名分别为 bdClass 和 bgClass，键值分别为 hasBorder 和 hasBg。

第 33 行在模板中对 div 元素同时设置了 class="static" 和 :class="divClass"，其中 static 一直存在，divClass 中的 bdClass 和 bgClass 是否存在取决于 hasBorder 和 hasBg 的值；第 34 行和第 35 行对两个 button 元素绑定了单击事件监听器，在单击按钮时分别对 hasBorder 和 hasBg 的值取反。

（2）在浏览器中打开 3-05.html 文件，通过单击"切换边框"按钮为 div 元素添加或移除边框，通过单击"切换背景"按钮为 div 元素添加或移除背景颜色，运行结果如图 3.6 所示。

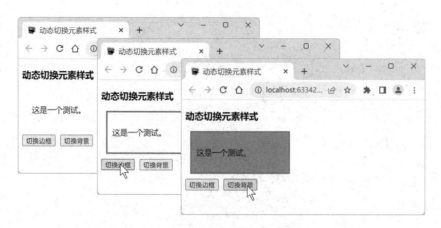

图 3.6　动态切换元素样式

2. 绑定数组

通过给:class 绑定一个数组，可以渲染多个 class 属性。

1）直接传递数组

例如，通过 data 选项定义响应式属性 activeClass 和 errorClass，它们的值分别表示一个样式类名：

```
data() {
  return {
    activeClass: 'active', errorClass: 'text-danger'
  }
}
```

在模板中，给:class 传递一个数组，其中包含 activeClass 和 errorClass 属性：

```
<div :class="[activeClass, errorClass]"></div>
```

渲染的结果为：

```
<div class="active text-danger"></div>
```

2）在数组中使用三元表达式

要有条件地渲染某个 class 属性，可以在传递给:class 的数组中使用三元表达式：

```
<div :class="[isActive ? activeClass : '', errorClass]"></div>
```

在这里，errorClass 会一直存在，但 activeClass 仅在 isActive 的值为 true 时才会存在。

3）在数组中嵌套对象

当样式类中存在多个依赖条件时，在数组中使用三元表达式可能会显得有些冗长。在这种情况下，可以在数组中嵌套对象，对象中的键名为样式类名，键值则为布尔类型：

```
<div :class="[{active: isActive}, errorClass]"></div>
```

在这里，当 isActive 的值为 true 时 active 才会存在，而 errorClass 会一直存在。

【例 3.6】本例用于说明如何将元素的样式类绑定到数组上。

（1）在 D:\Vue3\chapter03 目录中创建 3-06.html 文件，代码如下。

```
01  <!doctype html>
02  <html lang="zh-CN">
03  <head>
04    <meta charset="utf-8">
```

```
05      <title>动态切换元素样式</title>
06      <style>
07        .static {
08          width: 180px;
09          height: 60px;
10          line-height: 60px;
11          padding: 10px;
12          margin: 10px;
13        }
14        .bdClass {
15          border: 3px solid gray;
16        }
17        .bgClass {
18          background-color: coral;
19        }
20      </style>
21      <script type="importmap">
22        {
23          "imports": {
24            "vue": "../js/vue.esm-browser.js"
25          }
26        }
27      </script>
28    </head>
29    <body>
30    <div id="app">
31      <h3>动态切换元素样式</h3>
32      <div class="static" :class="divClass">这是一个测试。</div>
33      <button @click="hasBorder = !hasBorder">切换边框</button> 
34      <button @click="hasBg = !hasBg">切换背景</button>
35    </div>
36    <script type="module">
37      import {createApp} from 'vue'
38
39      createApp({
40        data() {
41          return {
42            hasBorder: false,
43            hasBg: false,
44          }
45        },
46        computed: {
47          divClass() {
48            return [
49              {bdClass: this.hasBorder},
50              {bgClass: this.hasBg}
51            ]
52          }
```

将 :class 绑定到计算属性 divClass 上

定义计算属性 divClass，其返回值为一个数组

```
53          }
54      }).mount('#app')
55  </script>
56  </body>
57  </html>
```

本例用于说明如何将样式类绑定到数组上，代码与例 3.5 基本一致。唯一的区别是，在定义计算属性 divClass 时，返回的不是对象而是数组，该数组嵌套两个对象。

（2）在浏览器中打开 3-06.html 文件，通过单击按钮动态地更改 div 元素的样式。

3.2.2　绑定内联样式

style 属性用于规定元素的内联样式，其值是一个或多个由分号分隔的 CSS 属性和值，它将覆盖任何全局的样式设置。在模板中，可以使用 v-bind 指令来绑定 style 属性，从而实现元素内联样式的动态切换。

1. 绑定对象

在模板中使用 v-bind:style（简写为:style）时，可以传递一个 JavaScript 对象，用于设置元素的 style 属性。

1）传递内联字面量

例如，使用 data 选项定义一个对象：

```
data() {
    return {
        activeColor: 'red', fontSize: 30
    }
}
```

在模板中，将:style 绑定到该对象（内联字面量）上：

```
<div :style="{color: activeColor, fontSize: fontSize + 'px'}"></div>
```

在通过:style 设置元素的 CSS 属性时，推荐使用 camelCase 格式（驼峰式）对 CSS 属性进行命名，也可以使用 kebab-cased 格式（短横线式），后者对应 CSS 属性中的实际名称。例如：

```
<div :style="{'font-size': fontSize + 'px'}"></div>
```

2）传递样式对象

为了使模板更加简洁，可以直接绑定一个样式对象。该对象中包含一些键值对，键名为 CSS 属性名，键值为相应的 CSS 属性值。

例如，使用 data 选项定义一个名为 styleObject 的样式对象：

```
data() {
    return {
        styleObject: {
            color: 'red', fontSize: '13px'
        }
    }
}
```

在模板中直接传递该样式对象：

```
<div :style="styleObject"></div>
```

3）传递返回样式对象的计算属性

如果样式对象需要使用更复杂的逻辑，则在绑定:style 时可以使用返回样式对象的计算
属性。

2. 绑定数组

在模板中，也可以给:style 绑定一个数组。该数组包含多个样式对象，这些对象合并后会
被渲染到同一个元素上。例如：

```
<div :style="[baseStyles, overridingStyles]"></div>
```

【例 3.7】本例用于说明如何绑定元素的内联样式。

（1）在 D:\Vue3\chapter03 目录中创建 3-07.html 文件，代码如下。

```
01  <!doctype html>
02  <html lang="zh-CN">
03  <head>
04    <meta charset="utf-8">
05    <title>动态改变元素样式</title>
06    <style>
07      .box {
08        width: 180px;
09        height: 60px;
10        line-height: 60px;
11        padding: 10px;
12        margin: 10px;
13        border: 1px solid red;
14      }
15    </style>
16    <script type="importmap">
17      {
18        "imports": {
19          "vue": "../js/vue.esm-browser.js"
20        }
21      }
22    </script>
23  </head>
24  <body>                    给:style 传递计算属性 styleObject，
25  <div id="app">                其值为样式对象
26    <h3>动态改变元素样式</h3>
27    <div class="box" :style="styleObject">这是一个测试。</div>
28    <button @click="setBorderWidth">增加边框宽度</button> 
29    <button @click="setBorderStyle">切换边框样式</button> 
30  </div>
31  <script type="module">
32    import {createApp} from 'vue'
33
34    createApp({
```

```
35        data() {
36          return {
37            bdWidth: 1,
38            bdIndex: 0
39          }
40        },
41        computed: {
42          bdStyle() {
43            const bdStyles = ['solid', 'dotted', 'dashed',
44              'double', 'groove', 'ridge', 'inset', 'outset']
45            return bdStyles[this.bdIndex]
46          },
47          styleObject() {
48            return [
49              {borderWidth: this.bdWidth + 'px'},
50              {borderStyle: this.bdStyle}
51            ]
52          }
53        },
54        methods: {
55          setBorderWidth() {
56            this.bdWidth++
57            if (this.bdWidth === 8) this.bdWidth = 1
58          },
59          setBorderStyle() {
60            this.bdIndex++;
61            if (this.bdIndex === 7) this.bdIndex = 0
62          }
63        }
64      }).mount('#app')
65    </script>
66  </body>
67  </html>
```

> 定义计算属性 bdStyle，其返回值为一个字符串，表示边框样式

> 定义计算属性 styleObject，其返回值为一个数组，表示边框宽度和边框样式

在上述代码中，第 34 行～第 64 行用于创建并挂载应用实例。其中，第 35 行～第 40 行在 data 选项中定义了 bdWidth 和 bdIndex 属性，分别表示元素的边框宽度和边框样式索引，并对它们进行了初始化。

第 41 行～第 53 行在 computed 选项中定义了计算属性：bdStyle 和 styleObject。bdStyle 属性根据 bdIndex 属性值返回一个表示边框样式的字符串；styleObject 属性返回一个样式对象，用于设置元素的边框属性。

第 54 行～第 63 行在 methods 选项中定义了两个组件方法：setBorderWidth()和 setBorderStyle()。setBorderWidth()方法用于更改元素的边框宽度，setBorderStyle()方法用于切换元素的边框样式。

第 27 行在模板中对 div 元素设置了:style="styleObject"；第 28 行和第 29 行分别将两个按钮的单击事件处理器绑定到 setBorderWidth()和 setBorderStyle()方法上。

（2）在浏览器中打开 3-07.html 文件，通过单击"更改边框宽度"按钮和"切换边框样式"按钮改变元素的边框样式，运行结果如图 3.7 所示。

图 3.7　动态改变元素样式

3.3　条件渲染

条件渲染是指根据特定的条件来控制某些 DOM 元素的显示或隐藏。Vue 提供了多个指令来实现条件渲染，包括 v-if、v-else、v-else-if 和 v-show 等。下面介绍这些指令的用法。

3.3.1　使用 v-if 指令实现条件渲染

在模板中，可以使用 v-if 指令条件性地渲染一块内容，这块内容只有在该指令的表达式的值为 true 时才会被渲染。

例如，在模板中添加一个 h1 标题，并对其应用 v-if 指令：

```
<h1 v-if="awesome">Vue 真棒！</h1>
```

在这里，只有当 awesome 的值为 true 时，才会渲染 h1 元素。

根据需要，可以使用 v-else 指令为 v-if 指令添加一个 else 区块，该区块的内容会在 v-if 指令的表达式的值为 false 时被渲染。使用 v-else 指令的元素必须紧跟在使用 v-if 或 v-else-if 指令的元素后面，否则它将不会被识别，示例代码如下。

```
<button @click="awesome = !awesome">切换</button>
<h1 v-if="awesome">Vue 真棒！</h1>
<h1 v-else>哦一般般啦☹</h1>
```

在这里，对 button 元素设置了单击事件监听器，当单击按钮时会对 awesome 属性值取反。如果设置 awesome 属性的初始值为 true，则第一个 h1 元素会被渲染。而在单击按钮后，会移除第一个 h1 元素，并将第二个 h1 元素渲染出来。

使用 v-else-if 指令可以为 v-if 指令提供一个 else if 区块，它可以被重复使用。使用 v-else-if 指令的元素必须紧跟在使用 v-if 或 v-else-if 指令的元素后面。

在下面的示例中，将根据 type 的取值渲染 4 个 div 元素中的一个。

```
<div v-if="type === 'A'">A</div>
<div v-else-if="type === 'B'">B</div>
<div v-else-if="type === 'C'">C</div>
<div v-else>不是 A/B/C</div>
```

【例 3.8】本例用于说明如何使用 v-if 指令实现条件渲染。

（1）在 D:\Vue3\chapter03 目录中创建 3-08.html 文件，代码如下。

```
01   <!doctype html>
02   <html lang="zh-CN">
03   <head>
04     <meta charset="utf-8">
05     <title>条件渲染</title>
06     <script type="importmap">
07       {
08         "imports": {
09           "vue": "../js/vue.esm-browser.js"
10         }
11       }
12     </script>
13   </head>
14   <body>
15   <div id="app">
16     <h3>成绩录入系统</h3>
17     <input type="number" v-model="grade">
18     <div v-if="grade === "">请输入成绩</div>
19     <div v-else-if="grade > 100 || grade < 0">无效输入！</div>
20     <div v-else-if="grade >= 90">{{grade}}分：优秀</div>
21     <div v-else-if="grade >= 80">{{grade}}分：良好</div>
22     <div v-else-if="grade >= 70">{{grade}}分：中等</div>
23     <div v-else-if="grade >= 60">{{grade}}分：及格</div>
24     <div v-else>{{grade}}分：不及格</div>
25   </div>
26   <script type="module">
27     import {createApp} from 'vue'
28
29     app = createApp({
30       data() {
31         return {
32           grade: "
33         }
34       }
35     }).mount('#app')
36   </script>
37   </body>
38   </html>
```

使用 v-model 指令将文本框绑定到 grade 属性上

使用 v-if、v-else-if 和 v-else 指令实现多分支选择功能本例通过条件渲染实现百分制成绩转换等级制成绩。第 29 行~第 35 行用于创建并挂载应用实例。第 30 行~第 34 行在 data 选项中定义了响应性属性 grade。

第 17 行在模板中添加了一个<input type="number">数字输入框，并使用 v-model 指令在该 input 元素上创建了双向数据绑定。关于 v-model 指令的详细信息，请参阅后续章节。

第 18 行~第 24 行在数字输入框下方添加了一个<div v-if="...">标签、六个<div v-else-if="...">标签及一个<div v-else>标签，构成一个多分支选择结构。

（2）在浏览器中打开 3-08.html 文件，输入不同的成绩并查看其转换结果，如图 3.8 所示。

图 3.8　条件渲染

3.3.2　在 template 元素上使用 v-if 指令

由于 v-if 是一条指令，因此它必须依附于某个元素。如果想要切换不止一个元素，则应该使用一个 template 元素对要切换的元素进行包装，并在该元素上使用 v-if 指令。template 只是一个不可见的包装器元素，它并不会出现在最后渲染的结果中。

当 template 元素上使用 v-if 指令时，可以在其他 template 元素上使用 v-else 和 v-else-if指令。

【例 3.9】本例用于说明如何在 template 元素上使用 v-if、v-else 和 v-else-if 指令。

（1）在 D:\Vue3\chapter03 目录中创建 3-09.html 文件，代码如下。

```
01  <!doctype html>
02  <html lang="zh-CN">
03  <head>
04    <meta charset="utf-8">
05    <title>切换多个元素</title>
06    <script type="importmap">
07      {
08        "imports": {
09          "vue": "../js/vue.esm-browser.js"
10        }
11      }
12    </script>
13  </head>
14  <body>
```

```
15   <div id="app">
16     <template v-if="index === 1">
17       <h4>春夜喜雨 <small>杜甫</small></h4>
18       <p>好雨知时节，当春乃发生。</p>
19       <p>随风潜入夜，润物细无声。</p>
20     </template>
21     <template v-else-if="index === 2">
22       <h4>夜静思 <small>李白</small></h4>
23       <p>床前明月光，疑是地上霜。</p>
24       <p>举头望明月，低头思故乡。</p>
25     </template>
26     <template v-else>
27       <h4>登鹳雀楼 <small>王之涣</small></h4>
28       <p>白日依山尽，黄河入海流。</p>
29       <p>欲穷千里目，更上一层楼。</p>
30     </template>
31     <p><button @click="onClick">切换</button></p>
32   </div>
33   <script type="module">
34     import {createApp} from 'vue'
35
36     createApp({
37       data() {
38         return {
39           index: 1
40         }
41       },
42       methods: {
43         onClick() {
44           this.index++
45           if (this.index === 3) this.index = 1
46         }
47       }
48     }).mount('#app')
49   </script>
50   </body>
51   </html>
```

> 在 template 元素上使用 v-if、v-else 和 v-else-if 指令；template 元素用于包装要切换的元素，不会出现在渲染结果中

> 单击按钮更改 index 属性的值，从而切换显示内容

> 在 methods 选项中定义组件方法 onClick()，用于更改 index 属性的值

在上述代码中，第 36 行～第 48 行用于创建并挂载应用实例。其中，第 37 行～第 41 行在 data 选项中定义了响应式属性 index，表示要查看内容的序号；第 42 行～第 47 行在 methods 选项中定义了组件方法 onClick()，用于更改 index 属性的值。

第 16 行～第 30 行在模板中添加了 3 个 template 元素，分别应用 v-if、v-else-if 和 v-else 指令；第 31 行将 button 元素的单击事件监听器绑定到 onClick()方法上，单击按钮更改 index 属性的值，从而切换显示内容。

（2）在浏览器中打开 3-09.html 文件，通过单击"切换"按钮来查看不同内容，运行结果如图 3.9 所示。

图 3.9　切换多个元素

3.3.3　使用 v-show 指令实现条件渲染

除了 v-if 指令，还可以使用 v-show 指令按照条件显示一个元素。例如：

```
<div v-show="ok">Hello!</div>
```

在这里，如果表达式 ok 的值为 true，则显示这个 div 元素，否则不显示。

虽然 v-show 与 v-if 指令的用法基本相同，但它们之间也有一些区别，主要表现在以下几个方面。

（1）v-show 指令会在 DOM 渲染中保留所在元素，只是切换了该元素上名为 display 的 CSS 属性。v-if 指令则实实在在地按照条件进行渲染，以确保在切换时条件区块内的事件监听器和子组件都会被销毁与重建。

（2）v-if 指令可以在 template 元素上使用，也可以与 v-else、v-else-if 指令搭配使用。v-show 指令则不支持在 template 元素上使用，也不能与 v-else 指令搭配使用。

（3）v-if 指令是惰性的，如果在初次渲染时条件值为 false，则不会执行任何操作。条件区块只有在条件值首次变为 true 时才会被渲染。使用 v-show 指令的元素无论初始条件如何，始终都会被渲染，只有 display 属性会被切换。

（4）v-if 指令有更高的切换开销，而 v-show 指令有更高的初始渲染开销。因此，如果需要频繁切换，则使用 v-show 指令更合适；如果在运行时绑定的条件很少改变，则使用 v-if 指令更合适。

【例 3.10】本例用于说明如何使用 v-show 指令实现条件渲染。

（1）在 D:\Vue3\chapter03 目录中创建 3-10.html 文件，代码如下。

```
01   <!doctype html>
02   <html lang="zh-CN">
03   <head>
04     <meta charset="utf-8">
05     <title>使用 v-show 指令切换内容</title>
06     <script type="importmap">
07       {
08         "imports": {
```

```
09              "vue": "../js/vue.esm-browser.js"
10          }
11      }
12      </script>
13  </head>
14  <body>
15  <div id="app">
16      <div v-show="visible">
17          <h3>Creating a Vue Application</h3>
18          <p>Every Vue application starts by creating a new application instance with the createApp function. The object we are passing into createApp is in fact a component. Every app requires a "root component" that can contain other components as its children.</p>
19      </div>
20      <p><button @click="visible = !visible">切换</button></p>
21  </div>
22  <script type="module">
23      import {createApp} from 'vue'
24
25      createApp({
26          data() {
27              return {
28                  visible: true
29              }
30          }
31      }).mount('#app')
32  </script>
33  </body>
34  </html>
```

> 根据 visible 表达式的值有条件地显示 div 元素的内容

> 单击按钮时切换 visible 属性的值

在上述代码中，第 25 行~第 31 行用于创建并挂载应用实例。第 26 行~第 30 行在 data 选项中定义了响应性属性 visible，用于控制元素内容的显示或隐藏，并将其初始值设置为 true。

第 16 行~第 19 行在模板中添加了一个 div 元素，并对其应用 v-show 指令，传入的表达式为 visible，之后在 div 元素中添加了 h3、p 和 button 元素。第 20 行在 button 元素上将单击事件监听器设置为内联语句，用于对 visible 属性值取反。

（2）在浏览器中打开 3-10.html 文件，单击"切换"按钮以控制内容的显示或隐藏，运行结果如图 3.10 和图 3.11 所示。

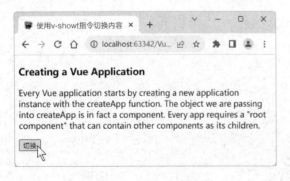

图 3.10　初始页面

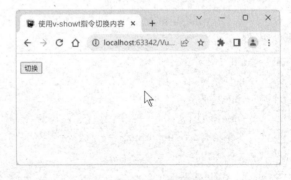

图 3.11　页面内容被隐藏

3.4　列表渲染

前面介绍了如何使用 v-if 或 v-show 指令根据条件渲染所需要的 DOM 元素。在应用开发中，往往还需要将数组或对象渲染成一个列表，这时可以使用 Vue 提供的 v-for 指令来实现。

3.4.1　使用 v-for 指令遍历数组

在模板中，可以使用 v-for 指令基于一个数组来渲染列表。v-for 指令的值需要使用 item in items 形式的语法格式来提供，其中 items 是要遍历的源数据数组，而 item 则是迭代项的别名。

1. 基本用法

下面的示例使用 data 选项定义了一个对象数组：

```
data() {
  return {
    items: [{message: 'Foo'}, {message: 'Bar'}]
  }
}
```

在模板中，可以使用 v-for 指令渲染出一个无序列表：

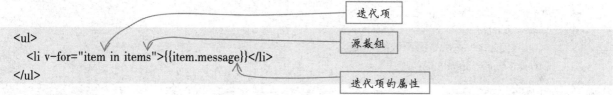

```
<ul>
  <li v-for="item in items">{{item.message}}</li>
</ul>
```

2. 使用索引

在应用 v-for 指令的块中，可以完整地访问父级作用域内的属性和变量，并支持使用可选的第二个参数来表示当前项的位置索引。该索引从 0 开始依次增加，第一项的索引值为 0，第二项的索引值为 1，以此类推。

仍然以上面的对象数组为例，如果要使用位置索引，则可以按照以下形式编写：

```
<ul>
  <li v-for="(item, index) in items">{{index}} - {{item.message}}</li>
</ul>
```

3. 使用对象解构

实际上，也可以在定义 v-for 指令的变量别名时使用对象解构：

```
<ul>
  <li v-for="{message} in items">{{message}}</li>
</ul>
```

如果有 index 索引，则可以按照以下形式编写：

```
<ul>
  <li v-for="({message}, index) in items">{{index}} - {{message}}</li>
</ul>
```

4. 多层嵌套

对于多层嵌套的 v-for 指令，其作用域的工作方式与函数作用域的类似。在每个 v-for 指令的作用域中都可以访问父级作用域。例如：

```
<ul>
  <li v-for="item in items">
    <span v-for="childItem in item.children">
      {{item.message}} - {{childItem}}
    </span>
  </li>
</ul>
```

5. 使用 of 分隔符

可以使用 of 分隔符替代 in，这更类似于 JavaScript 的迭代器语法。例如：

```
<div v-for="item of items">{{item}}</div>
```

【例 3.11】本例用于说明如何使用 v-for 指令渲染列表。

（1）在 D:\Vue3\chapter03 目录中创建 3-11.html 文件，代码如下。

```
01  <!doctype html>
02  <html lang="zh-CN">
03  <head>
04    <meta charset="utf-8">
05    <title>使用 v-for 指令遍历数组</title>
06    <script type="importmap">
07      {
08        "imports": {
09          "vue": "../js/vue.esm-browser.js"
10        }
11      }
12    </script>
13  </head>
14  <body>
15  <div id="app">
16    <h3>城市列表</h3>        迭代项    位置索引    源数组
17    <ul>
18      <li v-for="(city, index) in cities">
19        {{index}} - {{city}}
20      </li>
21    </ul>
22  </div>
23  <script type="module">
24    import {createApp} from 'vue'
25
26    createApp({
```

```
27        data() {
28          return {
29            cities: ['北京市', '天津市', '上海市', '重庆市']
30          }
31        }
32      }).mount('#app')
33    </script>
34    </body>
35    </html>
```

在 data 选项中定义源数组

在上述代码中，第 26 行~第 32 行用于创建并挂载应用实例。第 27 行~第 31 行在 data 选项中定义了数组类型的响应式属性 cities，表示城市列表。

第 17 行~第 21 行在模板中创建了一个无序列表，将 v-for 指令应用于 li 元素中，并在该元素中列出了位置索引和元素值（城市名）。

（2）在浏览器中打开 3-11.html 文件，运行结果如图 3.12 所示。

图 3.12　使用 v-for 指令渲染列表

3.4.2　使用 v-for 指令遍历对象

除了遍历数组，v-for 指令也可以用来遍历一个对象的所有属性，遍历的顺序由对该对象调用 Object.keys() 方法后的返回值来决定。

例如，使用 data 选项定义一个名为 book 的对象：

```
data() {
  return {
    book: {
      title: 'Vue.js 前端开发实战',
      author: '黑马程序员',
      publishedAt: '2020-04'
    }
  }
}
```

在模板中，可以使用 v-for 指令遍历 book 对象的所有属性并渲染出一个无序列表：

```
<ul>
  <li v-for="value in book">{{value}}</li>
</ul>
```

当使用 v-for 指令遍历对象属性时，除了属性值，还可以添加第二个参数和第三个参数，分别表示属性名和位置索引：

```
<ul>
  <li v-for="(value, key, index) in book">
    {{index}}. {{key}}: {{value}}
  </li>
</ul>
```

| 属性值 | 属性名 | 位置索引 | 对象 |

【例 3.12】本例用于说明如何使用嵌套的 v-for 指令渲染表格。

（1）在 D:\Vue3\chapter03 目录中创建 3-12.html 文件，代码如下。

```
01  <!doctype html>
02  <html lang="zh-CN">
03  <head>
04    <meta charset="utf-8">
05    <title>使用 v-for 指令渲染表格</title>
06    <style>
07      table, th, td {
08        border: 1px solid gray;
09        border-collapse: collapse;
10        padding: 8px;
11      }
12      caption {
13        margin: 8px;
14        font-size: large;
15        font-weight: bold;
16      }
17    </style>
18    <script type="importmap">
19      {
20        "imports": {
21          "vue": "../js/vue.esm-browser.js"
22        }
23      }
24    </script>
25  </head>
26  <body>
27  <div id="app">
28    <table align="center">
29      <caption>图书列表</caption>
30      <tr>
31        <th v-for="colName in colNames">{{colName}}</th>
32      </tr>
33      <tr v-for="(book, index) in books">
34        <td>{{index + 1}}</td>
35        <td v-for="item in book">{{item}}</td>
36      </tr>
37    </table>
38  </div>
39  <script type="module">
40    import {createApp} from 'vue'
```

通过遍历 colNames 数组生成表头

使用嵌套的 v-for 指令生成数据行，外层 v-for 指令用于遍历图书数组的元素，内层 v-for 指令用于遍历图书对象的属性

```
41
42    createApp({
43      data() {
44        return {
45          colNames: ['序号', '书名', '作者', '出版日期'],
46          books: [
47            {title: 'Vue.js 前端开发实战', author: '黑马程序员', pub_date: '2020-04-01'},
48            {title: 'Vue 应用程序开发', author: '刘海等', pub_date: '2021-03-01'},
49            {title: 'Flask Web 开发入门、进阶与实战', author: '张学建', pub_date: '2021-02-01'},
50            {title: 'Vue.js 基础与应用开发实战', author: '陈承欢', pub_date: '2022-11-01'}
51          ]
52        }
53      }
54    }).mount('#app')
55  </script>
56  </body>
57  </html>
```

> 在 data 选项中定义两个数组：colNames 数组包含一些字符串，books 数组包含一些对象

在上述代码中，第 42 行～第 54 行用于创建并挂载应用实例。第 43 行～第 53 行在 data 选项中定义了一个名为 colNames 的字符串数组，其中的每个元素都表示一个字段名；还定义了一个名为 books 的对象数组，其中的每个对象都表示一本书，包括书名、作者和出版日期。

第 28 行～第 37 行在模板中创建了一个表格；第 31 行在该表格的第一行（<tr>标签）中对<th>标签使用了 v-for 指令，用于遍历 colNames 数组中的每个字段名，以生成标题行。

第 33 行在表格的第二行（<tr>标签）中使用了 v-for 指令，用于遍历 books 数组中的每本书；第 34 行在表格的第二行中对<td>标签使用了 v-for 指令，用于遍历一本书的所有字段。这样就形成了一个双层嵌套的 v-for 结构，在完成所有的遍历后，最终会渲染出一个表格。

（2）在浏览器中打开 3-12.html 文件，运行结果如图 3.13 所示。

图 3.13　使用 v-for 指令渲染表格

3.4.3　在 v-for 指令中使用范围值

除了数组和对象，在模板中使用 v-for 指令时还可以直接接收一个整数值。在这种情况下，使用 v-for 指令会将该模板基于 1~n 的取值范围重复多次。例如：

```
<span v-for="n in 10">{{n}}</span>
```

【例 3.13】在 v-for 指令中使用范围值，借助 Bootstrap 分页组件生成一些分页链接。

（1）在 D:\Vue3\chapter03 目录中创建 3-13.html 文件，代码如下。

```
01  <!doctype html>
02  <html lang="zh-CN">
03  <head>
04    <meta charset="utf-8">        导入 Bootstrap 样式表文件
05    <title>分页链接</title>
06    <link rel="stylesheet" href="../css/bootstrap.min.css">
07    <script type="importmap">
08      {
09        "imports": {
10          "vue": "../js/vue.esm-browser.js"
11        }
12      }
13    </script>
14  </head>
15  <body>
16  <div id="app" class="container">
17    <h4 class="text-center">分页链接</h4>
18    <p>v-for 指令可以直接接收一个整数值，这会将该模板基于 1~n 的取值范围重复多次。在页面底部
显示分页链接，以指示跨多个页面存在一系列相关内容的文档。</p>
19    <nav class="fixed-bottom" aria-label="Page navigation example">
20      <ul class="pagination justify-content-center">
21        <li class="page-item disabled"><a class="page-link">上一页</a></li>
22        <li class="page-item" v-for="n in 10">
23          <a class="page-link" href="#">{{n}}</a>
24        </li>
25        <li class="page-item"><a class="page-link" href="#">下一页</a></li>
26      </ul>
27    </nav>
28  </div>
29  <script type="module">
30    import {createApp} from 'vue'
31
32    createApp({}).mount('#app')
33  </script>
34  </body>
35  </html>
```

使用分页组件的要点：
在<ul>标签中应用 pagination，
在<li>标签中添加 page-item，
在<a>标签中添加 page-link

在 v-for 指令中使用范围值
生成 10 个页码链接

本例用于演示如何在 v-for 指令中使用范围值，并结合 Bootstrap 分页组件提供的 CSS 样
式生成分页链接。第 6 行在 head 部分导入了样式表 bootstrap.min.css。

第 32 行用于创建一个应用实例并挂载在容器元素中。

第 19 行~第 27 行在模板中使用<nav>、<ul>和<li>标签创建分页链接，在第二个<li>标签
中使用 v-for 指令，并传入"n in 10"，表示重复 10 次，生成 10 个页码链接。

（2）在浏览器中打开 3-13.html 文件，运行结果如图 3.14 所示。

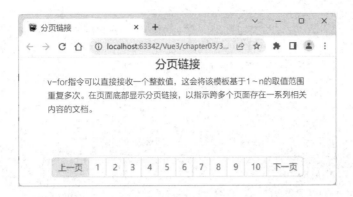

图 3.14　分页链接

3.4.4　在 template 元素上使用 v-for 指令

如果想重复多次渲染一个包含多个元素的块，则可以使用 template 元素将这些元素包装起来，并在 template 元素上使用 v-for 指令。此时，template 只是一个包装器元素，不会出现在最终的渲染结果中。例如：

```
<ul>
  <template v-for="item in items">
    <li>{{item.msg}}</li>
    <li class="divider" role="presentation"></li>
  </template>
</ul>
```

当 v-if 和 v-for 指令同时存在于一个节点上时，前者的优先级高于后者。这意味着在 v-if 指令的条件表达式中将无法访问在 v-for 指令的作用域内定义的变量别名。

例如，下面的代码会抛出一个错误，因为 todo 属性此时没有在该实例上定义：

```
<ul>
  <li v-for="todo in todos" v-if="!todo.isComplete">{{todo.name }}</li>
</ul>
```

要解决这个问题，可以在 v-if 指令外层包装一层 template 元素，并在该元素上使用 v-for 指令：

```
<ul>
  <template v-for="todo in todos">
    <li v-if="!todo.isComplete">{{todo.name}}</li>
  </template>
</ul>
```

【例 3.14】在 template 元素上使用 v-for 指令并配合使用 v-if 指令，生成分页链接。

（1）在 D:\Vue3\chapter03 目录中创建 3-14.html 文件，代码如下。

```
01  <!doctype html>
02  <html lang="zh-CN">
03  <head>
04    <meta charset="utf-8">
05    <title>分页链接</title>
06    <link rel="stylesheet" href="../css/bootstrap.min.css">
07    <script type="importmap">
```

```
08        {
09          "imports": {
10            "vue": "../js/vue.esm-browser.js"
11          }
12        }
13      </script>
14    </head>
15    <body>
16    <div id="app" class="container">
17      <h4 class="text-center">分页链接</h4>
18      <p>v-for 指令可以直接接收一个整数值，这会将该模板基于 1～n 的取值范围重复多次。
19        在页面底部显示分页链接，以指示跨多个页面存在一系列相关内容的文档。</p>
20      <nav class="fixed-bottom" aria-label="Page navigation example">
21        <ul class="pagination justify-content-center">
22          <template v-for="n in 12">
23            <li class="page-item disabled" v-if="n === 1">
24              <a class="page-link" href="#">上一页</a>
25            </li>
26            <li class="page-item" v-else-if="n === 12">
27              <a class="page-link" href="#">下一页</a>
28            </li>
29            <li class="page-item" v-else>
30              <a class="page-link" href="#">{{n-1}}</a>
31            </li>
32          </template>
33        </ul>
34      </nav>
35    </div>
36    <script type="module">
37      import {createApp} from 'vue'
38
39      createApp({}).mount('#app')
40    </script>
41    </body>
42    </html>
```

> 在 template 元素上使用 v-for 指令，通过范围值生成一组分页链接，首末链接文字分别为"上一页"和"下一页"

与例 3.13 类似，本例也是用来创建分页链接的，代码基本一致。主要区别在于，本例是在 template 元素上使用 v-for 指令并配合使用 v-if 指令来创建分页链接的。

第 22 行～第 32 行使用 template 元素包装<li>标签，并在 template 元素上使用 v-for 指令，重复 12 次生成分页链接。

第 23 行～第 31 行在 template 元素内部添加了 3 个<li>标签，并对它们分别使用 v-if、v-else-if 和 v-else 指令，在不同条件下插入不同的分页链接，首次和末次分别生成"上一页"和"下一页"链接，其他各次则生成不同的页码链接。

（2）在浏览器中打开 3-14.html 文件，可以看到运行结果与例 3.13 的相同。

3.4.5　通过 key 属性管理状态

在默认情况下，Vue 会按照就地更新的策略来更新通过 v-for 指令渲染的元素列表。当数据项的顺序发生变化时，Vue 不会随之移动 DOM 元素的顺序，而是就地更新每个元素，确保它们在原本指定的索引位置上渲染。

为了给 Vue 一个提示，需要为每个元素对应的块提供一个唯一的 key 属性，以便跟踪每个节点的标识，从而重用和重新排序现有的元素。例如：

```
<div v-for="item in items" :key="item.id">...</div>
```

当使用<template v-for>标签时，key 属性应该放置在这个 template 元素上。例如：

```
<template v-for="todo in todos" :key="todo.name">
  <li>{{todo.name}}</li>
</template>
```

其中，key 是一个通过 v-bind 指令绑定的特殊属性。key 属性绑定的值期望是一个基础类型的值，如字符串或 number 类型，不要使用对象作为 v-for 指令的 key 属性。

【例 3.15】本例用于说明如何通过 key 属性管理状态。

（1）在 D:\Vue3\chapter03 目录中创建 3-15.html 文件，代码如下。

```
01  <!doctype html>
02  <html lang="zh-CN">
03  <head>
04    <meta charset="utf-8">
05    <title>使用 key 属性管理状态</title>
06    <script type="importmap">
07      {
08        "imports": {
09          "vue": "../js/vue.esm-browser.js"
10        }
11      }
12    </script>
13  </head>
14  <body>
15  <div id="app">
16    <h3>阅读计划管理</h3>
17    <input type="text" placeholder="请输入新书" v-model="title">
18    <button @click="addBook">添加</button>
19    <ul>
20      <li v-for="book in books">
21        <label><input type="checkbox">{{book.title}}</label>
22      </li>
23    </ul>
24  </div>
25  <script type="module">
26    import {createApp} from 'vue'
27
```

将文本框绑定到 title 属性上

通过遍历 books 数组生成一个无序列表，在每个列表项中添加一个复选框

```
28    createApp({
29      data() {
30        return {
31          title: '',
32          newId: 5,
33          books: [
34            {id: 1, title: '水浒传'},
35            {id: 2, title: '西游记'},
36            {id: 3, title: '红楼梦'},
37            {id: 4, title: '三国演义'}
38          ]
39        }
40      },
41      methods: {
42        addBook() {
43          this.books.unshift({id: this.newId++, title: this.title})
44          this.title = ''
45        }
46      }
47    }).mount('#app')
48  </script>
49  </body>
50  </html>
```

单击按钮调用 addBook()方法，在 books 数组的开头新增一本图书

本例说明了在 v-for 指令中使用 key 属性管理状态的必要性。第 28 行～第 47 行用于创建应用实例。其中，第 29 行～第 40 行在 data 选项中定义了一些响应式数据：title 表示新增图书的名称（与输入框双向绑定），newId 表示新增图书的 id，books 为字符串数组，用于存储要阅读的图书名称；第 41 行～第 46 行在 methods 选项中定义了组件方法 addBook()，用于新增要阅读的图书。该方法通过调用 bunshift()方法将新增图书添加到 books 数组的开头。

第 17 行和第 18 行在模板中添加了一个<input type="text">文本框和一个 button 元素，该文本框通过 v-model 指令与 title 属性绑定，该按钮的单击事件监听器被绑定到组件方法 addBook()上。当单击按钮时会把新增图书添加到图书列表中。

第 19 行～第 23 行在模板中添加了一个无序列表，并通过在<li>标签中应用 v-for 指令来渲染图书列表，在每个列表项中添加一个<input type="checkbox">复选框，在阅读完一本图书后可勾选相应的复选框。

（2）在浏览器中打开 3-15.html 文件，从书籍列表中勾选第二项"西游记"，在文本框中输入新增图书"我的大学"并单击"添加"按钮，此时新增图书被添加到列表的顶部，但被勾选的复选框从"西游记"变成了"水浒传"，如图 3.15 所示，这显然不是预期的结果。

（3）通过分析上述问题发现，其原因是图书列表被"就地更新"了，但复选框仍然保持原来的状态，因此列表中的第二项处于选中状态。如果要解决这个问题，则需要在 v-for 指令中提供一个唯一的 key 属性。对代码进行修改：

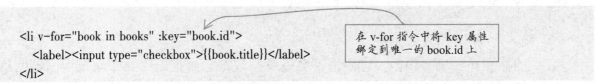

```
<li v-for="book in books" :key="book.id">
    <label><input type="checkbox">{{book.title}}</label>
</li>
```

在 v-for 指令中将 key 属性绑定到唯一的 book.id 上

此时，v-for 指令的 key 属性被绑定到唯一的 book.id 上，可用于标识和跟踪每个列表项。

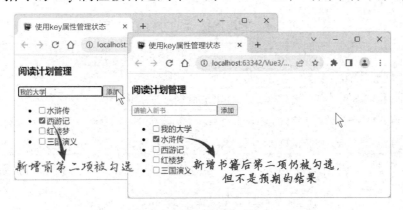

图 3.15　新增前后第二个列表项均被勾选

（4）再次运行程序，可以看到该问题已被解决。

3.4.6　数组更新侦测

Vue 的优势是采用响应式的设计模式，在数据发生改变时自动更新对应的视图。在使用 v-for 指令遍历数组渲染出一个列表后，如果对源数据的数组进行更改，那么这个列表能否自动更新呢？

实际上，在 JavaScript 中，数组对象的方法可以分为变异方法和非变异方法。变异方法可以对调用它们的原数组进行变更，非变异方法则不能对原数组进行变更，而是返回一个新数组。

使用 v-for 指令遍历数组渲染列表时，需要对这两类方法有所了解。

1. 变异方法

变异方法会对调用它们的原数组进行变更。Vue 能够监听响应式数组的变异方法，并在调用这些方法时触发相应的更新。常用的数组的变异方法如表 3.3 所示。

表 3.3　常用的数组的变异方法

方　　法	说　　明
push()	将指定元素添加到数组末尾，并返回数组的新长度
pop()	从数组中删除最后一个元素并返回该元素的值。此方法会更改数组的长度
shift()	从数组中删除第一个元素并返回该元素的值。此方法会更改数组的长度
unshift()	将指定元素添加到数组开头并返回数组的新长度
splice()	通过移除或替换已存在的元素或者添加新元素来就地更改一个数组的内容
sort()	就地对数组中的元素进行排序并返回对相同数组的引用
reverse()	就地反转数组中的元素并返回相同数组的引用

2. 非变异方法

数组的非变异方法有很多，它们都不会更改原数组，而是返回一个新数组，调用这些方法时不会触发相应的更新。常用的数组的非变异方法如表 3.4 所示。

表 3.4　常用的数组的非变异方法

方　　法	说　　明
concat()	用于合并两个或多个数组。此方法不会更改原数组，而是返回一个新数组
filter()	创建给定数组的一部分浅拷贝，其中包含通过所提供函数实现测试的所有元素
map()	创建一个新数组，该数组由原数组中每个元素调用一次提供的函数后的返回值组成
slice()	返回一个新数组，该数组是原数组的浅拷贝（包括首元素，不包括末元素），原数组不会更改

由于这些非变异方法不会更改原数组，因此在调用这些方法时需要将原数组替换为新数组。

3. 显示过滤或排序后的结果

在某些情况下，希望显示数组经过过滤或排序后的内容，但实际上不对原始数据进行变更或重置。此时可以创建用于返回已过滤或已排序数组的计算属性。

【例 3.16】本例用于说明如何使用 v-for 指令渲染列表并对原数组进行各种操作。

（1）在 D:\Vue3\chapter03 目录中创建 3-16.html 文件，代码如下。

```
01  <!doctype html>
02  <html lang="zh-CN">
03  <head>
04    <meta charset="utf-8">
05    <title>数组变化侦测</title>
06    <script type="importmap">
07      {
08        "imports": {
09          "vue": "../js/vue.esm-browser.js"
10        }
11      }
12    </script>
13  </head>
14  <body>
15  <div id="app">
16    <h3>数组变化侦测</h3>
17    <p>
18      <template v-for="(number, index) in numbers">
19        <span>{{number}}  </span>
20        <br v-if="index !=0 && index % 12 === 0">
21      </template>
22    </p>
23    <p>
```

```
24      <button @click="add">新增</button>  
25      <button @click="remove">删除</button>  
26      <button @click="modify">修改</button>  
27      <button @click="sort">排序</button>  
28      <button @click="reverse">反转</button>  
29      <button @click="filter">过滤</button>  
30      <button @click="map">映射</button>  
31      <button @click="reset">重置</button>  
32    </p>
33  </div>
34  </body>
35  <script type="module">
36    import {createApp} from 'vue'
37
38    createApp({
39      data() {
40        return {
41          numbers: [10, 3, 6, 12, 7, 21, 9, 5, 8, 4, 11, 2]
42        }
43      },
44      methods: {
45        add() {
46          const num = Math.floor(Math.random() * 100)
47          this.numbers.push(num)
48        },
49        remove() {
50          if (this.numbers.length > 1) this.numbers.pop()
51        },
52        modify() {
53          this.numbers[0] = 333
54        },
55        sort() {
56          this.numbers.sort((a, b) => a - b)
57        },
58        reverse() {
59          this.numbers.reverse()
60        },
61        filter() {
62          this.numbers = this.numbers.filter(x => x > 5)
63        },
64        map() {
65          this.numbers = this.numbers.map(x => x * 2)
66        },
67        reset() {
68          this.numbers = [10, 3, 6, 12, 7, 21, 9, 5, 8, 4, 11, 2]
69        }
```

将这些按钮的单击事件监听器分别绑定到不同的组件方法上，用于更改数组

在 data 选项中定义数组 numbers

```
70          }
71      }).mount('#app')
72   </script>
73   </html>
```

在上述代码中，第 38 行~第 71 行用于创建并挂载应用实例。第 39 行~第 43 行在 data 选项中定义了一个名为 numbers 的数组，作为 v-for 指令渲染列表的数据源。

第 44 行~第 70 行在 methods 选项中定义了一组用于更改数组的方法。

第 45 行~第 48 行用于定义 add() 方法，其功能是在数组末尾添加新元素（随机生成）。

第 49 行~第 51 行用于定义 remove() 方法，其功能是删除数组末尾的元素。

第 52 行~第 54 行用于定义 modify() 方法，其功能是修改数组开头的元素（修改为 333）。

第 55 行~第 57 行用于定义 sort() 方法，其功能是按数字大小对数组元素进行排序。

第 58 行~第 60 行用于定义 reverse() 方法，其功能是反转数组。

第 61 行~第 63 行用于定义 filter() 方法，其功能是过滤数组，过滤条件为数字大于 5。

第 64 行~第 66 行用于定义 map() 方法，其功能是映射数组，也就是将原数组中的每个元素乘以 2。

第 67 行~第 69 行用于定义 reset() 方法，其功能是重置数组。

第 18 行~第 21 行在模板中使用 v-for 指令将数组 numbers 渲染为一个列表。具体方法是：第 18 行在 <template> 标签中使用 v-for="(number, index) in numbers"，第 19 行在 span 元素中插入 {{number}}，第 20 行在
 标签中使用 v-if="index !=0 && index % 12 === 0"，以实现每行显示 12 个数字的要求。

（2）在浏览器中打开 3-16.html 文件，依次单击各个按钮，对数组内容进行更改，同时观察显示列表的变化，运行结果如图 3.16 所示。

图 3.16　数组变化侦测

习题 3

一、填空题

1. Vue 指令以_____为前缀。

2. 如果希望模板中的文本插值仅渲染一次并跳过之后的更新，则可以使用_____指令来实现。

3. 在使用的指令需要参数时，可以在指令名后通过一个_____与其进行分隔。

4. 指令的动态参数应放在一对_____内。

5. 指令修饰符是以_____开头的特殊后缀。

6. 如果想要切换不止一个元素，则应该使用一个_____元素对要切换的元素进行包装，并在该元素上使用 v-if 指令。

二、判断题

1. 文本插值是在双花括号中写入组件实例的数据属性，渲染模板时双花括号标签会被替换为数据属性的值。　　　　　　　　　　　　　　　　　　　　　（　　　）

2. 要在模板中插入 HTML 代码，可以使用 v-bind 指令来实现。　　　　　（　　　）

3. 使用 v-html 指令可以将 HTML 属性绑定到组件实例的数据属性上。　（　　　）

4. 使用不带参数的 v-bind 指令可以将多个属性绑定到单个元素上。　　（　　　）

5. 在文本插值和 Vue 指令属性的值中均可使用 JavaScript 表达式。　　（　　　）

6. :class 不能与一般的 class 属性共存。　　　　　　　　　　　　　　　（　　　）

7. v-for 指令可以用于遍历数组中的元素或对象的所有属性。　　　　　　（　　　）

三、选择题

1. v-bind 指令的简写形式是（　　　）。

　　A. #　　　　　　　　　　B. @　　　　　　　　C. $　　　　　　　　D. :

2. v-on 指令的简写形式是（　　　）。

　　A. #　　　　　　　　　　B. @　　　　　　　　C. $　　　　　　　　D. :

3. 在下列各指令中，（　　　）的期望值可以是一个 JavaScript 表达式。

　　A. v-for　　　　　　　　B. v-on　　　　　　　C. v-bind　　　　　　D. v-slot

4. 在下列各指令中，（　　　）可以给元素绑定事件监听器。

　　A. v-for　　　　　　　　B. v-on　　　　　　　C. v-bind　　　　　　D. v-slot

四、简答题

1. 简述 v-show 与 v-if 指令的区别。

2. 简述数组对象有哪些变异方法。

五、编程题

1. 创建一个 Vue 应用，实现从百分制成绩到等级制成绩的转换。

2. 创建一个 Vue 应用，使用嵌套的 v-for 指令动态渲染一个表格。

第 4 章

Vue 事件处理

事件是指用户或浏览器本身的某种行为。例如，浏览器加载网页时会发生 onload 事件，用户单击页面元素时会发生 onclick 事件。当发生某个事件时，浏览器将会执行一段 JavaScript 代码，从而完成用户预期的操作。事件处理也是 Vue 前端开发的重要内容之一。本章将介绍如何使用 Vue 进行事件处理，首先回顾一下标准 DOM 事件模型，然后讲述如何使用 v-on 指令监听事件，最后说明 v-on 指令修饰符的用法。

4.1　标准 DOM 事件模型

DOM 是 Document Object Model 的缩写，意即文档对象模型，它将 Web 页面与 JavaScript 连接起来。DOM 用一棵逻辑树来表示一个文档，树上每个分支的终点都是一个节点，每个节点都包含对象。借助 DOM 提供的方法，可以使用特定的方式操控这棵树，从而改变文档的结构、样式或内容等。文档节点还可以与事件处理器关联，一旦触发了某个事件，就会执行相应的事件处理器。

4.1.1　DOM 事件模型

DOM 事件是浏览器的一个功能，是浏览器或用户针对页面做出的某些动作，如单击鼠标、移动鼠标指针、键盘输入等。DOM 事件是用户与页面进行交互的核心，当触发事件时，可以绑定一个或多个事件处理函数，以完成需要实现的功能。

DOM 事件模型是指 DOM Level 2 模型（W3C 标准模型），现在的浏览器都支持这个模型。在 DOM 事件模型中，一个事件的传播过程包括捕获、处理和冒泡三个阶段，这个过程称为事件流，如图 4.1 所示。

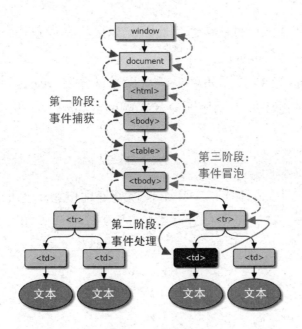

图 4.1　事件流

（1）事件捕获阶段（Capturing Phase）：事件从 document 节点到触发事件的底层节点查找事件处理器。当子元素上的事件被触发时，所有父元素上绑定的相同类型的事件都会从外到内层层触发。

（2）事件处理阶段（Target Phase）：事件到达触发事件的目标节点，触发该节点的事件处理器，执行相应的 JavaScript 代码。

（3）事件冒泡阶段（Bubbling Phase）：事件从触发事件的底层节点到 document 节点查找事件处理器。当子元素上的事件被触发时，所有父元素上绑定的相同类型的事件都会从内到外层层触发。

在 DOM 事件模型中，可以使用 addEventListener() 方法将指定的监听器注册到目标对象上。当该对象触发指定的事件时，所注册的回调函数就会被执行，语法格式如下。

```
eventTarget.addEventListener(type, listener)
eventTarget.addEventListener(type, listener, options)
eventTarget.addEventListener(type, listener, useCapture)
```

在上述语法格式中，各个参数的含义如下。

- eventTarget：触发事件的目标元素，可以是一个文档上的元素、document 节点和 window 节点，也可以是任何支持事件的对象，如 XMLHttpRequest 等。
- type：监听事件类型，其值为大小写敏感的字符串。
- listener：事件监听器函数，即当事件触发时要执行的回调函数。
- options：可选参数，用于设置 listener 的相关属性，其值为对象，其中包含布尔类型的选项。常用选项有：capture，用于设置 listener 在事件捕获阶段传播到该目标元素时触发；once，用于设置 listener 在添加后最多只能被调用一次；passive，用于设置该 listener 永远不会调用 preventDefault() 方法。
- useCapture：用于指定在 DOM 树中注册 listener 的元素是否要先于它下面的目标元素调

用该 listener。useCapture 的默认值为 false，如果将其设置为 true，则沿着 DOM 树向上冒泡的事件不会触发 listener。

使用 addEventListener()方法注册事件后，可以通过调用 dispatchEvent()方法向一个目标元素派发事件，并以合适的顺序同步调用所有受影响的 listener，语法格式如下。

```
eventTarget.dispatchEvent(event)
```

也可以通过调用 removeEventListener()方法删除事件，语法格式如下。

```
eventTarget.removeEventListener(type, listener, options)
```

【例 4.1】本例用于说明如何使用 DOM 事件模型处理按钮单击事件。

（1）在 D:\Vue3\chapter04 目录中创建 4-01.html 文件，代码如下。

```
01  <!doctype html>
02  <html lang="zh-CN">
03  <head>
04    <meta charset="utf-8">
05    <title>DOM 事件应用</title>
06  </head>
07  <body>
08  <h3>DOM 事件应用</h3>
09  <button>请单击这个按钮</button>
10  <p></p>
11  <script>
12    const btn = document.querySelector('button')
13    const p = document.querySelector('p')
14    btn.addEventListener('click', function () {
15      p.innerHTML = 'Hello DOM!'
16    })
17  </script>
18  </body>
19  </html>
```

> 对按钮的 click 事件注册监听函数

在上述代码中，第 8 行~第 10 行在 body 部分添加了 h3 标题、button 按钮和 p 段落；第 12 行~第 13 行用于获取 button 和 p 元素对象；第 14 行~第 16 行通过调用 addEventListener() 方法对 button 按钮的 click 事件注册了一个监听函数，这里为匿名函数。

（2）在浏览器中打开 4-01.html 文件，当单击按钮时，下方的段落中会显示一条欢迎信息，运行结果如图 4.2 和图 4.3 所示。

图 4.2　单击按钮之前

图 4.3　单击按钮之后

4.1.2　事件对象

在 DOM 事件模型中，当浏览器检测到某个事件发生时，将自动创建一个事件对象，并将该对象作为第一个参数隐式地传递给事件处理函数。因此，在定义事件处理函数时通常需要为该函数设置一个参数，以接收事件对象的值。事件对象的属性如表 4.1 所示。

表 4.1　事件对象的属性

属　　性	类型	读/写	说　　明
altKey	Boolean	读写	按下 Alt 键则为 true，否则为 false
bubbles	Boolean	读写	表明当前事件是否会向 DOM 树的上层元素冒泡
button	Integer	读写	用于获取或设置鼠标事件中按下的鼠标按键
cancelable	Boolean	只读	表示能否取消事件
charCode	Integer	只读	表示按下按键的 Unicode 代码值
clientX	Integer	只读	表示鼠标指针在客户区域（不包含工具栏和滚动条等）的水平坐标
clientY	Integer	只读	表示鼠标指针在客户区域（不包含工具栏和滚动条等）的垂直坐标
ctrlKey	Boolean	只读	按下 Ctrl 键则为 true，否则为 false
currentTarget	Element	只读	用于获取事件当前指向的目标元素
detail	Integer	只读	表示单击鼠标的次数
eventPhase	Integer	只读	表示事件当前所处的阶段，1 表示处于捕获阶段，2 表示处于处理阶段，3 表示处于冒泡阶段
isChar	Boolean	只读	表示按下的按键是否有相关联的字符
keyCode	Integer	只读	表示按下的按键的数字编码
pageX	Integer	只读	表示鼠标指针相对于页面的水平坐标
pageY	Integer	只读	表示鼠标指针相对于页面的垂直坐标
preventDefault	Function	N/A	用于阻止事件的默认行为
relateTarget	Element	只读	用于获取事件正在进入/离开的目标元素
screenX	Integer	只读	表示鼠标指针相对于屏幕的水平坐标
screenY	Integer	只读	表示鼠标指针相对于屏幕的垂直坐标
shiftKey	Boolean	只读	按下 Shift 键则为 true，否则为 false
stopPropagation	Function	N/A	用于阻止事件向上冒泡
target	Element	只读	用于获取触发事件的元素
timeStamp	Integer	只读	表示发生事件的时间，其值为从 1970 年 1 月 1 日 00:00:00 开始到事件发生时的毫秒数
type	String	只读	表示事件的名称

【例 4.2】本例用于演示 DOM 事件的传播过程。

（1）在 D:\Vue3\chapter04 目录中创建 4-02.html 文件，代码如下。

```
01  <!doctype html>
02  <html lang="zh-CN">
03  <head>
04    <meta charset="utf-8">
05    <title>DOM 事件传播过程</title>
```

```
06    </head>
07    <body>
08      <div>
09        <h3>DOM 事件传播过程</h3>
10        <p><button>请单击这个按钮</button></p>
11        <ul></ul>
12      </div>
13      <script>
14        function onClick(e) {                        // 定义事件处理函数, 参数 e 表示事件对象
15          let phase = ''
16          switch (e.eventPhase) {
17            case 1:
18              phase = '事件捕获阶段'
19              break
20            case 2:
21              phase = '事件处理阶段'
22              break;
23            case 3:
24              phase = '事件冒泡阶段'
25              break;
26          }
27          const ul = document.querySelector('ul')
28          ul.innerHTML += `<li>${phase}: ${e.type}事件当前指向${e.currentTarget.tagName}元素;
29              事件来源: ${e.target.tagName}元素</li>`
30        }
31
32        const btn = document.querySelector('button')
33        const p = document.querySelector('p')
34        const div = document.querySelector('div')
35        btn.addEventListener('click', onClick, true)
36        p.addEventListener('click', onClick, true)
37        div.addEventListener('click', onClick, true)
38        btn.addEventListener('click', onClick, false)
39        p.addEventListener('click', onClick, false)
40        div.addEventListener('click', onClick, false)
41      </script>
42    </body>
43    </html>
```

> 对按钮、段落和 div 元素注册 click 事件监听器, 第三个参数的默认值为 false, 如果将其设置为 true, 则沿着 DOM 树向上冒泡的事件不会触发监听器

在上述代码中, 第 9 行~第 11 行在 body 部分添加了<h3>、<p>、<button>和<ul>标签, 其中<ul>标签用于创建一个无序列表, 在单击按钮时触发事件的相关信息。

第 14 行~第 30 行定义了一个名为 onClick 的函数, 用作 click 事件的处理函数, 为该函数传入的参数 e 表示事件对象; 通过 e.eventPhase()方法检测事件当前所处的阶段, 并在<li>标签创建的列表项中列出事件的相关信息。

第 32 行~第 40 行用于获取 button、p 和 div 元素, 之后通过调用 addEventListener()方法分别对它们注册 click 事件监听器, 并通过第三个参数指定事件的传递方式是冒泡还是捕获。

（2）在浏览器中打开 4-02.html 文件，通过单击按钮对事件传播进行检测，运行结果如图 4.4 所示。

图 4.4　DOM 事件传播过程

4.2　监听事件

在 Vue 模板中，可以在元素上使用 v-on 指令监听 DOM 事件，并在事件触发时执行对应的 JavaScript 代码，语法格式如下。

```
v-on:click="handler"
```

也可以写成如下简写形式。

```
@click="handler"
```

其中 handler 为事件处理器，其值为函数，可以是内联事件处理器或方法事件处理器。

4.2.1　内联事件处理器

内联事件处理器是指事件被触发时执行的内联 JavaScript 语句。内联事件处理器通常用于比较简单的场景。

1. 基本用法

内联事件处理器可以用于一些简单的 JavaScript 语句，如变量自增语句、对变量值取反语句或函数调用语句等。

【例 4.3】本例用于说明如何在按钮的单击事件中使用内联事件处理器。

（1）在 D:\Vue3\chapter04 目录中创建 4-03.html 文件，代码如下。

```
01  <!doctype html>
02  <html lang="zh-CN">
03  <head>
04    <meta charset="utf-8">
05    <title>内联事件处理器的应用</title>
06    <script type="importmap">
07      {
08        "imports": {
```

```
09                "vue": "../js/vue.esm-browser.js"
10            }
11        }
12    </script>
13  </head>
14  <body>
15  <div id="app">
16      <h3>内联事件处理器的应用</h3>
17      <p>
18          <button @click="count++" :disabled="isDisabled">加 1</button> 
19          <button @click="isDisabled = !isDisabled">禁用/启用</button>
20      </p>
21      <p>当前单击次数：{{count}}</p>
22  </div>
23  <script type="module">
24      import {createApp} from 'vue'
25
26      createApp({
27          data() {
28              return {
29                  count: 0,
30                  isDisabled: false
31              }
32          }
33      }).mount('#app')
34  </script>
35  </body>
36  </html>
```

> 通过内联事件处理器实现 count 属性值的自增

> 通过内联事件处理器对 isDisabled 属性值取反

在上述代码中，第 26 行～第 33 行用于创建并挂载应用实例。第 27 行～第 32 行在 data 选项中定义了响应式属性 count 和 isDisabled，其中，count 属性表示单击按钮的次数，isDisabled 属性用于控制按钮的禁用/启用状态。

第 18 行对第一个按钮添加了@click="count++"，将其单击事件处理器设置为变量自增语句 count++，并设置了 :disabled="isDisabled"。第 19 行对第二个按钮设置了@click="isDisabled = !isDisabled"，将其单击事件处理器设置为一个赋值语句，并对 isDisabled 属性值取反。

（2）在浏览器中打开 4-03.html 文件，通过单击按钮测试程序功能。当单击"加 1"按钮时，当前单击次数会增加；当单击"禁用/启用"按钮时，会使"加 1"按钮在启用与禁用状态之间切换，运行结果如图 4.5 和图 4.6 所示。

图 4.5　左边的按钮处于启用状态　　　　图 4.6　左边的按钮处于禁用状态

2. 在内联事件处理器中访问事件对象

有时需要在内联事件处理器中访问原生 DOM 事件。在这种情况下，可以向该事件处理器传入一个特殊的$event 变量，或者使用内联箭头函数传入一个参数。

【例 4.4】本例用于说明如何在内联事件处理器中访问原生 DOM 事件。

（1）在 D:\Vue3\chapter04 目录中创建 4-04.html 文件，代码如下。

```html
01  <!doctype html>
02  <html lang="zh-CN">
03  <head>
04    <meta charset="utf-8">
05    <title>访问原生 DOM 事件</title>
06    <style>
07      #box {
08        width: 300px;
09        height: 130px;
10        padding: 10px;
11        border: 2px solid green;
12      }
13    </style>
14    <script type="importmap">
15      {
16        "imports": {
17          "vue": "../js/vue.esm-browser.js"
18        }
19      }
20    </script>
21  </head>
22  <body>
23  <div id="app">
24    <h3>访问原生 DOM 事件</h3>
25    <div id="box" @mouseup="onMouseUp($event)" v-html="info"></div>
26    <!-- <div id="box" @mouseup="e => onMouseUp(e)" v-html="info"></div>-->
27  </div>
28  <script type="module">
29    import {createApp} from 'vue'
30
31    createApp({
32      data() {
33        return {
34          info: '请单击此框内部！'
35        }
36      },
37      methods: {
38        onMouseUp(e) {
39          const buttons = ['左键', '中键', '右键']
40          this.info = `你单击了鼠标${buttons[e.button]}
41            <br>当前鼠标指针的位置为(${e.clientX}, ${e.clientY})`
```

> 在内联事件处理器中调用 onMouseUp() 方法传入$event 变量，以访问事件对象

> 也可以在内联事件处理器中调用箭头函数传入参数 e，以访问事件对象

```
42          }
43        }
44      }).mount('#app')
45    </script>
46    </body>
47    </html>
```

在上述代码中，第 31 行～第 44 行用于创建并挂载应用实例。其中，第 32 行～第 36 行在 data 选项中定义了响应式属性 info，用于保存与事件相关的信息；第 37 行～第 43 行在 methods 选项中定义了组件方法 onMouseUp()，它接收一个参数 e。当调用该方法时，应传入一个名为$event 的变量，用于访问原生 DOM 事件对象，以获取触发事件时用户单击鼠标的按键及鼠标指针的位置坐标。

第 25 行在模板中添加了一个<div>标签，并在该标签中添加了@mouseup="onMouseUp($event)"，以调用内联事件处理器，传入特殊变量$event。在该标签中还添加了 v-html="info"，以显示 info 属性的内容。也可以将事件处理器绑定到内联箭头函数上，即@mouseup="e => onMouseUp(e)"。

（2）在浏览器中打开 4-04.html 文件，单击方框内部，即可显示用户单击的鼠标按键及鼠标指针的位置坐标，运行结果如图 4.7 和图 4.8 所示。

| 图 4.7　初始页面 | 图 4.8　获取鼠标按键及位置坐标 |

4.2.2　方法事件处理器

对于比较简单的场景，可以在 v-on 指令中使用内联事件处理器。如果事件处理器的逻辑比较复杂，则应该使用方法事件处理器，即在 v-on 指令中接收一个方法名或对某个方法的调用。这种方法事件处理器会自动接收原生 DOM 事件并触发执行，其中的 this 上下文指向当前活跃的组件实例。不过，在 Vue 模板中并不需要向方法事件处理器传入任何参数。

Vue 模板编译器会通过检查 v-on 指令接收的值是否为合法的 JavaScript 标识符或属性访问路径，判断使用的是哪种形式的事件处理器。例如，foo、foo.bar 和 foo['bar']均会被视为方法事件处理器，而 foo()、count++和 isActived = !isActived 则会被视为内联事件处理器。

【例 4.5】本例用于说明如何在 v-on 指令中使用方法事件处理器。

（1）在 D:\Vue3\chapter04 目录中创建 4-05.html 文件，代码如下。

```
01    <!doctype html>
02    <html lang="zh-CN">
```

```
03    <head>
04      <meta charset="utf-8">
05      <title>使用方法事件处理器</title>
06      <style>
07        #box {
08          width: 300px;
09          height: 130px;
10          padding: 10px;
11          border-radius: 10px;
12          border: 2px solid skyblue;
13        }
14      </style>
15      <script type="importmap">
16        {
17          "imports": {
18            "vue": "../js/vue.esm-browser.js"
19          }
20        }
21      </script>
22    </head>
23    <body>
24    <div id="app">
25      <h3>使用方法事件处理器</h3>
26      <div id="box" @click="greet" v-html="message"></div>
27    </div>
28    <script type="module">
29      import {createApp} from 'vue'
30
31      createApp({
32        data() {
33          return {
34            message: '请单击此框内部！'
35          }
36        },
37        methods: {
38          greet(e) {
39            this.message = `在${e.target.tagName}元素中显示：
40              <p><em>Hello Vue.js!</em></p>`
41          }
42        }
43      }).mount('#app')
44    </script>
45    </body>
46    </html>
```

此处将 click 事件绑定到方法事件处理器上，即组件方法名（不带括号）

在 methods 选项中定义事件处理方法，并通过参数 e 访问原生 DOM 事件对象

　　在上述代码中，第 31 行～第 43 行用于创建并挂载应用实例。其中，第 32 行～第 36 行在 data 选项中定义了响应式属性 message；第 37 行～第 42 行在 methods 选项中定义了组件方法 greet()，该方法接收一个参数 e，访问原生 DOM 事件对象。在该方法中，使用 e.target.tagName

获取目标元素的标签名称。

第 26 行在 DOM 模板中添加了一个 <div> 标签，并在该标签中使用 @click="greet"，即在 v-on 指令中使用方法事件处理器。此外还对该标签添加了 v-html="message"，以渲染 message 属性中包含的 HTML 代码。

（2）在浏览器中打开 4-05.html 文件，通过单击方框内部来测试方法事件处理器，运行结果如图 4.9 和图 4.10 所示。

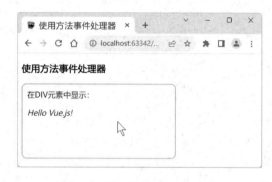

图 4.9　单击方框内部前　　　　　　　　　图 4.10　单击方框内部后

4.2.3　在内联事件处理器中调用方法

如前文所述，在使用 v-on 指令处理事件时，可以直接绑定方法名，此时方法事件处理器会自动接收原生 DOM 事件并触发执行。不过，有时可能需要向方法传入自定义参数，以代替原生事件。在这种情况下，应使用内联事件处理器，并在该事件处理器中调用方法。

【例 4.6】本例用于说明如何在内联事件处理器中调用方法。

（1）在 D:\Vue3\chapter04 目录中创建 4-06.html 文件，代码如下。

```
01   <!doctype html>
02   <html lang="zh-CN">
03   <head>
04     <meta charset="utf-8">
05     <title>在内联事件处理器中调用方法</title>
06     <style>
07       .item {
08         display: inline-block;
09         padding: 4px;
10         width: 210px;
11       }
12     </style>
13     <script type="importmap">
14       {
15         "imports": {
16           "vue": "../js/vue.esm-browser.js"
17         }
18       }
19
20     </script>
```

```
21    </head>
22    <body>
23    <div id="app">
24      <h3>图书列表管理</h3>
25      <ul>
26      <li v-for="book of books" :key="book.id">
27        <span class="item">{{book.title}}</span>
28        <button @click="removeBook(book.id - 1)">删除</button>
29      </li>
30      </ul>
31    </div>
32    <script type="module">
33      import {createApp} from 'vue'
34
35      createApp({
36        data() {
37          return {
38            books: [
39              {id: 1, title: 'Python Web 应用开发'},
40              {id: 2, title: 'Vue.js Web 前端开发'},
41              {id: 3, title: 'Android 移动应用开发'},
42              {id: 4, title: 'Photoshop 平面设计'},
43              {id: 5, title: 'After Effects 影视后期合成'}
44            ]
45          }
46        },
47        methods: {
48          removeBook(bookId) {
49            this.books.splice(bookId, 1)
50          }
51        }
52      }).mount('#app')
53    </script>
54    </body>
55    </html>
```

在内联事件处理器中调用组件方法 removeBook()，用于删除选定的图书

在 methods 选项中定义组件方法 removeBook()，用于删除指定 id 的图书

在上述代码中，第 35 行～第 52 行用于创建并挂载应用实例。其中，第 36 行～第 46 行在 data 选项中定义了响应式数组 books，用于存储图书信息；第 47 行～第 51 行在 methods 选项中定义了组件方法 removeBook()，该方法接收参数 bookId，用于根据传入的参数从数组中删除相应的图书。

第 25 行～第 30 行在 DOM 模板中添加了一个无序列表，使用 v-for 指令渲染出一个图书列表，每个列表项中包含一个按钮，对该按钮应用@click="removeBook(book.id)"，在内联事件处理器中调用 removeBook()方法，传入当前图书的 id，并通过调用数组的 splice()方法来移除对应的图书。

（2）在浏览器中打开 4-06.html 文件，通过单击图书列表中的按钮来删除对应的图书，运

行结果如图 4.11 和图 4.12 所示。

图 4.11   单击"删除"按钮

图 4.12   对应的图书被删除

4.3   v-on 指令修饰符

一条完整的 Vue 指令由指令名、指令参数、指令修饰符和指令值组成。当使用 v-on 指令处理事件时，可以使用的修饰符有事件修饰符、按键修饰符和鼠标修饰符。下面介绍这些修饰符的使用方法。

4.3.1   事件修饰符

在处理事件的过程中，可以调用 event.preventDefault()方法来阻止事件的默认行为，或者调用 event.stopPropagation()方法来阻止事件向上冒泡，这是很常见的情况。尽管 Vue 可以直接在组件方法中调用这些方法，但如果组件方法能更专注于数据逻辑，而不用处理 DOM 事件的细节，则会更好。

为了解决这个问题，Vue 为 v-on 指令提供了专用的事件修饰符。这些修饰符是用前导点"."表示的指令后缀，包括.stop、.prevent、.self、.capture、.once 和.passive。

1. 基础页面

在介绍各个事件修饰符的用法之前，先准备一个基础页面。在使用各个事件修饰符时，只需要对这个基础页面进行适当修改。

【例 4.7】创建未使用事件修饰符的基础页面。

（1）在 D:\Vue3\chapter04 目录中创建 4-07.html 文件，代码如下。

```
01    <!doctype html>
02    <html lang="zh-CN">
03    <head>
04      <meta charset="utf-8">
05      <title>基础页面</title>
06      <style>
07        #outer {
08          width: 200px;
09          height: 120px;
10          border: 2px solid red;
```

```
11          }
12
13      #inner {
14          width: 150px;
15          height: 80px;
16          margin-left: 20px;
17          border: 2px solid blue;
18      }
19    </style>
20    <script type="importmap">
21      {
22        "imports": {
23          "vue": "../js/vue.esm-browser.js"
24        }
25      }
26    </script>
27  </head>
28  <body>
29  <div id="app">
30    <h3>基础页面</h3>
31    <div id="outer" @click="onClick">outer
32      <div id="inner" @click="onClick">inner</div>
33    </div>
34  </div>
35  <script type="module">
36    import {createApp} from 'vue'
37
38    createApp({
39      methods: {
40        onClick(e) {
41          const msg = `当前目标元素：${e.currentTarget.tagName}#${e.currentTarget.id}`
42          console.log(msg)
43        }
44      }
45    }).mount('#app')
46  </script>
47  </body>
48  </html>
```

在基础页面中将内外 div 元素的 click 事件绑定到 onClick() 方法上, 未使用事件修饰符

上述代码创建了一个未使用任何事件修饰符的页面, 以此作为参照。第 38 行~第 45 行用于创建并挂载应用实例。第 39 行~第 44 行在 methods 选项中定义了一个名为 onClick 的组件方法, 它接收一个参数 e, 用于访问原生 DOM 事件。该方法的功能是在控制台中输出事件所指向的当前目标元素的标签名和 id, 可以通过 e.currentTarget.tagName 和 e.currentTarget.id 来获取这些信息。

第 31 行~第 33 行在 DOM 模板中添加了两个 \<div\> 标签, 分别设置 id 属性值为 outer 和 inner, 并在这两个 \<div\> 标签中添加了 @click="onClick", 将它们的 click 事件绑定到相同的方

法事件处理器上，该方法会自动接收 DOM 事件，无须传入参数。第 6 行～第 19 行在文档首部创建了样式表，并分别设置这两个 div 元素的大小和边框属性，以显示它们的嵌套关系。

（2）在浏览器中打开 4-07.html 文件，当单击内层 div 元素时，从控制台的输出结果中可以看到事件目标依次为 DIV#inner、DIV#outer。事件先由内向外传播，再向上冒泡，运行结果如图 4.13 所示。

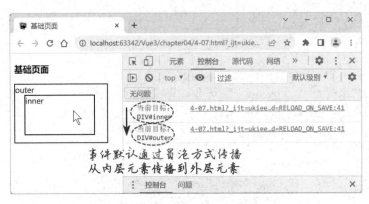

图 4.13　基础页面

2．.stop 事件修饰符

当在 v-on 指令中使用.stop 事件修饰符时，将会自动调用事件对象的 stopPropagation()方法，以阻止事件向上冒泡。

【例 4.8】本例用于说明如何使用.stop 事件修饰符。

（1）复制 D:\Vue3\chapter04\4-07.html 文件，将副本命名为 4-08.html。

（2）对代码进行适当修改，修改内容如下。

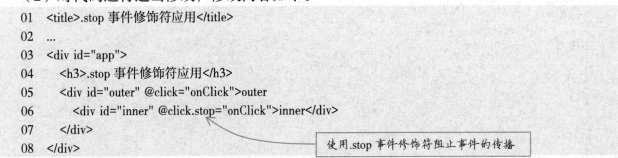

```
01  <title>.stop 事件修饰符应用</title>
02  ...
03  <div id="app">
04    <h3>.stop 事件修饰符应用</h3>
05    <div id="outer" @click="onClick">outer
06      <div id="inner" @click.stop="onClick">inner</div>
07    </div>
08  </div>
```

使用.stop 事件修饰符阻止事件的传播

在上述代码中，第 6 行在内层<div>标签中添加了.stop 事件修饰符，目的是阻止事件的传播，使其停止向上冒泡。

（3）在浏览器中打开 4-08.html 文件，当单击内层 div 元素时，可以看到控制台中的输出结果为"当前目标：DIV#inner"，即事件停留在内层 div 元素上，并没有传播到外层 div 元素，运行结果如图 4.14 所示。

3．.self 事件修饰符

当在 v-on 指令中使用.self 事件修饰符时，仅当事件的目标（event.target）是当前元素本身时才会触发事件处理器，其内部的子元素不会触发。

图 4.14　.stop 事件修饰符应用

【例 4.9】本例用于说明如何使用.self 事件修饰符。

（1）复制 D:\Vue3\chapter04\4-07.html 文件，将副本命名为 4-09.html。

（2）对代码进行适当修改，修改内容如下。

```
01   <title>.self 事件修饰符应用</title>
02   ...
03   <div id="app">
04     <h3>.self 事件修饰符应用</h3>
05     <div id="outer" @click.self="onClick">outer
06       <div id="inner" @click="onClick">inner</div>
07     </div>
08   </div>
```

使用.self 事件修饰符指定仅由当前元素本身触发事件处理器

在上述代码中，第 5 行在外层<div>标签中添加了.self 事件修饰符，设置仅当事件的目标是该元素本身时才触发事件处理器，单击内层 div 元素时不会触发。

（3）在浏览器中打开 4-09.html 文件，当单击内层 div 元素时，可以在控制台中看到输出结果为"当前目标：DIV#inner"，表明事件目标在内层 div 元素上，并未触发外层 div 元素上的事件。只有在单击外层 div 元素本身时才会看到"当前目标：DIV#outer"，此时触发了外层 div 元素所绑定的事件处理器，运行结果如图 4.15 所示。

图 4.15　.self 事件修饰符应用

4．.capture 事件修饰符

当在 v-on 指令中使用.capture 事件修饰符时，将改变事件流的默认处理方式，即从默认的冒泡方式改为捕获方式，从由内向外改为由外向内。

【例 4.10】本例用于说明如何使用.capture 事件修饰符。

（1）复制 D:\Vue3\chapter04\4-07.html 文件，将副本命名为 4-10.html。

（2）对代码进行适当修改，修改内容如下。

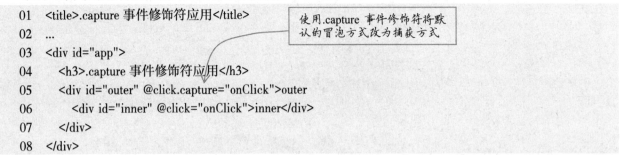

```
01    <title>.capture 事件修饰符应用</title>
02    ...
03    <div id="app">
04      <h3>.capture 事件修饰符应用</h3>
05      <div id="outer" @click.capture="onClick">outer
06        <div id="inner" @click="onClick">inner</div>
07      </div>
08    </div>
```

使用.capture 事件修饰符将默认的冒泡方式改为捕获方式

在上述代码中，第 5 行在外层<div>标签中添加了.capture 事件修饰符，目的是改变事件流的方向，即从冒泡方式改为捕获方式。

（3）在浏览器中打开 4-10.html 文件，当单击内层 div 元素时，可以看到控制台中依次输出"当前目标：DIV#outer""当前目标：DIV#inner"，即事件通过捕获方式进行传播，从外层传播到内层，运行结果如图 4.16 所示。

图 4.16　.capture 事件修饰符应用

5．.once 事件修饰符

当在 v-on 指令中使用.once 事件修饰符时，事件最多只能被触发一次。

【例 4.11】本例用于说明如何使用.once 事件修饰符。

（1）复制 D:\Vue3\chapter04\4-09.html 文件，将副本命名为 4-11.html。

（2）对代码进行适当修改，修改内容如下。

```
01    <title>.once 事件修饰符应用</title>
02    ...
03    <div id="app">
04      <h3>.once 事件修饰符应用</h3>
05      <div id="outer" @click.self="onClick">outer
06        <div id="inner" @click.once="onClick">inner</div>
07      </div>
08    </div>
```

使用.once 事件修饰符指定事件最多只能被触发一次

在上述代码中，第 5 行在外层<div>标签中添加了.self 事件修饰符，设置仅当事件的目标为该元素本身时才触发事件处理器；第 6 行在内层<div>标签中添加.once 事件修饰符，设置事件只能被触发一次。

（3）在浏览器中打开 4-11.html 文件，首次单击内层 div 元素时，可以看到控制台中输出"当前目标：DIV#inner"；第二次单击内层 div 元素时，不再触发事件处理器，因此没有任何输出，运行结果如图 4.17 所示。

图 4.17　.once 事件修饰符应用

6. .prevent 事件修饰符

当在 v-on 指令中使用.prevent 事件修饰符时，将会自动调用 event.preventDefault()方法，以阻止事件的默认行为。

【例 4.12】本例用于说明如何使用.prevent 事件修饰符。

（1）复制 D:\Vue3\chapter04\4-09.html 文件，将副本命名为 4-12.html。

（2）对代码进行适当修改，修改内容如下。

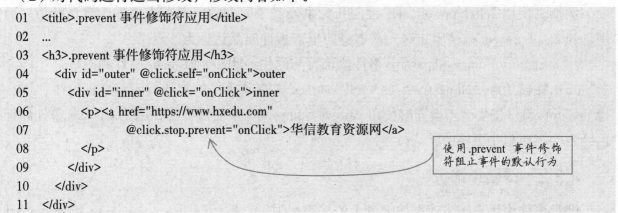

```
01  <title>.prevent 事件修饰符应用</title>
02  ...
03  <h3>.prevent 事件修饰符应用</h3>
04    <div id="outer" @click.self="onClick">outer
05      <div id="inner" @click="onClick">inner
06        <p><a href="https://www.hxedu.com"
07            @click.stop.prevent="onClick">华信教育资源网</a>
08      </p>
09    </div>
10  </div>
11  </div>
```

使用.prevent 事件修饰符阻止事件的默认行为

在上述代码中，第 6 行～第 8 行在内层 div 元素中添加了 p 元素，在 p 元素中添加了 a 元素，并对 a 元素使用了@click.stop.prevent="onClick"，链式添加了两个事件修饰符。其中，.stop 事件修饰符用于阻止事件的传播，.prevent 事件修饰符用于阻止事件的默认行为。对 a 元素而言，默认行为就是在被单击时跳转到目标页面。

（3）在浏览器中打开 4-12.html 文件，当在页面中单击超链接时，可以看到控制台中输出"当前目标：A#"，并没有跳转到百度首页，运行结果如图 4.18 所示。

7. .passive 事件修饰符

当在 v-on 指令中使用.passive 事件修饰符时，通常用于触摸事件的监听器，以改善移动端设备的滚屏性能。

图 4.18　.prevent 事件修饰符应用

8. 使用事件修饰符的注意事项

在 v-on 指令中使用事件修饰符时，需要注意以下几点。

（1）事件修饰符可以链式使用。例如：

```
<a href="..." @click.stop.prevent="doThat">...</a>
```

（2）可以独立使用事件修饰符，而不绑定事件处理器。

例如，提交事件时将不再重新加载页面：

```
<form @submit.prevent="onSubmit"></form>
```

也可以只使用修饰符：

```
<form @submit.prevent></form>
```

（3）链式使用事件修饰符时需要注意调用顺序。

例如，使用@click.prevent.self 会阻止元素及其子元素的所有单击事件的默认行为，而使用@click.self.prevent 只会阻止对元素本身的单击事件的默认行为。

（4）.capture、.once 和.passive 事件修饰符与原生 addEventListener 事件相对应。

（5）在使用@scroll.passive="onScroll" 时，元素滚动事件的默认行为将立即发生，不会等待 onScroll 事件发生。不要同时使用.passive 和.prevent 事件修饰符，因为.passive 事件修饰符已经表明不想阻止事件的默认行为。

4.3.2　按键修饰符

键盘事件由用户按下或释放键盘上的按键触发，主要有 keydown、keypress 和 keyup 事件。keydown 事件在按下任意按键时触发；keypress 事件在按下有值的按键（包括数字、字母、标点符号）时触发；keyup 事件在松开按键时触发。在监听键盘事件时，经常需要对特定的按键进行检查。Vue 允许在 v-on 指令监听按键事件时添加按键修饰符。

1. 按键名

DOM 事件模型为每个按键定义了按键名。例如，回车键的按键名是 Enter；向下箭头键的按键名是 ArrowDown；向下翻页键的按键名是 PageDown 等。在 v-on 指令中，可以直接使用按键名作为修饰符，但需要改写为 kebab-case 格式。

例如，在按下 Enter 键时调用 submit()方法：

```
<input @keyup.enter="submit" />
```

又如，在按下向下翻页键时调用 onPageDown() 方法：

```
<input @keyup.page-down="onPageDown" />
```

2. 按键别名

Vue 为一些常用的按键提供了别名，它们可以在监听按键事件时用作按键修饰符。

- .enter：回车键。
- .tab：制表键。
- .delete：用于捕获 Delete 和 Backspace 键。
- .esc：Esc 键。
- .space：空格键。
- .up：向上箭头键↑。
- .down：向下箭头键↓。
- .left：向左箭头键←。
- .right：向右箭头键→。

3. 系统按键修饰符

在 v-on 指令中，也可以使用以下系统按键修饰符来触发鼠标或键盘事件监听器，且只有当这些按键被按下时才会触发。

- .ctrl：Ctrl 键。
- .alt：Alt 键。
- .shift：Shift 键。
- .meta：在 Mac 键盘上是 Command 键（⌘）；在 Windows 键盘上是 Windows 键（⊞）。

例如，"Alt + Enter"组合键：

```
<input @keyup.alt.enter="clear" />
```

Ctrl 键 + 鼠标单击：

```
<div @click.ctrl="doSomething">Do something</div>
```

注意：系统按键修饰符与常规按键不同。当与 keyup 事件一起使用时，该按键必须在事件发生时处于按下状态。例如，keyup.ctrl 只会在用户按住 Ctrl 键但松开另一个键时被触发，如果用户单独松开 Ctrl 键，则不会被触发。

4. .exact 修饰符

在 v-on 指令中使用 .exact 修饰符，可以控制触发事件所需的确定组合的系统按键修饰符。

如果未使用 .exact 修饰符，则当按下 Ctrl 键时，即使同时按下 Alt 键或 Shift 键也会触发事件：

```
<button @click.ctrl="onClick">A</button>
```

如果使用了 .exact 修饰符，则当按下 Ctrl 键且未按下任何其他键时才会触发事件：

```
<button @click.ctrl.exact="onCtrlClick">A</button>
```

或者，使用 .exact 修饰符，仅当没有按下任何系统按键时触发事件：

```
<button @click.exact="onClick">A</button>
```

【例 4.13】本例用于说明如何在 v-on 指令中使用按键修饰符。

（1）在 D:\Vue3\chapter04 目录中创建 4-13.html 文件，代码如下。

```
01    <!doctype html>
02    <html lang="zh-CN">
03    <head>
04      <meta charset="utf-8">
05      <title>按键修饰符应用</title>
06      <script type="importmap">
07        {
08          "imports": {
09            "vue": "../js/vue.esm-browser.js"
10          }
11        }
12      </script>
13    </head>
14    <body>
15    <div id="app">
16      <h3>按键修饰符应用</h3>
17      <input type="text" v-model="content"
18            @keyup.alt.enter="submitInput"        ← 使用按键修饰符.alt、.enter 和.esc
19            @keyup.esc="clearInput"
20            placeholder="请输入内容">
21    </div>
22    <script type="module">
23      import {createApp} from 'vue'
24
25      createApp({
26        data() {
27          return {
28            content: "
29          }
30        },
31        methods: {
32          submitInput() {
33            console.log((this.content))
34          },
35          clearInput() {
36            console.log('你按了 Esc 键')
37            this.content = "
38          }
39        }
40      }).mount('#app')
41    </script>
42    </body>
43    </html>
```

在上述代码中，第 25 行～第 40 行用于创建并挂载应用实例。其中，第 26 行～第 30 行在 data 选项中定义了响应式属性 content；第 31 行～第 39 行在 methods 选项中定义了两个组件方法 sbumitInput() 和 clearInput()，前者用于在控制台中输出当前输入的文本内容，后者用于在控制台中输出一条提示信息，之后清除 content 属性的内容。

第 17 行～第 20 行在 DOM 模板中添加了一个文本框，将其绑定到响应式属性 content 上，并将其 keyup 事件处理器分别绑定到组件方法 sbumitInput() 和 clearInput() 上，第一次绑定使用了按键修饰符 .alt.enter，第二次绑定使用了按键修饰符 .esc。

（2）在浏览器中打开 4-13.html 文件，在文本框中输入内容并按下"Alt+Enter"组合键，此时会在控制台中输出所输入的内容。若按下 Esc 键，则会清除所输入的内容，运行结果如图 4.19 和图 4.20 所示。

图 4.19　按下"Alt+Enter"组合键时输出内容　　图 4.20　按下 Esc 键时清除内容

4.3.3　鼠标修饰符

在 v-on 指令中，也可以使用鼠标修饰符，它们将事件处理程序限定为由特定鼠标按键触发的事件。鼠标修饰符有以下 3 个。

- .left：按下鼠标左键。
- .right：按下鼠标右键。
- .middle：按下鼠标中键。

习题 4

一、填空题

1. 使用_____方法可以将指定的监听器注册到目标对象上。
2. 事件对象的_____属性表示单击鼠标的次数。

二、判断题

1. 要访问原生 DOM 事件，可以向事件处理方法传入 $event 变量。　　（　　）
2. 事件对象的 eventPhase 属性值为 0，则表示事件在目标元素上。　　（　　）

三、选择题

1. 在事件冒泡阶段，eventPhase 属性值为（　　　）。

    A. 0　　　　　　　　　　B. 1　　　　　　　　C. 2　　　　　　　　D. 3

2. 事件对象的（　　　）属性表示鼠标指针相对于屏幕的位置坐标。

    A. x 和 y　　　　　　　　　　　　B. clientX 和 clientY

    C. pageX 和 pageY　　　　　　　　D. screenX 和 screenY

四、简答题

1. 简述事件传播有哪些阶段。

2. 简述 v-on 指令有哪些专用的事件修饰符。

五、编程题

1. 编写一个 HTML 文件，使用 DOM 事件模型处理按钮单击事件。

2. 创建一个 Vue 应用，用于实现按钮计数器功能，要求使用 v-on 指令处理按钮单击事件。

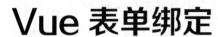

第 5 章

Vue 表单绑定

HTML 表单是一个包含表单元素的区域，表单元素是允许用户在表单中输入信息的元素，如文本框、单选按钮、复选框、下拉列表等。表单用于实现用户与服务器之间的交互，表单数据处理是前端开发的重要内容之一。在前端处理表单时，经常需要将表单输入元素的状态与 JavaScript 中的相应状态同步，通过手动的方式来进行值绑定和更改事件监听器颇为麻烦。因此，Vue 提供了一个 v-model 指令，可以用来在表单输入元素或组件上创建双向数据绑定，这大大简化了表单绑定的步骤。本章介绍如何使用 v-model 指令实现表单输入绑定。

5.1 v-model 指令的基本用法

v-model 指令的应用仅限于表单输入元素 input、textarea、select 和组件，其作用是在表单输入元素或组件上创建双向绑定，所期望的绑定值类型根据表单输入元素或组件输出的值而变化，它会根据所使用的元素自动适配对应的 DOM 属性，以及组合 DOM 事件。

5.1.1 绑定文本框

文本框对应于文本类型的 HTML input 元素，其 type 属性值可以是 date、datetime-local、email、month、number、password、search、tel、text、time、url、week。如果不设置其 type 属性值，则默认值为 text。

各种文本框都可以让用户使用键盘直接输入单行文本内容，在日期时间类输入框中还可以通过选择器进行选择，在数字输入框中还可以通过上下箭头增大或减小数值。所有文本框都可以通过 value 属性获取当前输入的值。

从显示效果来看，滑块（<input type="range">）和颜色选择器（<input type="color">）都

没有提供输入框，但它们也可以通过 value 属性获取当前使用的值，因此也可以归入文本框系列元素。

使用 v-bind 指令可以将文本框的 value 属性绑定到某个响应式属性上，但要使这个响应式属性与在文本框中输入的值保持同步，还需要使用 v-on 指令来监听 input 事件，实现这一功能的代码如下。

```
<input :value="text" @input="event => text = event.target.value">
```

在这里，使用 v-bind 指令将文本框的 value 属性与响应式属性 text 绑定，使用 v-on 指令将文本框的 input 事件处理器设置为一个内联箭头函数，并传入一个参数来接收 DOM 事件，执行赋值语句 text=event.target.value，使文本框的 value 属性与响应式属性 text 保持同步，从而实现双向数据绑定。在这个过程中用到了两条 Vue 指令，实现步骤比较烦琐。

如果将 v-model 指令用于上述文本框，则它会绑定该文本框的 value 属性并监听 input 事件，无须使用其他指令，语法格式如下。

```
<input type="text" v-model="text">
```

每当在文本框中输入新内容时，响应式属性 text 都会随之发生变化。

由此可知，v-model 指令实际上同时实现了 v-bind 指令和 v-on 指令的功能，这也是该指令的内部工作原理。v-model 指令简化了表单绑定文本框的步骤，可以用来实现表单输入元素的双向数据绑定。

【例 5.1】本例用于说明如何使用 v-model 指令绑定文本框。

（1）在 D:\Vue3\chapter05 目录中创建 5-01.html 文件，代码如下。

```
01  <!doctype html>
02  <html lang="zh-CN">
03  <head>
04    <meta charset="utf-8">
05    <title>绑定文本框</title>
06    <script type="importmap">
07      {
08        "imports": {
09          "vue": "../js/vue.esm-browser.js"
10        }
11      }
12    </script>
13  </head>
14  <body>
15  <div id="app">
16    <h3>绑定文本框</h3>
17    <ul>
18      <li>文本：<input type="text" v-model="text">{{text}}</li>
19      <li>日期：<input type="date" v-model="date">{{date}}</li>
20      <li>数字：<input type="number" v-model="number">{{number}}</li>
21      <li>滑块：<input type="range" v-model="value">{{value}}</li>
22      <li>颜色：<input type="color" v-model="color">{{color}}</li>
23    </ul>
```

```
24    </div>
25    <script type="module">
26      import {createApp} from 'vue'
27
28      createApp({
29        data() {
30          return {
31            text: '',
32            date: '',
33            number: '',
34            value: '',
35            color: ''
36          }
37        }
38      }).mount('#app')
39    </script>
40    </body>
41    </html>
```

使用 v-model 指令实现文本框与组件数据属性的双向绑定

在 data 选项中定义组件的数据属性

在上述代码中，第 28 行~第 38 行用于创建并挂载应用实例。第 29 行~第 37 行在 data 选项中定义了一些响应式数据属性，包括 text、date、number、value 和 color。

第 18 行~第 22 行在 DOM 模板中添加了一些文本框，元素类型包括 text（文本输入框）、date（日期输入框）、number（数字输入框）、range（滑块）和 color（颜色选择器），并使用 v-model 指令将它们绑定到相应的响应式属性上。在这些文本框旁边添加文本插值，用于实时显示当前输入的内容。

（2）在浏览器中打开 5-01.html 文件，分别在各个文本框中输入或选择一个值，并观察运行结果，如图 5.1 所示。

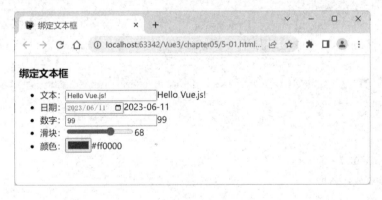

图 5.1　绑定文本框

5.1.2　绑定多行文本域

如果要输入多行文本，则需要使用多行文本域元素 textarea，而不是单行文本框元素 input。textarea 元素与普通 input 元素的主要区别在于，用户在输入内容时可以按下回车键，从而使要提交的数据包含硬换行。另外，textarea 元素包含结束标签，可以将要默认显示的文字放在开始标签和结束标签之间。input 元素则是不包含结束标签的空元素，其默认值应该在 value 属性中指定。

与 input 元素一样，在 textarea 元素上使用 v-model 指令时，也会绑定其 value 属性并监听 input 事件。

textarea 元素是不支持插值表达式的。例如，下面示例中的用法是错误的：

```
<textarea>{{text}}</textarea>
```

正确的用法是使用 v-model 指令代替插值表达式。

```
<textarea v-model="text"></textarea>
```

【例 5.2】本例用于说明如何使用 v-model 指令绑定多行文本域。

（1）在 D:\Vue3\chapter05 目录中创建 5-02.html 文件，代码如下。

```
01  <!doctype html>
02  <html lang="zh-CN">
03  <head>
04    <meta charset="utf-8">
05    <title>绑定多行文本域</title>
06    <script type="importmap">
07      {
08        "imports": {
09          "vue": "../js/vue.esm-browser.js"
10        }
11      }
12    </script>
13  </head>
14  <body>
15  <div id="app">
16    <h3>绑定多行文本域</h3>
17    <textarea v-model="content" rows="7" cols="36"
18              placeholder="请输入内容"></textarea>
19    <div>
20      您输入的内容是(<span style="color: red;">{{content.length}}/{{maxLength}}</span>):
21      <pre>{{content}}</pre>
22    </div>
23  </div>
24  <script type="module">
25    import {createApp} from 'vue'
26
27    createApp({
28      data() {
29        return {
30          content: '',
31          maxLength: 100
32        }
33      },
```

使用 v-model 指令实现文本域的双向数据绑定

在开始标签和结束标签之间不能有任何内容（包括空格）

在 data 选项中定义 content 和 maxLength 属性，分别表示文本域的内容和最大长度

```
34        watch: {
35          content() {
36            if (this.content.length > this.maxLength) {
37              this.content = String(this.content).slice(0, this.maxLength);
38            }
39          }
40        }
41      }).mount('#app')
42  </script>
43  </body>
44  </html>
```

> 在 watch 选项中定义 content
> 属性监听器，用于限制可输
> 入的最大长度

在上述代码中，第 27 行~第 41 行用于创建并挂载应用实例。其中，第 28 行~第 33 行在 data 选项中定义了响应式属性 content 和 maxLength，content 属性用于绑定文本域内容，maxLength 属性用于设置可输入的最大字符数；第 34 行~第 40 行对 content 属性定义了一个监听器，当输入的字符数超过 100 时，就会删除超出最大长度的部分。

第 17 行~第 18 行在 DOM 模板中添加了一个 textarea 元素，并使用 v-model 指令将其与 content 属性绑定。由于要在该元素中设置 placeholder 属性，所以要求开始标签与结束标签之间不能有任何内容（包括空格）。第 19 行~第 22 行添加了一个 div 元素，使用插值表达式显示当前输入的字符数和允许输入的最大字符数（{{content.length}}/{{maxLength}}）。第 21 行在 pre 元素中使用插值表达式{{content}}来显示输入的文本内容，文本中的空白符（如空格和换行符）会被显示出来。

（2）在浏览器中打开 5-02.html 文件，在文本域中输入多行内容进行测试，运行结果如图 5.2 所示。

图 5.2　绑定多行文本域

5.1.3　绑定单选按钮

单选按钮对应于 HTML <input type="radio">标签，允许在多个拥有相同 name 属性值的选项中选择一个选项。radio 类型的 input 标签通常用于一个单选按钮组，其中包含一系列描述相关选项的单选按钮。在给定的单选按钮组中，只可以选择一个选项。单选按钮通常以小圆圈的形式呈现，当该选项被选中时，小圆圈会被填充或高亮显示。

当在一个<input type="radio">标签上使用 v-model 指令时，将会绑定其 checked 属性并监听 change 事件。对于一个单选按钮组，应将其中的所有单选按钮绑定到相同的数据属性上。

【例 5.3】本例用于说明如何使用 v-model 指令绑定单选按钮。

（1）在 D:\Vue3\chapter05 目录中创建 5-03.html 文件，代码如下。

```
01  <!doctype html>
02  <html lang="zh-CN">
03  <head>
04    <meta charset="utf-8">
05    <title>绑定单选按钮</title>
06    <script type="importmap">
07      {
08        "imports": {
09          "vue": "../js/vue.esm-browser.js"
10        }
11      }
12    </script>
13  </head>
14  <body>
15  <div id="app">
16    <h3>请选择首选的联系方式：</h3>
17    <div>
18      <input type="radio" id="contactChoice1" value="电话" v-model="contact">
19      <label for="contactChoice1">电话</label>
20      <input type="radio" id="contactChoice2" value="微信" v-model="contact">
21      <label for="contactChoice2">微信</label>
22      <input type="radio" id="contactChoice3" value="QQ" v-model="contact">
23      <label for="contactChoice3">QQ</label>
24      <input type="radio" id="contactChoice4" value="电子邮件" v-model="contact">
25      <label for="contactChoice4">电子邮件</label>
26    </div>
27    <p>你的选择是：{{contact}}</p>
28  </div>
29  <script type="module">
30    import {createApp} from 'vue'
31
32    createApp({
33      data() {
34        return {
35          contact: ''
36        }
37      }
38    }).mount('#app')
39  </script>
40  </body>
41  </html>
```

在模板中创建一个单选按钮组，并将其中的所有单选按钮绑定到 contact 属性上

在 data 选项中定义响应式属性 contact

在上述代码中，第 32 行～第 38 行用于创建并挂载应用实例。第 33 行～第 37 行在 data

选项中定义了响应式属性 contact，用于保存所选择的联系方式，并将其初始值设置为空字符串。

第 18 行～第 25 行在 DOM 模板中添加了 4 个单选按钮，用于表示联系方式。每个单选按钮旁边紧随一个标签，用于描述该单选按钮。

使用 v-model 指令将所有单选按钮绑定到 contact 属性上，这样会使这些单选按钮构成一个单选按钮组，彼此互斥。

第 27 行在段落中通过插值表达式{{contact}}显示当前的选择结果。

（2）在浏览器中打开 5-03.html 文件，当通过单击单选按钮来选择不同的联系方式时，会在单选按钮组下方显示选择的结果，运行结果如图 5.3 所示。

图 5.3　绑定单选按钮

5.1.4　绑定复选框

复选框对应于 HTML <input type="checkbox">标签。在默认情况下，复选框以一个方框的形式呈现，当被激活时会在方框内部打钩，表示被勾选。复选框允许在表单中选择单一的数值进行提交。

复选框与单选按钮类似，它们的区别在于：单选按钮通常被分组为一个集合，一次只能选择一个值；复选框则允许勾选多个值或取消勾选某个值。

与单选按钮一样，当在<input type="checkbox">标签上使用 v-model 指令时，将会绑定其 checked 属性并监听 change 事件。当使用 v-model 指令绑定复选框时，根据复选框的数量和所绑定的值的类型，可以分为以下两种情况。

1. 将单个复选框绑定到布尔值上

在组件实例中定义一个响应式属性，并将其初始值设置为布尔值，此时可以将单个复选框绑定到该响应式属性上。如果勾选该复选框，则所绑定属性值为 true，否则为 false。

2. 将多个复选框绑定到同一个数组或集合上

在组件实例中定义一个响应式属性，并将其初始值设置为空数组，此时可以将一组复选框绑定到该响应式属性上。在这种情况下，该数组将包含当前所有已勾选复选框的值。

【例 5.4】本例用于说明如何通过绑定复选框来实现一个简单的选课系统。

（1）在 D:\Vue3\chapter05 目录中创建 5-04.html 文件，代码如下。

```
01    <!doctype html>
02    <html lang="zh-CN">
```

```
03  <head>
04      <meta charset="utf-8">
05      <title>绑定复选框</title>
06      <script type="importmap">
07        {
08          "imports": {
09              "vue": "../js/vue.esm-browser.js"
10          }
11        }
12      </script>
13  </head>
14  <body>
15  <div id="app">
16      <h3>简单选课系统</h3>
17      <p><input type="checkbox" id="agree" v-model="agree">
18          <label for="agree">同意选择</label>
19      </p>
20      <fieldset :disabled="agree" style="width: 300px; border-radius: 5px">
21          <legend>请选择要学习的课程：</legend>
22          <div>
23              <input type="checkbox" id="choice1" value="平面设计" v-model="courses">
24              <label for="choice1">平面设计</label><br>
25              <input type="checkbox" id="choice2" value="网页设计" v-model="courses">
26              <label for="choice2">网页设计</label><br>
27              <input type="checkbox" id="choice3" value="影视后期" v-model="courses">
28              <label for="choice3">影视后期</label><br>
29              <input type="checkbox" id="choice4" value="前端开发" v-model="courses">
30              <label for="choice4">前端开发</label>
31          </div>
32      </fieldset>
33      <p>选择结果：{{courses}}</p>
34  </div>
35  <script type="module">
36      import {createApp} from 'vue'
37
38      createApp({
39          data() {
40              return {
41                  agree: false,
42                  courses: []
43              }
44          }
45      }).mount('#app')
46  </script>
47  </body>
48  </html>
```

使用 v-model 指令将单个复选框绑定到 agree 属性（布尔值）上

使用 v-model 指令将多个复选框绑定到 courses 属性（数组）上

在 data 选项中定义两个响应式属性：agree 为布尔值，courses 为数组

在上述代码中，第 38 行~第 45 行用于创建并挂载应用实例。第 39 行~第 44 行在 data

选项中定义了响应式属性 agree 和 courses，并设置 agree 属性的初始值为 false，courses 属性的初始值为空数组。

第 17 行在段落中添加了一个复选框，并使用 v-model 指令将其绑定到 agree 属性（布尔值）上。当勾选该复选框时，agree 属性值为 true，此时下方<fieldset>标签中的所有复选框均可用。

第 20 行～第 32 行在 DOM 模板中添加了一个<fieldset>标签，将控件整合为一组，将<fieldset>标签中的 disabled 属性绑定到 agree 属性上。当 agree 属性值为 false 时，禁用该组中的所有控件，当 agree 属性值为 true 时，该组中的所有控件可用。

第 23 行～第 30 行在<fieldset>标签中添加了 4 个复选框，并使用 v-model 指令将它们都绑定到 courses 属性上。每选中一门课程，该课程都会被自动添加到 courses 属性中。

（2）在浏览器中打开 5-04.html 文件，此时"同意选课"复选框未被勾选，其下方的 4 个复选框均处于禁用状态。在勾选"同意选课"复选框后，其下方的 4 个复选框均被激活，此时即可开始选课，运行结果如图 5.4 和图 5.5 所示。

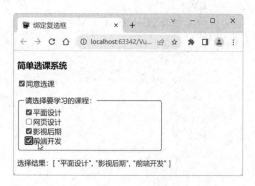

图 5.4　初始页面　　　　　　　　　　　图 5.5　选课结果

5.1.5　绑定列表框

列表框对应于 HTML select 标签，表示一个提供选项菜单的控件。列表框中的选项可以使用 v-for 指令进行动态渲染。根据是否设置 multiple 属性，列表框可以分为下拉式列表框和多选列表框。对于这两种形式的列表框，使用 v-model 指令绑定的值也有所不同。

1. 下拉式列表框

如果未在<select>标签中设置 multiple 属性，则该元素呈现为下拉式列表框。下拉式列表框默认处于隐藏状态，展开后才会显示更多选项，此时只能从多个选项中选择一项。在这种情况下，可以使用 v-model 指令将下拉式列表框绑定到一个单值上。

【例 5.5】本例用于说明如何使用 v-model 指令绑定下拉式列表框。

（1）在 D:\Vue3\chapter05 目录中创建 5-05.html 文件，代码如下。

```
01  <!doctype html>
02  <html lang="zh-CN">
03  <head>
04    <meta charset="utf-8">
```

```
05        <title>绑定下拉式列表框</title>
06        <script type="importmap">
07          {
08            "imports": {
09              "vue": "../js/vue.esm-browser.js"
10            }
11          }
12        </script>
13      </head>
14      <body>
15      <div id="app">
16        <h3>绑定下拉式列表框</h3>
17        <select v-model="selected">
18          <option disabled value="">请选择一种水果</option>
19          <option v-for="fruit in fruits" :value="fruit.value">
20            {{fruit.text}}
21          </option>
22        </select>
23        <p>你选择的是：{{selected}}</p>
24      </div>
25      <script type="module">
26        import {createApp} from 'vue'
27
28        createApp({
29          data() {
30            return {
31              selected: '',
32              fruits: [
33                {text: '香蕉', value: '香蕉'},
34                {text: '苹果', value: '苹果'},
35                {text: '水蜜桃', value: '水蜜桃'},
36                {text: '雪梨', value: '雪梨'},
37                {text: '杧果', value: '杧果'}
38              ]
39            }
40          }
41        }).mount('#app')
42      </script>
43      </body>
44      </html>
```

> 使用 v-model 指令将下拉式列表框绑定到 selected 属性（字符串）上；各个列表项都是通过 v-for 指令遍历对象数组 fruits 动态生成的

> 在 data 选项中声明两个响应式属性：selected 为字符串，fruits 为对象数组

在上述代码中，第 28 行～第 41 行用于创建并挂载应用实例。第 29 行～第 40 行在 data 选项中定义了响应式属性 selected 和 fruits，并将 selected 属性的初始值设置为空字符串，将 fruits 属性的初始值设置为对象数组。

第 17 行～第 22 行在模板中添加了一个<select>标签，用于显示水果列表，并在这个 select 标签中，使用 v-model="selected"将列表框绑定到 selected 属性上。

第 18 行～第 21 行在<select>标签中添加了两个<option>标签，在第一个<option>标签中使用 disabled 属性，表示该选项被禁用，并将其 value 属性值设置为字符串，其作用是显示"请选择一种水果"提示信息；在第二个<option>标签中使用 v-for 指令，通过遍历 fruits 数组动态渲染出各个列表项，并将:value 设置为 fruit.value，该标签的内容是插值表达式{{fruit.text}}。

（2）在浏览器中打开 5-05.html 文件，从下拉式列表框中选择一种水果，此时列表框下方会显示出选择结果，运行结果如图 5.6 和图 5.7 所示。

图 5.6　初始页面　　　　　　　　　　图 5.7　从下拉式列表框中进行选择

2. 多选列表框

如果在<select>标签中设置了 multiple 属性，则该元素将以多选列表框的形式呈现，可以同时显示多个选项，此时可以配合使用 Ctrl 键，实现选项的逐个多选，或者配合使用 Shift 键，实现选项的连续多选。在这种情况下，使用 v-model 指令可以将多选列表框绑定到一个数组上。

【例 5.6】本例用于说明如何使用 v-model 指令绑定多选列表框。

（1）复制 D:\Vue3\chapter05\5-05.html 文件，将副本命名为 5-06.html。

（2）对 5-06.html 文件进行修改，修改内容如下。

```
01  <title>绑定多选列表框</title>
02  ...
03  <div id="app">
04    <h3>绑定多选列表框</h3>
05    <select multiple size="6" v-model="selected">
06      <option disabled value="">请选择一种水果</option>
07      <option v-for="fruit in fruits" :value="fruit.value">
08        {{fruit.text}}
09      </option>
10    </select>
11    <p>你选择的是：{{selected}}</p>
12  </div>
13  ...
14  data() {
15    return {
16      selected: [],
17      fruits: [
18        {text: '香蕉', value: '香蕉'},
19        {text: '苹果', value: '苹果'},
```

> 使用 model 指令绑定多选列表框与绑定下拉式列表框类似，不同的是需要添加 multiple 属性

```
20          {text: '水蜜桃', value: '水蜜桃'},
21          {text: '雪梨', value: '雪梨'},
22          {text: '杧果', value: '杧果'}
23      ]
24   }
25 }
```

在上述代码中，改动的地方主要有以下两点：第 16 行在 data 选项中定义了响应式属性 selected，并将其初始化为一个空数组；第 5 行在 DOM 模板中对<select>标签添加了 multiple 属性，将原来的下拉式列表框改为多选列表框，默认显示 4 个列表项，当包含的列表项多于 4 个时，自动显示滚动条，这里通过设置 size="6"，使列表框可以同时显示 6 个列表项。

（3）在浏览器中打开 5-06.html 文件，配合使用 Ctrl 键和 Shift 键可以从列表框中选择多种水果，运行结果如图 5.8 和图 5.9 所示。

图 5.8　初始页面　　　　　　　　　　　图 5.9　选择多种水果

5.2　绑定动态值

对于单选按钮、复选框和列表框选项，使用 v-model 指令绑定的值通常是静态字符串；对于复选框，使用 v-model 指令绑定的值也可以是布尔值。不过，有时希望将值绑定到当前组件实例的动态数据上，这可以通过使用 v-bind 指令来实现。此外，使用 v-bind 指令还可以将选项值绑定为非字符串的数据类型。

5.2.1　单选按钮绑定动态值

当在<input type="radio">标签上使用 v-model 指令时，可以使用 v-bind 指令将其 value 属性绑定到当前组件实例的动态值上。

【例 5.7】本例用于说明如何将单选按钮绑定到动态值上。

（1）在 D:\Vue3\chapter05 目录中创建 5-07.html 文件，代码如下。

```
<!doctype html>
01  <html lang="zh-CN">
02  <head>
03      <meta charset="utf-8">
04      <title>单选按钮绑定动态值</title>
```

```
05    <script type="importmap">
06      {
07        "imports": {
08          "vue": "../js/vue.esm-browser.js"
09        }
10      }
11    </script>
12  </head>
13  <body>
14  <div id="app">
15    <h3>单选按钮绑定动态值</h3>
16    <input type="radio" id="choice1" v-model="pick" :value="book1">
17    <label for="choice1">图书 A</label><br>
18    <input type="radio" id="choice2" v-model="pick" :value="book2">
19    <label for="choice2">图书 B</label><br>
20    <input type="radio" id="choice3" v-model="pick" :value="book3">
21    <label for="choice3">图书 C</label>
22    <p>当前选择：{{pick}}</p>
23  </div>
24  <script type="module">
25    import {createApp} from 'vue'
26
27    createApp({
28      data() {
29        return {
30          pick: '',
31          book1: {title: 'Python Web 开发项目教程', author: '黑马程序员'},
32          book2: {title: 'Premiere Pro CC 实例教程', author: '孙玉珍等'},
33          book3: {title: 'Android 应用开发案例教程', author: '张霞等'}
34        }
35      }
36    }).mount('#app')
37  </script>
38  </body>
39  </html>
```

使用 v-model 指令将单选按钮组内的各个单选按钮绑定到同一个属性 pick 上，并将它们的 value 属性分别绑定到动态值 book1、book2 和 book3 上

在 data 选项中声明响应式属性 pick（字符串）、book1、book2 和 book3（三个属性均为对象类型）

在上述代码中，第 27 行～第 36 行用于创建并挂载应用实例。第 28 行～第 35 行在 data 选项中定义了响应式属性 pick、book1、book2 和 book3，其中 pick 属性用于保存选择结果，其他属性均为对象类型，分别表示一本书。

第 16 行～第 21 行在 DOM 模板中添加了 3 个单选按钮，并使用 v-model 指令将它们都绑定到 pick 属性上，使用 v-bind 指令将它们的 value 属性分别绑定到动态值 book1、book2 和 book3 上。

（2）在浏览器中打开 5-07.html 文件，通过单击单选按钮进行选择，运行结果如图 5.10 和图 5.11 所示。

图 5.10　初始页面

图 5.11　选择结果

5.2.2　复选框绑定动态值

虽然单个复选框可以绑定布尔值，但是也可以根据需要使用 true-value 和 false-value 这两个 Vue 特有的属性，为复选框设置被勾选和未被勾选时的其他绑定值。这些属性只能用来与 v-model 指令配套使用，它们既可以接收静态值，又可以通过 v-bind 指令接收动态值。这些属性并不会影响 value 属性，因为浏览器在提交表单时并不会包含未被勾选的复选框。

【例 5.8】本例用于说明如何将复选框绑定到动态值上。

（1）在 D:\Vue3\chapter05 目录中创建 5-08.html 文件，代码如下。

```
01  <!doctype html>
02  <html lang="zh-CN">
03  <head>
04    <meta charset="utf-8">
05    <title>复选框绑定动态值</title>
06    <script type="importmap">
07      {
08        "imports": {
09          "vue": "../js/vue.esm-browser.js"
10        }
11      }
12    </script>
13  </head>
14  <body>
15  <div id="app">
16    <h3>复选框绑定动态值</h3>
17    <input type="checkbox" id="agree" v-model="toggle"
18        :true-value="yes" :false-value="no">
19    <label for="agree">同意软件协议</label>
20    <p>当前选择是：{{toggle}}</p>
21  </div>
22  <script type="module">
23    import {createApp} from 'vue'
24
25    createApp({
26      data() {
27        return {
28          toggle: null,
29          yes: '同意',
30          no: '不同意'
```

使用 v-model 指令将复选框绑定到 toggle 属性上，并将 true-value 和 false-value 属性分别绑定到 yes 和 no 属性上

在 data 选项中定义响应式属性 toggle、yes 和 no

```
31              }
32          }
33      }).mount('#app')
34  </script>
35  </body>
36  </html>
```

在上述代码中，第 25 行~第 33 行用于创建并挂载应用实例。第 26 行~第 32 行在 data 选项中定义了响应式属性 toggle、yes 和 no，并对它们进行了初始化。

第 17 行~第 19 行在 DOM 模板中添加了一个复选框，并使用 v-model 指令将其绑定到 toggle 属性上，使用 v-bind 指令将它们的 true-value 和 false-value 属性分别绑定到 yes 和 no 属性上。

第 20 行在下方段落中添加插值表达式{{toggle}}，用于显示选择结果。

（2）在浏览器中打开 5-08.html 文件，通过单击复选框进行测试，运行结果如图 5.12 和图 5.13 所示。

图 5.12　未勾选复选框时的结果

图 5.13　勾选复选框时的结果

5.2.3　列表框绑定动态值

当使用 v-model 指令绑定<select>标签时，无论是下拉式列表框还是多选列表框，所绑定的值通常都是静态字符串。如果在<option>标签中使用 v-bind 指令绑定 value 属性，则可以将列表框绑定为非字符串类型。

【例 5.9】本例用于说明如何将列表框绑定到非字符串类型的动态值上。

（1）在 D:\Vue3\chapter05 目录中创建 5-09.html 文件，代码如下。

```
01  <!doctype html>
02  <html lang="zh-CN">
03  <head>
04      <meta charset="utf-8">
05      <title>列表框绑定动态值</title>
06      <script type="importmap">
07          {
08              "imports": {
09                  "vue": "../js/vue.esm-browser.js"
10              }
11          }
12      </script>
13  </head>
```

```
14   <body>
15   <div id="app">
16      <h3>列表框绑定动态值</h3>
17      <select v-model="selected">
18         <option disabled value="">请选择一种水果</option>
19         <option v-for="{text, name, desc} in fruits" :value="{name, desc}">
20            {{text}}
21         </option>
22      </select>
23      <h4>当前选择结果：</h4>
24      <ul style="margin-top: -15px;">
25         <li v-for="(item, key) in selected">
26            {{key}}: {{item}}
27         </li>
28      </ul>
29   </div>
30   <script type="module">
31      import {createApp} from 'vue'
32
33      createApp({
34        data() {
35          return {
36            selected: '',
37            fruits: [
38               {text: '香蕉', name: '香蕉', desc: '芭蕉科芭蕉属多年生草本植物'},
39               {text: '苹果', name: '苹果', desc: '蔷薇科苹果属落叶乔木植物'},
40               {text: '水蜜桃', name: '水蜜桃', desc: '蔷薇科桃属植物'},
41               {text: '雪梨', name: '雪梨', desc: '蔷薇科梨属乔木植物'},
42               {text: '杧果', name: '杧果', desc: '漆树科杧果属植物常绿大乔木植物'}
43            ]
44          }
45        }
46      }).mount('#app')
47   </script>
48   </body>
49   </html>
```

使用 v-model 指令绑定下拉式列表框，并将各个<option>标签的 value 属性绑定到 {name, desc} 对象上

在上述代码中，第 33 行～第 46 行用于创建并挂载应用实例。第 36 行～第 45 行在 data 选项中定义了响应式属性 selected 和 fruits，并将 selected 属性的初始值设置为空字符串，将 fruits 属性的初始值设置为对象数组，该数组中的每个对象均包含 text、name 和 desc 属性。

第 17 行～第 22 行在 DOM 模板中添加了一个<select>标签，使用 v-model 指令将<select>标签绑定到 selected 属性上。其中，第 18 行～第 21 行在<select>标签中添加了两个<option>标签，在第一个<option>标签中添加了 disabled value=""，用于显示提示信息"请选择一种水果"；在第二个<option>标签中添加了 v-for="{text, name, desc} in fruits"，通过遍历 fruits 数组来动态渲染选项列表。这里通过使用对象解构赋值来获取当前迭代对象的 text、name 和 desc 属性，并在该<option>标签中添加:value="{name, desc}"，从而将列表框绑定到对象类型的动态值上。

第 24 行～第 28 行通过一个<ul>标签来展示选择结果（对象类型）。为了遍历对象的属性，在<li>标签中添加 v-for="(item, key) in selected"，并在开始和结束标签之间写入插值表达式{{key}}：{{item}}。

（2）在浏览器中打开 5-09.html 文件，当从下拉式列表框中选择一种水果时，将会通过无序列表展示所选水果的名字和描述信息，如图 5.14 和图 5.15 所示。

图 5.14　选择苹果　　　　　　　　　　图 5.15　选择水蜜桃

5.3　使用修饰符

当在表单元素上使用 v-model 指令进行双向数据绑定时，可以通过添加修饰符来完成一些常用的操作，例如，更改要监听事件的类型、将输入的内容转换为数字、移除输入内容两端的空格等。

5.3.1　.lazy 修饰符

在默认情况下，使用 v-model 指令时会在每次 input 事件发生后更新数据（中文、日文等输入法拼字阶段的状态除外），若在 v-model 指令后面添加.lazy 修饰符，则可以更改为在每次 change 事件发生后才更新数据。

input 事件是 HTML5 新增的事件，可以用来实时监控文本框的值，只要输入的值发生变化就会触发该事件。change 事件在文本框失去焦点时才会被触发，这与 blur 事件有相似之处。但与 blur 事件不同的是，change 事件在文本框的值未发生变化时并不会被触发，只有当文本框的值发生变化且文本框失去焦点时才会被触发。

【例 5.10】本例用于说明如何使用.lazy 修饰符。

（1）在 D:\Vue3\chapter05 目录中创建 5-10.html 文件，代码如下。

```
01    <!doctype html>
02    <html lang="zh-CN">
03    <head>
04      <meta charset="utf-8">
05      <title>使用.lazy 修饰符</title>
06      <script type="importmap">
07        {
```

```
08            "imports": {
09              "vue": "../js/vue.esm-browser.js"
10            }
11          }
12      </script>
13  </head>
14  <body>
15  <div id="app">
16      <h3>使用.lazy 修饰符</h3>
17      未使用.lazy 修饰符：<br>
18      <input type="text" v-model="message1">
19      <span>{{message1}}</span><br>
20      使用.lazy 修饰符：<br>
21      <input type="text" v-model.lazy="message2">
22      <span>{{message2}}</span>
23  </div>
24  <script type="module">
25      import {createApp} from 'vue'
26
27      createApp({
28        data() {
29          return {
30            message1: '',
31            message2: ''
32          }
33        }
34      }).mount('#app')
35  </script>
36  </body>
37  </html>
```

> 使用.lazy 修饰符指定在每次 change 事件发生后才更新数据

在上述代码中，第 27 行～第 34 行用于创建并挂载应用实例。第 28 行～第 33 行在 data 选项中定义了响应式属性 message1 和 message2，并将它们的初始值设置为空字符串。

第 18 行和第 21 行在模板中添加了两个<input type="text">文本框，并使用 v-model 指令将它们分别绑定到 message1 和 message2 属性上。作为对比，对其中的一个 v-model 指令添加了.lazy 修饰符，对另一个则没有添加。

第 19 行和第 22 行在两个文本框旁边分别添加了一个<span>标签，用于即时反馈相应的输入结果。

（2）在浏览器中打开 5-10.html 文件，当在未添加.lazy 修饰符的文本框中输入内容时，旁边的文本会自动同步更新；当在添加了.lazy 修饰符的文本框中输入内容时，旁边的文本不会同步更新，只有在按 Tab 键或单击该文本框外部时，旁边的文本才会更新，运行结果如图 5.16 和图 5.17 所示。

图 5.16　在文本框中输入内容时没有回显

图 5.17　移出焦点后才看到回显

5.3.2　.number 修饰符

在默认情况下，用户通过文本框输入的内容都是字符串类型的。如果想让输入的内容自动转换为数字类型，则可以在 v-model 指令后添加 .number 修饰符来管理输入的内容。当在文本框中设置 type="number" 时，将会自动启用 .number 修饰符。当在文本框中使用 v-model.number 时，如果所输入的值无法被 parseFloat() 方法转换为浮点数，则会返回原始类型的值。

【例 5.11】本例用于说明如何使用 .number 修饰符。

（1）在 D:\Vue3\chapter05 目录中创建 5-11.html 文件，代码如下。

```
01  <!doctype html>
02  <html lang="zh-CN">
03  <head>
04      <meta charset="utf-8">
05      <title>使用.number 修饰符</title>
06      <script type="importmap">
07        {
08          "imports": {
09            "vue": "../js/vue.esm-browser.js"
10          }
11        }
12      </script>
13  </head>
14  <body>
15  <div id="app">
16      <h3>使用.number 修饰符</h3>
17      未使用.number 修饰符：<br>          ──── 普通文本框
18      <input type="text" v-model="num1">
19      <span> {{num1}} – {{typeof num1}}</span><br>
20      使用.number 修饰符：<br>            ──── 使用.number 修饰符
21      <input type="text" v-model.number="num2">
22      <span> {{num2}} – {{typeof num2}}</span><br>
23      使用 type="number"：<br>           ──── type 属性值为 number
24      <input type="number" v-model="num3">
25      <span> {{num3}} – {{typeof num3}}</span>
26  </div>
27  <script type="module">
28      import {createApp} from 'vue'
```

```
29
30     createApp({
31       data() {
32         return {
33           num1: '',
34           num2: '',
35           num3: ''
36         }
37       }
38     }).mount('#app')
39   </script>
40   </body>
41   </html>
```

在上述代码中，第 30 行～第 38 行用于创建并挂载应用实例。第 31 行～第 37 行在 data 选项中定义了响应式属性 num1、num2 和 num3，并将它们的初始值均设置为空字符串。

第 18 行、第 21 行和第 24 行分别在 DOM 模板中添加了三个文本框，并使用 v-model 指令将它们分别绑定到 num1、num2 和 num3 属性上。其中，第一个文本框的 type 属性值被设置为 text，在 v-model 指令中未添加任何修饰符；第二个文本框的 type 属性值也被设置为 text，在 v-model 指令后面添加了.number 修饰符；第三个文本框的 type 属性值被设置为 number，但在 v-model 指令中未添加任何修饰符。

（2）在浏览器中打开 5-11.html 文件，分别在三个文本框中输入数字内容并检测类型，运行结果如图 5.18 和图 5.19 所示。

图 5.18　初始页面

图 5.19　输入数字内容并检测类型

5.3.3　.trim 修饰符

在 JavaScript 中，可以使用字符串对象的 trim()方法将字符串两端的空格清除，并返回一个新的字符串，且不修改原始字符串。此处的空格指的是所有的空白字符（如空格、制表符、不换行空格等）及所有行终止符字符（如 LF、CR 等）。

当在文本框中使用 v-model 指令进行数据绑定时，如果要自动清除所输入内容两端的空格，则可以通过在 v-model 指令后添加.trim 修饰符来实现。

【例 5.12】本例用于说明如何使用.trim 修饰符。

（1）在 D:\Vue3\chapter05 目录中创建 5-12.html 文件，代码如下。

```
01   <!doctype html>
```

```
02  <html lang="zh-CN">
03  <head>
04    <meta charset="utf-8">
05    <title>.trim 修饰符应用</title>
06    <script type="importmap">
07      {
08        "imports": {
09          "vue": "../js/vue.esm-browser.js"
10        }
11      }
12    </script>
13  </head>
14  <body>
15  <div id="app">
16    <h3>.trim 修饰符应用</h3>
17    未使用.trim 修饰符: <br>
18    <input type="text" v-model="message1">
19    <span>{{message1}} - 长度: {{message1.length}}</span><br>
20    使用.trim 修饰符: <br>
21    <input type="text" v-model.trim="message2">
22    <span>{{message2}} - 长度: {{message2.length}}</span>
23  </div>
24  <script type="module">
25    import {createApp} from 'vue'
26
27    createApp({
28      data() {
29        return {
30          message1: '',
31          message2: ''
32        }
33      }
34    }).mount('#app')
35  </script>
36  </body>
37  </html>
```

> 使用.trim 修饰符指定自动清除所输入内容两端的空格

在上述代码中，第 27 行～第 34 行用于创建并挂载应用实例。第 28 行～第 33 行在 data 选项中定义了响应式属性 message1 和 message2，并将它们的初始值均设置为空字符串。

第 18 行和第 21 行分别在 DOM 模板中添加了两个文本框，并使用 v-model 指令将它们分别绑定到 message1 和 message2 属性上。其中一个 v-model 指令中未添加任何修饰符，另一个 v-model 指令中添加了.trim 修饰符，用于清除所输入内容两端的空格。

（2）在浏览器中打开 5-12.html 文件，分别在两个文本框中输入包含空格的内容并检测长度，运行结果如图 5.20 和图 5.21 所示。

图 5.20　初始页面　　　　　　　　　图 5.21　输入内容并检测长度

习题 5

一、填空题

1. 在使用 v-model 指令绑定文本框时，会绑定该文本框的_____属性并监听_____事件。

2. 要创建多选列表框，应该在<select>标签中添加_____属性。

二、判断题

1. 在 textarea 元素中可以使用插值表达式。　　　　　　　　　　　（　　　）

2. 在单选按钮上使用 v-model 指令时，会绑定该按钮的 value 属性并监听 change 事件。

（　　　）

三、选择题

1. 在下列选项中，（　　　）修饰符用于将字符串两端的空格清除。

　　A．.stop　　　　　　　B．.lazy　　　　　　　C．.number　　　　　　D．.trim

四、简答题

1. 简述 v-model 指令的内部工作原理。

2. 简述使用 v-model 指令绑定复选框的两种情况。

五、编程题

1. 创建一个 Vue 应用，通过绑定文本框、文本域和单选按钮来制作一个注册界面。

2. 创建一个 Vue 应用，通过绑定复选框来实现一个简单的选课系统。

3. 创建一个 Vue 应用，通过绑定列表框来实现多选功能。

第6章

Vue 组件应用

与嵌套 HTML 元素的方式类似，Vue 实现了自己的组件模型，允许用户在每个组件内封装自定义内容和逻辑。在实际应用中，组件常常被包装为层层嵌套的树状结构。通过组件可以将用户界面划分为一些独立的、可重用的部分，并且可以对每个部分进行单独的思考和设计。本章将对 Vue 组件应用的相关内容进行详细介绍。

6.1　创建和使用组件

使用 Vue 组件通常需要三个步骤：定义组件、注册组件和引用组件。

6.1.1　定义组件

要在模板中使用一个 Vue 组件，首先需要定义该组件。Vue 组件可以在不同类型的文件中定义，包括 HTML 文件、JavaScript 文件和单文件组件文件。

1. 在 HTML 文件中定义组件

当不使用构建步骤时，可以在 HTML 文件中将 Vue 组件当作一个包含特定选项的 JavaScript 对象来定义，语法格式如下。

```
<script>
const MyComponent = {
    data(){...},
    template: `...`
}
<script>
```

其中，data 为状态选项，用于声明组件的初始响应式状态；template 为渲染选项，用于声明组件的字符串模板，也可以将其设置为一个指向 template 元素的选择器，如#my-comp。

template 选项提供的模板将会在运行时即时编译，但仅在使用了包含模板编译器的 Vue 构建版本的情况下支持这种功能。如果 Vue 构建版本的文件名中带有 runtime 字样，则不包含模板编译器，如 vue.runtime.esm-bundler.js。

2. 在 JavaScript 文件中定义组件

当不使用构建步骤时，也可以在 JavaScript 文件中定义一个 JavaScript 对象作为组件，此时应使用 export 语句导出该对象，语法格式如下。

```
export default {
    data(){...},
    template: `...`
}
```

如果要在父组件中使用该组件，则需要使用 import 语句导入该对象。

3. 在单文件组件文件中定义组件

当使用构建步骤时，通常会将 Vue 组件定义在一个扩展名为.vue 的文件中，这称为单文件组件（SFC），语法格式如下。

```
<script>
export default {
    data(){...}
}
</script>
<template>
    ...
</template>
<style>
    ...
</style>
```

这个.vue 文件主要由<script>、<template>和<style>三种顶层语言块组成，它们分别包含组件的逻辑（JavaScript）、模板（HTML）代码和样式（CSS）。

6.1.2 注册组件

定义好一个 Vue 组件后，在使用前需要对它进行注册，以便让 Vue 在渲染模板时能够找到其对应的实现。Vue 组件的注册方式有两种，即全局注册和局部注册。

1. 全局注册

在创建一个 Vue 应用实例后，可以通过调用实例方法 component()注册一个全局组件，这样可以让组件在当前 Vue 应用中全局可用，语法格式如下。

```
import {createApp} from 'vue'
const app = createApp({})

app.component(
    // 注册组件的名称
```

```
'MyComponent',
// 组件的实现（对象）
{
  /* ... */
}
)
```

如果使用单文件组件，则可以注册被导入的.vue 文件：

```
import MyComponent from './App.vue'
app.component('MyComponent', MyComponent)
```

实例方法 app.component()可以被链式调用，因此可以同时注册多个组件：

```
app
  .component('ComponentA', ComponentA)
  .component('ComponentB', ComponentB)
  .component('ComponentC', ComponentC)
```

全局注册的组件可以在当前应用的任意组件的模板中使用。

在所有的子组件中也可以使用全局注册的组件，这些组件还可以在彼此内部使用。全局注册虽然方便，但也存在一些问题。

- 全局注册后，没有被使用的组件无法在生产打包时被自动移除。如果全局注册了一个组件，那么即使没有被实际使用，它仍然会出现在打包后的 JS 文件中。
- 全局注册在大型项目中使项目之间的依赖关系变得模糊。在父组件中使用子组件，不容易定位到子组件的实现，这可能会影响应用的长期可维护性。

2. 局部注册

局部注册可以使用组件的 components 选项来实现。components 选项中包含一些键值对，其键名是要注册的组件名，而键值则是相应组件的实现（对象），示例如下。

```
<script>
// 定义组件 ComponentA
const ComponentA = {
  template: `...`
}

// 定义组件 ComponentB
const ComponentB = {
  // 使用 template 选项声明组件的字符串模板
  // 在该模板中使用了组件 ComponentA
  template: `...
    <ComponentA />
    ...`
  // 使用 components 选项注册要使用的局部组件
  components: {
    ComponentA   //等价于：ComponentA: ComponentA
  }
}
</script>
```

以上示例，在组件 ComponentB 中使用 components 选项注册了组件 ComponentA，后者仅在组件 ComponentB 中可用，在其任何子组件或更深层的子组件中都不可用。

与全局注册相比，局部注册的组件需要在使用它的父组件中显式导入，并且只能在该父组件中使用。它的优点是使组件之间的依赖关系变得更加明确，并且注册后未被使用的组件在生产打包时会被自动移除。

6.1.3 引用组件

完成组件注册后，即可在模板中引用组件。对于注册名称为 MyComponent 的组件，在模板中可以通过以下四种形式来引用。

- PascalCase 单标签：

```
<MyComponent />
```

- PascalCase 双标签：

```
<MyComponent></MyComponent>
```

- kebab-case 单标签：

```
<my-component />
```

- kebab-case 双标签：

```
<my-component></my-component>
```

在注册组件时通常使用 PascalCase 格式来命名，如 MyComponent 等。在单文件组件和内联字符串模板中，都推荐使用这种格式。但是，PascalCase 格式的标签名在 DOM 模板中是不可用的。对于注册名称为 MyComponent 的组件，在 DOM 模板中既不能以<MyComponent />形式引用，也不能以<MyComponent></MyComponent>形式引用。

为了使用相同的 JavaScript 组件注册代码配合不同来源的模板，Vue 支持将模板中使用 kebab-case 格式的标签解析为使用 PascalCase 格式注册的组件。对于注册名称为 MyComponent 的组件，在 DOM 模板中应通过 kebab-case 格式（即<my-component>）来引用，在非 DOM 模板（包括 template 选项和<template>标签）中，则没有引用的格式限制。

此外，还存在使用单标签或双标签的问题。在 DOM 模板中，当使用 kebab-case 单标签形式引用组件（如<my-component />）时，如果添加了多个组件，则只会显示第一个组件，其他组件不会显示出来。要解决这个问题，只需要改用 kebab-case 双标签形式（即<my-component></my-component>）来引用组件。

【例 6.1】本例用于演示如何实现组件的全局注册。

（1）在 D:\Vue3\chapter06 目录中创建 6-01.html 文件，代码如下。

```
01  <!doctype html>
02  <html lang="zh-CN">
03  <head>
04    <meta charset="utf-8">
05    <title>组件的全局注册</title>
06    <script type="importmap">
07      {
```

```
08        "imports": {
09            "vue": "../js/vue.esm-browser.js"
10        }
11    }
12  </script>
13 </head>
14 <body>
15 <div id="app">
16    <h3>组件的全局注册</h3>
17    <p>{{message}}</p>
18    <component-a></component-a>
19    <component-b></component-b>
20 </div>
21 <script type="module">
22    import {createApp} from 'vue'
23
24    const ComponentA = {
25      data() {
26        return {
27            content: '这里是组件 A 内容'
28        }
29      },
30      template: `
31        <p>{{content}}</p>
32        <component-b></component-b>`
33    }
34
35    const ComponentB = {
36      data() {
37        return {
38            content: '这里是组件 B 内容'
39        }
40      },
41      template: `
42        <p>{{content}}</p>`
43    }
44
45    const app = createApp({
46      data() {
47        return {
48            message: '这里是根组件内容'
49        }
50      }
51    })
52    app
53      .component('ComponentA', ComponentA)
54      .component('ComponentB', ComponentB)
55
```

在 DOM 模板中引用组件 ComponentA

在 DOM 模板中引用组件 ComponentB

定义组件 ComponentA，并在其模板中引用子组件 ComponentB

定义组件 ComponentB，并在其模板中引用组件属性 content

通过调用实例方法 component() 来注册全局组件 ComponentA 和 ComponentB

```
56      app.mount('#app')
57    </script>
58   </body>
59   </html>
```

在上述代码中，第24行～第33行以对象形式定义了组件ComponentA，并设置其data选项和template选项；第35行～第43行以同样的方式定义了组件ComponentB；第45行～第51行用于创建 Vue 应用实例；第 52 行～第 54 行通过调用 app.component()方法对组件ComponentA和ComponentB进行全局注册，第56行用于挂载应用实例。全局注册组件可以在当前应用的任意位置引用。

第18行和第19行在DOM模板中引用了组件ComponentA和ComponentB，第32行在组件ComponentA的模板中引用了组件ComponentB。

（2）在浏览器中打开6-01.html文件，并使用Vue Devtools查看当前应用的组件结构，运行结果如图6.1所示。

图6.1　组件的全局注册

【例6.2】本例用于演示如何实现组件的局部注册。

（1）在D:\Vue3\chapter06目录中创建6-02.html文件，代码如下。

```
01   <!doctype html>
02   <html lang="zh-CN">
03   <head>
04     <meta charset="utf-8">
05     <title>组件的局部注册</title>
06     <script type="importmap">
07       {
08         "imports": {
09           "vue": "../js/vue.esm-browser.js"
10         }
11       }
12     </script>
13   </head>
14   <body>
15   <div id="app">
16     <h3>组件的局部注册</h3>
17     <p>{{message}}</p>
18     <component-a></component-a>
```

在DOM模板中引用组件ComponentA

```
19   </div>
20   <script type="module">
21     import {createApp} from 'vue'
22
23     const ComponentB = {
24       data() {
25         return {
26           content: '这里是组件 B 内容'
27         }
28       },
29       template: `
30         <p>{{content}}</p>`
31     }
32
33     const ComponentA = {
34       data() {
35         return {
36           content: '这里是组件 A 内容'
37         }
38       },
39       template: `
40         <p>{{content}}</p>
41         <component-b></component-b>`,
42       components: {
43         ComponentB
44       }
45     }
46
47     const app = createApp({
48       data() {
49         return {
50           message: '这里是根组件内容'
51         }
52       },
53       components: {
54         ComponentA
55       }
56     })
57
58     app.mount('#app')
59   </script>
60   </body>
61   </html>
```

定义组件 ComponentB

定义组件 ComponentA，并通过 components 选项注册局部组件 ComponentB，后者仅在组件 ComponentA 中可用

在根组件中通过 components 选项注册局部组件 ComponentA

　　在上述代码中，第 23 行～第 31 行定义了组件 ComponentB，并设置其 data 选项和 template 选项；第 33 行～第 45 行以同样的方式定义了组件 ComponentA。在这里是先定义组件 ComponentB，再定义组件 ComponentA，顺序不可颠倒。第 42 行～第 44 行在组件 ComponentA

中通过 components 选项将 ComponentB 注册为局部组件，它仅在组件 ComponentA 中可用。

第 47 行～第 56 行用于创建应用实例，在其 components 选项中注册组件 ComponentA，该组件在当前应用范围内可用。第 18 行在 DOM 模板中引用组件 ComponentA。若在 DOM 模板中直接引用组件 ComponentB，则会发出控制台警告。

（2）在浏览器中打开 6-02.html 文件，并使用 Vue Devtools 查看当前应用的组件结构，运行结果如图 6.2 所示。

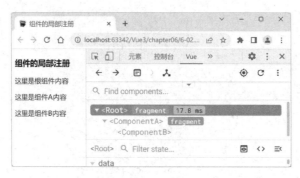

图 6.2　组件的局部注册

6.2　向组件传递数据

在 Vue 前端开发中，可以通过组件对自定义内容和逻辑进行封装，由此实现局部内容复用的机制。同时，组件具有可配置性，通过组件的 props 状态选项可以向组件传递数据，使组件具有一定的灵活性，能够呈现出不同的交互行为和渲染样式。

6.2.1　声明 props 选项

props 为 properties 的缩写，意即属性。在创建一个组件时，可以显式地声明它所接收的 props 选项，借此从外部向该组件传递数据。当使用选项式 API 定义组件时，组件的 props 选项可以使用字符串数组语法或对象语法声明。

1. 使用字符串数组语法声明 props 选项

在定义组件对象时，可以使用字符串数组语法声明该组件要接收的 props 选项，该数组中的每个元素都是对应 prop 的名称。在父组件模板中引用子组件时，可以通过这些名称向子组件传递数据，或者使用 v-bind 指令传递动态数据。对于传入的数据，在子组件的方法和生命周期钩子中可以通过"this.prop 名称"的形式来引用，在子组件模板中可以通过插值表达式等形式来引用。

【例 6.3】本例用于说明如何使用字符串数组语法声明 props 选项并向组件传递数据。

（1）在 D:\Vue3\chapter06 目录中创建 6-03.html 文件，代码如下。

```
01    <!doctype html>
02    <html lang="zh-CN">
```

```
03  <head>
04    <meta charset="utf-8">
05    <title>向组件传递数据</title>
06    <script type="importmap">
07      {
08        "imports": {
09          "vue": "../js/vue.esm-browser.js"
10        }
11      }
12    </script>
13  </head>
14  <body>
15  <div id="app">
16    <h3>向组件传递数据</h3>
17    <p>{{message}}</p>
18    <my-card :title="title" :content="content"></my-card>
19  </div>
20  <script type="module">
21    import {createApp} from 'vue'
22
23    const MyCard = {
24      props: ['title', 'content'],
25      template: `
26        <h4>{{title}}</h4>
27        <p v-html="content"></p>`,
28      mounted() {
29        console.log(`title: ${this.title}`)
30      }
31    }
32
33    createApp({
34      data() {
35        return {
36          message: '这里是根组件，以下是子组件内容：',
37          title: '题李凝幽居',
38          content: `
39            <p>闲居少邻并，草径入荒园</p>
40            <p>鸟宿池边树，僧敲月下门。</p>`
41        }
42      },
43      components: {
44        MyCard
45      }
46    }).mount('#app')
47  </script>
48  </body>
49  </html>
```

在 DOM 模板中引用组件 MyCard，并通过 :title 和 :content 向该组件传递动态数据

定义组件 MyCard，使用字符串数组语法声明 props 选项，数组中包含的两个元素即相应的 prop 名称；props 选项接收数据后就可以在组件模板和生命周期钩子中引用了

在根组件中注册局部组件 MyCard

在上述代码中，第 23 行～第 31 行用于定义组件 MyCard，使用字符串数组语法定义了 title 和 content 两个 prop。在该组件模板字符串中分别通过插值表达式和 v-html 指令来引用传入的数据。第 28 行～第 30 行定义了该组件的生命周期钩子 mounted，用于在控制台中输出传入的数据。

第 33 行～第 46 行用于创建并挂载应用实例，在 data 选项中定义了数据属性 message、title 和 content，并通过 components 选项对组件 MyCard 进行局部注册。

第 18 行在 DOM 模板中引用组件 MyCard，通过:title="title"和 :content="content"向该组件传递数据。

（2）在浏览器中打开 6-03.html 文件，页面显示效果和控制台输出内容如图 6.3 所示。

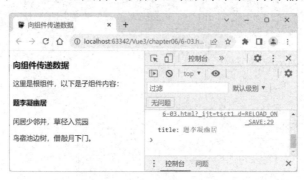

图 6.3　向组件传递数据

2. 使用对象语法声明 props 选项

在使用对象语法声明 props 选项时，该对象的属性键是对应 prop 的名称，属性值则是该 prop 应具有类型的构造函数或其他选项。此时可以对每个 prop 定义以下选项。

1）type 选项

type 选项用于指定 prop 的数据类型，其取值可以是下列原生构造函数之一：String、Number、Boolean、Array、Object、Date、Function、Symbol，以及任何自定义构造函数，或由上述内容组成的数组。在开发模式下，Vue 会检查每一个 prop 的值是否与其声明的数据类型相匹配，如果不匹配则抛出警告。

2）default 选项

default 选项用于在没有被传入或值为 undefined 时为 prop 指定一个默认值。对象或数组的默认值必须从一个工厂函数返回。工厂函数也接收原始 prop 对象作为参数。

3）required 选项

required 选项用于指定 prop 是否必须传入。在非生产环境下，如果组件的 required 值为真值且 prop 未被传入，则会抛出一个控制台警告。

4）validator 选项

validator 选项用于指定将 prop 值作为唯一参数传入的自定义验证函数。在开发模式下，如果验证失败，则该函数返回 false，此时会抛出一个控制台警告。

【例 6.4】本例用于演示如何使用对象语法声明 props 选项并向组件传递数据。

（1）在 D:\Vue3\chapter06 目录中创建 6-04.html 文件，代码如下。

```
01  <!doctype html>
02  <html lang="zh-CN">
03  <head>
04    <meta charset="utf-8">
05    <title>向数组传递数据</title>
06    <script type="importmap">
07      {
08        "imports": {
09          "vue": "../js/vue.esm-browser.js"
10        }
11      }
12    </script>
13  </head>
14  <body>
15  <div id="app">
16    <h3>向数组传递数据</h3>
17    <p>{{message}}</p>
18    <user-info :name="user.name" :height="user.height" :age="user.age">
19    </user-info>
20  <!--  <user-info v-bind="user"></user-info>-->
21  </div>
22  <script type="module">
23    import {createApp} from 'vue'
24
25    const UserInfo = {
26      props: {
27        name: String,
28        height: Number,
29        age: {
30          type: Number,
31          default: 0,
32          required: true,
33          validator: (value) => {
34            return value >= 0
35          }
36        }
37      },
38      template: `
39      <ul>
40        <li>名字：{{name}}</li>
41        <li>身高：{{height}}</li>
42        <li>年龄：{{age}}</li>
43      </ul>`
44    }
45    createApp({
46      data() {
47        return {
```

在 DOM 模板中引用组件 UserInfo，并通过:name、:height 和:age 传递动态数据

也可以使用不带参数的 v-bind 指令向组件传递一个对象

使用对象语法声明 props 选项：name 和 height 只指定了数据类型，age 除数据类型外，还定义了默认值和验证规则

```
48              message: '这里是根组件，以下是子组件内容：',
49              user: {
50                  name: '张三',
51                  height: 182,
52                  age: 19
53              }
54          }
55      },
56      components: {
57          UserInfo            ←———  在根组件中注册局部组件 UserInfo
58      }
59  }).mount('#app')
60  </script>
61  </body>
62  </html>
```

在上述代码中，第 25 行～第 44 行用于定义组件 UserInfo，通过对象语法声明了 name、height 和 age 三个 prop。其中，name 的数据类型为 String，height 和 age 的数据类型均为 Number。对 age 设置默认值、是否必须传入及自定义验证函数（必须为正值）。

第 39 行～第 43 行在组件模板中添加了一个无序列表，用于展示传入组件的用户信息，三个列表项分别用于显示 name、height 和 age 三个 prop 的值。

第 45 行～第 59 行用于创建并挂载应用实例，在 data 选项中声明了数据属性 message 和 user，后者为对象类型，其中包含 name、height 和 age 属性（对应于组件中的三个同名 prop）；在 components 选项中注册了局部组件 UserInfo。

第 18 行～第 19 行在 DOM 模板内引用了组件 UserInfo，分别通过:name、:height 和:age 传递动态数据。在这里也可以使用不带参数的 v-bind 指令（v-bind="user"）向组件传递数据。

（2）在浏览器中打开 6-04.html 文件，运行结果如图 6.4 所示。

图 6.4　向组件传递数据

6.2.2　传递 prop 的细节

向组件传递 prop 时会涉及许多细节问题，在实际开发中稍有不慎便会出错。下面对传递 prop 时常见的一些细节问题进行介绍。

1. prop 命名格式

如果一个 prop 的名称较长，则应使用 camelCase 格式来命名，因为它们作为合法的

JavaScript 标识符，可以直接在模板的表达式中使用。

例如，在下面的代码中声明了一个名为 greetingMessage 的 prop，其数据类型为字符串。

```
props: {
  greetingMessage: String
}
```

这个 prop 可以直接在子组件模板的表达式中引用：

```
<span>{{greetingMessage}}</span>
```

当在父组件模板中向子组件传递 props 选项时，也可以使用这种 camelCase 格式来命名，不过在使用 DOM 模板时是一个例外。为了与元素的 HTML 属性（即小写形式）保持一致，在 DOM 模板中应使用 kebab-case 形式传递 props 选项。例如：

```
<MyComponent greeting-message="hello" />
```

2. 静态 prop 与动态 prop

在模板中设置 prop 时，通常可以使用静态值形式。例如：

```
<BlogPost title="My journey with Vue" />
```

根据需要，也可以使用 v-bind 指令或其简写形式 "：" 来动态绑定 prop。

例如，可以动态传入一个变量的值：

```
<BlogPost :title="post.title" />
```

也可以动态传入一个更复杂的表达式的值：

```
<BlogPost :title="post.title + ' by ' + post.author.name" />
```

3. 传递不同类型的值

除了字符串类型的值，还可以将其他类型的值作为 props 选项的值来传递。

1）传递数字

在下面的示例中，虽然 123 是一个常量，但还是需要使用 v-bind 指令传递，因为这是一个 JavaScript 表达式而不是一个字符串。如果不使用 v-bind 指令，则会将 123 视为一个字符串。

```
<BlogPost :likes="123" />
```

动态传入一个数值变量的值：

```
<BlogPost :likes="post.likes" />
```

2）传递布尔值

如果只写入 prop 的名称但不传入值，则会将 prop 的值隐式地转换为布尔值 true。例如：

```
<BlogPost is-published />
```

在下面的示例中，虽然 false 为静态值，但还是需要使用 v-bind 指令传递，因为这是一个 JavaScript 表达式而不是一个字符串。如果不使用 v-bind 指令，则会将 false 视为一个字符串。

```
<BlogPost :is-published="false" />
```

动态传入一个布尔变量的值：

```
<BlogPost :is-published="post.isPublished" />
```

3）传递数组

在下面的示例中，虽然传递的数组是一个常量，但还是需要使用 v-bind 指令，因为这是一个 JavaScript 表达式而不是一个字符串。如果不使用 v-bind 指令，则会将该数组视为一个字符串。

```
<BlogPost :comment-ids="[147, 258, 369]" />
```

动态传入一个数组变量的值：

```
<BlogPost :comment-ids="post.commentIds" />
```

4）传递对象字面量

在下面的示例中，虽然传递的对象字面量是一个常量，但还是需要使用 v-bind 指令，因为这是一个 JavaScript 表达式而不是一个字符串。如果不使用 v-bind 指令，则会将所传入的对象字面量视为一个字符串。

```
<BlogPost :author="{name: 'Veronica', company: 'Veridian Dynamics'}" />
```

动态传入一个对象变量的值：

```
<BlogPost :author="post.author" />
```

向组件传递数据时，可以使用一个对象绑定多个 prop。

例如，在定义父组件时通过 data 选项定义一个对象类型的属性：

```
data() {
  return {
    post: {
      id: 1,
      title: '我喜欢 Vue'
    }
  }
}
```

当在父组件模板中引用子组件时，可以使用不带参数的 v-bind 指令传递数据：

```
<BlogPost v-bind="post" />
```

上述模板实际上等价于：

```
<BlogPost :id="post.id" :title="post.title" />
```

【例 6.5】本例用于演示如何使用一个对象绑定多个 prop。

（1）在 D:\Vue3\chapter06 目录中创建 6-05.html 文件，代码如下。

```
01  <!doctype html>
02  <html lang="zh-CN">
03  <head>
04    <meta charset="utf-8">
05    <title>传递不同类型的 prop</title>
06    <script type="importmap">
07      {
08        "imports": {
09          "vue": "../js/vue.esm-browser.js"
10        }
11      }
12    </script>
13  </head>
14  <body>
15    <div id="app">
```

```
16      <h3>向组件传递数据</h3>
17      <div style="column-count: 2;">
18          未使用 v-bind 指令：
19          <my-comp num="123" bool="true"
20                  arr="[3, 5, 6]" obj="{a: 1, b: 2}">
21          </my-comp>
22          使用不带参数的 v-bind 指令:
23          <my-comp v-bind="myObj"></my-comp>
24      </div>
25  </div>
26  <script type="module">
27      import {createApp} from 'vue'
28
29      const MyComp = {
30          props: {
31              num: Number,
32              bool: Boolean,
33              arr: Array,
34              obj: Object
35          },
36          template: `
37          <ul style="margin-top: 0; column-rule: thin solid gray;">
38              <li>{{num}} - {{typeof num}}</li>
39              <li>{{bool}} - {{typeof bool}}</li>
40              <li>{{arr}} -
41                  <span v-if="Array.isArray(arr)">array</span>
42                  <span v-else>{{typeof arr}}</span>
43              </li>
44              <li>{{obj}} - {{typeof obj}}</li>
45          </ul>`
46      }
47
48      createApp({
49          data() {
50              return {
51                  myObj: {
52                      num: 123,
53                      bool: true,
54                      arr: [3, 5, 6],
55                      obj: {a: 1, b: 2}
56                  }
57              }
58          },
59          components: {
60              MyComp
61          }
62      }).mount('#app')
63  </script>
```

使用不带参数的 v-bind 指令向组件传递一个对象

使用对象语法在组件 MyComp 中声明 4 个 prop

在 data 选项中定义响应式属性 myObj，其初始值为一个对象字面量

```
64    </body>
65    </html>
```

在上述代码中,第 29 行~第 46 行用于定义组件 MyComp,通过对象语法声明了 num、bool、arr 和 obj 4 个 prop,数据类型分别为 Number、Boolean、Array 和 Object。

第 37 行~第 45 行在组件模板中添加了一个无序列表,用于展示各个 prop 的值及其数据类型。在包含数组数据的列表项中,使用 v-if 和 v-else 指令进行条件渲染,如果 arr 为数组类型,则显示 array,否则显示使用 typeof 测试的结果。在默认情况下,数组类型显示为 Object。

第 48 行~第 62 行用于创建并挂载应用实例,在 data 选项中定义 myObj 数据属性,该属性为对象类型,其中包含 num、bool、arr 和 obj 属性,分别对应组件 MyComp 中的同名 prop。

第 17 行~第 24 行在 DOM 模板中,通过在<div>标签中设置 style="column-count: 2;" 实现页面的左右分列布局,并在该布局中添加了两个组件 MyComp。

第 19 行~第 21 行在左侧的组件 MyComp 中传递常量,且未使用 v-bind 指令,此时传入的数据均被视为字符串类型。第 23 行在右侧的组件 MyComp 中,使用不带参数的 v-bind 指令,通过一个 myObj 对象一次性绑定了多个 prop。

(2)在浏览器中打开 6-05.html 文件,可以看到未使用 v-bind 指令传递的常量均显示为字符串类型,而使用不带参数的 v-bind 指令传递的数据及其数据类型均符合预期,运行结果如图 6.5 所示。

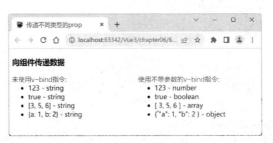

图 6.5　向组件传递数据

6.2.3　单向数据流

所有的 props 选项都遵循单向绑定原则,它会随着父组件的更新而变化,从而自然地将新的状态向下流往子组件,而不会逆向传递,这避免了子组件意外修改父组件状态的情况发生。另外,每当父组件更新后,所有子组件中的 props 选项都会被更新到最新值。注意,不要试图在子组件中更改 props 选项的值,否则会抛出一个控制台警告。

需要更改 props 选项的情况主要有以下两种。

- 通过 props 选项传入初始值,之后在子组件中将其当作局部数据属性来使用。在这种情况下,最好在子组件中定义一个局部数据属性,并从 props 选项中获取初始值。
- 通过 props 选项传值后,还需要对其做进一步的转换。在这种情况下,最好是基于该 prop 的值定义一个计算属性。

此外,还有一种情况需要考虑,就是更改对象或数组类型的 props 选项。当对象或数组作为 props 选项被传入时,虽然在子组件中无法更改 props 选项绑定,但可以更改对象的属性值或数组内的元素值，以达到更改 props 选项的效果。

　　这种更改的主要缺陷在于，它允许子组件以某种不明显的方式影响父组件的状态，这可能会使数据流变得更加难以理解。在实践中应该尽可能避免这样的更改，除非父子组件在程序设计上需要紧密耦合。在大多数情况下，应该从子组件中抛出一个事件来通知父组件做出相应的改变。

　　【例 6.6】在组件中定义一个局部数据属性并从 props 选项中获取初始值。

　　（1）在 D:\Vue\Chapter06 目录中创建 6-06.html 文件，代码如下。

```
01  <!doctype html>
02  <html lang="zh-CN">
03  <head>
04    <meta charset="utf-8">
05    <title>计算矩形面积</title>
06    <script type="importmap">
07      {
08        "imports": {
09          "vue": "../js/vue.esm-browser.js"
10        }
11      }
12    </script>
13  </head>
14  <body>
15  <div id="app">
16    <h3>计算矩形面积</h3>
17    <rect-area :init-width="width" :init-height="height"></rect-area>
18  </div>
19  <script type="module">
20    import {createApp} from 'vue'
21
22    const RectArea = {
23      props: {
24        initWidth: Number,
25        initHeight: Number
26      },
27      data() {
28        return {
29          width: this.initWidth,
30          height: this.initHeight
31        }
32      },
33      template: `
34        <div>
35        <label for="w">宽度</label><br>
36        <input type="number" id="w" min="1" v-model="width"><br>
37        <label for="h">高度</label><br>
38        <input type="number" id="h" min="1" v-model="height"><br>
```

通过 props 选项向组件 RectArea 传递宽度和高度的初始值

在组件 RectArea 中通过 props 选项接收宽度和高度的初始值，并用它来对 width 和 height 属性进行初始化

在组件 RectArea 的模板中将两个文本框分别绑定到 width 和 height 属性上

```
39              <span>面积: {{width * height}}</span>
40          </div>`
41      }
42      createApp({
43          data() {
44              return {
45                  width: 1,
46                  height: 1
47              }
48          },
49          components: {
50              RectArea
51          }
52      }).mount('#app')
53  </script>
54  </body>
55  </html>
```

在根组件中，通过 data 选项定义响应式属性 width 和 height；通过 components 选项注册组件 RectArea

在上述代码中，第 22 行~第 41 行用于定义组件 RectArea，在 props 选项中声明了 initWidth 和 initHeight 两个 prop，它们的数据类型均为 Number；在 data 选项中声明局部数据属性 width 和 height，并从 props 选项中获取初始值。

第 35 行~第 38 行在 RectArea 组件模板中添加了两个数字输入框，分别绑定到 width 和 height 属性上；通过插值表达式{{width * height}}来获取矩形面积，并通过 span 元素来显示计算结果。

第 42 行~第 52 行用于创建并挂载应用实例，并在 data 选项中定义了响应式属性 width 和 height。

第 17 行在 DOM 模板中应用组件 RectArea，并通过 :init-width 和 :init-height 传入数据。

（2）在浏览器中打开 6-06.html 文件，通过输入宽度和高度计算矩形的面积，运行结果如图 6.6 和图 6.7 所示。

图 6.6　初始页面

图 6.7　计算矩形面积

6.2.4　props 校验

Vue 组件可以细致地声明对传入的 props 选项的校验要求。例如，当使用类型声明时，如果传入的值不符合类型要求，Vue 将在浏览器控制台中抛出警告以提醒开发人员。

166

1. props 校验选项

要声明对 props 选项的校验，可以向 props 选项提供一个带有 props 校验选项的对象。

当声明单个类型时，可以不使用 type 选项和花括号，而使用以下形式：

```
propA: Number
```

对于基础类型检查，如果传入的值是 null 和 undefined，则会跳过所有类型检查。

如果允许使用多种可能的类型，则可以通过数组语法来声明。例如：

```
propB: [String, Number]
```

如果在指定类型的同时还需要设置其他选项，则应使用对象语法。例如：

```
propC: {type: String, required: true}
```

如果要为对象或数组类型设置默认值，则应使用工厂函数。工厂函数会将收到的组件所接收的原始 props 选项作为参数返回。

在声明 prop 时，可以提供一个名为 validator 的自定义类型校验函数，该函数接收一个参数，用于表示传入的值。

props 校验是在组件实例被创建之前执行的，所以实例的属性（如 data、computed 等）在 default() 或 validator() 函数中都是不可用的。此外，还需要注意以下几点。

- 所有 prop 默认都是可选的，除非设置了 required: true。
- 除 Boolean 类型外，未传递的可选 prop 的默认值均为 undefined。
- 对 Boolean 类型而言，未传递的 prop 将被转换为 false。不过，这可以通过为它设置默认值来更改，如设置为 default: undefined，并使其与非布尔类型的 prop 的行为保持一致。
- 如果设置了默认值，则在 prop 的值被解析为 undefined 时，无论 prop 是未被传递的还是显式指明的 undefined，均会被更改为默认值。
- 当 prop 的校验失败后，在开发模式下 Vue 会抛出一个控制台警告。

2. 运行时类型检查

校验选项中的 type 可以是下列原生构造函数：String、Number、Boolean、Array、Object、Date、Function、Symbol，以及自定义的类或构造函数，Vue 将通过 instanceof 来检查类型是否匹配。

【例 6.7】本例用于演示如何进行 props 校验。

（1）在 D:\Vue3\chapter06 目录中创建 6-07.html 文件，代码如下。

```
01  <!doctype html>
02  <html lang="zh-CN">
03  <head>
04    <meta charset="utf-8">
05    <title>props 校验</title>
06    <script type="importmap">
07      {
08        "imports": {
09          "vue": "../js/vue.esm-browser.js"
10        }
```

```
11          }
12        </script>
13    </head>
14    <body>
15    <div id="app">
16        <h3>props 校验</h3>
17        <div style="column-count: 2;">
18            未传入 props 选项的值:
19            <my-comp></my-comp>
20            已传入 props 选项的值:
21            <my-comp :num="999" :arr="['aaa', 'bbb', 'ccc']"
22                        :fun="sayHello" color="green" :stu="stu">
23            </my-comp>
24        </div>
25    </div>
26    <template id="my-comp">
27        <div>
28            <ul style="margin-left: -0.25em; margin-top: 0px;">
29                <li>num: {{num}}</li>
30                <li>arr: {{arr}}</li>
31                <li>obj: {{obj}}</li>
32                <li>fun: {{fun()}}</li>
33                <li>color: {{color}}</li>
34                <li>stu: {{stu}}</li>
35            </ul>
36        </div>
37    </template>
38    <script type="module">
39        import {createApp} from 'vue'
40
41        class Person {
42            constructor(name, email) {
43                this.name = name
44                this.email = email
45            }
46        }
47
48        const MyComp = {
49            props: {
50                num: {
51                    type: Number,
52                    default: 123
53                },
54                arr: {
55                    type: Array,
56                    default(rawProps) {
57                        return [1, 2, 3];
58                    }
```

当未传入 props 选项的值时,将使用其默认值

创建 template 元素作为组件 MyComp 的模板

在定义组件 MyComp 时,对各个 prop 设置默认值

```
59          },
60          obj: {
61            type: Object,
62            default(rawProps) {
63              return {a: 1, b: 2}
64            }
65          },
66          fun: {
67            type: Function,
68            default() {
69              return 'Default function'
70            }
71          },
72          color: {
73            type: String,
74            default: 'red',
75            validator(value) {
76              return ['red', 'green', 'blue'].includes(value)
77            }
78          },
79          stu: {
80            type: Person,
81            default(rawProps) {
82              return new Person('张三', 'zs@163.com')
83            }
84          }
85        },
86        template: '#my-comp'
87      }
88
89      createApp({
90        data() {
91          return {
92            name: 'Vue.js',
93            stu: new Person('李四', 'lisa@126.com')
94          }
95        },
96        methods: {
97          sayHello() {
98            return `Hello ${this.name}!`
99          }
100       },
101       components: {
102         MyComp
103       }
104     }).mount('#app')
```

> 设置组件 MyComp 的 template 选项为 id 选择器字符串

```
105    </script>
106    </body>
107    </html>
```

在上述代码中,第48行~第87行用于定义组件MyComp,在props选项中声明了以下prop:num 为 Number 类型,arr 为数组类型,obj 为对象类型,fun 为函数类型,color 为字符串类型,stu 为自定义对象类型(Person),所有 prop 均设置了默认值。对 color 还提供了自定义类型校验函数。

第26行~第37行添加了一个template元素作为组件模板,并将其id属性值设置为my-comp。在模板中通过无序列表展示传入的 prop 值。在组件 MyComp 中将 template 选项设置为#my-comp。

第89行~第104行用于创建并挂载应用实例,在data选项中定义了数据属性name和stu,在 methods 选项中定义了 sayHello() 方法,该方法将作为传给 fun prop 的值使用。

第 19 行在 DOM 模板中引用了组件 MyComp,且未传入任何 prop 值,此时将使用默认值。第21 行~第23 行再次引用组件 MyComp,此时传入了所有 prop 值。

(2)在浏览器中打开 6-07.html 文件,可以看到未传入 props 选项的值时均使用默认值,传入 props 选项的值后则使用所传入的数据,运行结果如图 6.8 所示。

图 6.8　props 校验

6.2.5　布尔类型转换

为了更贴近原生布尔类型属性的行为,在声明 Boolean 类型的 props 选项时,有一些特别的类型转换规则。

在下面的示例中,定义组件 MyComp 时声明了一个 disabled prop,其数据类型为 Boolean:

```
const MyComp = {
  props: {
    disabled: Boolean
  }
}
```

在模板中可以通过以下形式引用该组件:

```
<!-- 等同于传入:disabled="true" -->
<MyComp disabled />
<!-- 等同于传入:disabled="false" -->
<MyComp />
```

在下面的示例中，定义组件 MyComp 时声明了一个 disabled prop，它允许同时使用两种类型：

```
const MyComp = {
  props: {
    disabled: [Boolean, Number]
  }
}
```

无论声明的类型顺序如何，都会应用 Boolean 类型的特殊转换规则。

6.3　处理组件事件

在 Vue 应用开发中，如何处理组件之间的通信是一个经常遇到的问题。当父组件中包含子组件时，可以通过 props 选项向子组件传递数据，子组件会根据接收数据的不同而进行不同的渲染和处理。反之，如果要从子组件向父组件传递数据，则可以通过子组件的事件来实现。

6.3.1　触发与监听事件

要从子组件向父组件传递数据，需要通过以下两个步骤来实现：首先在子组件中通过调用$emit()实例方法来触发一个自定义事件，然后在父组件中使用 v-on 指令来绑定和监听这个自定义事件并接收数据。

1.　在子组件中触发自定义事件

在子组件中，可以使用$emit()方法触发一个自定义事件，语法格式如下。

```
$emit(evenName [,...args])
```

其中，evenName 为自定义事件的名称，通常以 camelCase 形式命名；args 为附加的参数。当触发该事件时，这些附加的参数都会被传递到事件监听器的回调函数中。如果需要在子组件中向父组件传递数据，则可以通过这些附加的参数来实现。

1）在组件模板中调用$emit()方法

在组件的模板表达式中，可以直接使用$emit()方法触发自定义事件，如在 v-on 指令的处理函数中调用该方法：

```
<!-- MyComp -->
<button @click="$emit('someEvent')">click me</button>
```

2）在组件实例中调用$emit()方法

在组件实例中，可以在使用 methods 选项定义的组件方法中调用$emit()方法，也可以在生命周期钩子中调用$emit()方法。例如：

```
const MyComp = {
  methods: {
    // 可以在组件模板中用作事件处理器
    click() {
      this.$emit('someEvent')
    },
```

```
created() {
    // 仅触发事件
    this.$emit('foo')
    // 带有附加的参数
    this.$emit('bar', 1, 2, 3)
  }
}
```

2. 在父组件中监听自定义事件

在父组件中可以使用 v-on 指令（以下采用简写 "@"）来监听由子组件触发的自定义事件。对于子组件中以 camelCase 形式命名的事件，在父组件中应当通过 kebab-case 形式来引用。例如：

```
<MyComp @some-event="callback" />
```

其中，callback 是在父组件的 methods 选项中定义的回调函数。

组件的事件监听器支持.once 修饰符。例如：

```
<MyComp @some-event.once="callback" />
```

与原生 DOM 事件不同，组件触发的事件没有冒泡机制，只能监听直接子组件所触发的事件。平级组件或跨越多层嵌套的组件间的通信应使用一个外部的事件总线，或者使用一个全局状态管理方案。

【例 6.8】本例用于演示如何触发和监听组件的事件。

（1）在 D:\Vue3\chapter06 目录中创建 6-08.html 文件，代码如下。

```
01  <!doctype html>
02  <html lang="zh-CN">
03  <head>
04    <meta charset="utf-8">
05    <title>处理组件事件</title>
06    <script type="importmap">
07      {
08        "imports": {
09          "vue": "../js/vue.esm-browser.js"
10        }
11      }
12    </script>
13  </head>
14  <body>
15  <div id="app">
16    <h3>处理组件事件</h3>
17    <my-comp @greet-event="doClick">
18    </my-comp>
19    <p>{{message}}</p>
20  </div>
21
22  <template id="my-comp">
23    <p><input type="text" placeholder="请输入名字" v-model="name"></p>
```

在 DOM 模板中引用组件 MyComp，并将自定义组件事件 greetEvent 绑定到根组件方法 doClick()上

以 template 元素作为组件 MyComp 的模板

```
24      <p><button @click="onClick">欢迎光临</button></p>
25  </template>
26  <script type="module">
27    import {createApp} from 'vue'
28
29    const MyComp = {
30      data() {
31        return {
32          name: ''
33        }
34      },
35      template: '#my-comp',
36      methods: {
37        onClick() {
38          this.$emit('greetEvent', this.name)
39        }
40      }
41    }
42
43    createApp({
44      data() {
45        return {
46          message: ''
47        }
48      },
49      components: {
50        MyComp
51      },
52      methods: {
53        doClick(name) {
54          if (name === '') {
55            this.message = '请输入名字！'
56          } else {
57            this.message = `${name}，你好！`
58          }
59        }
60      }
61    }).mount('#app')
62  </script>
63  </body>
64  </html>
```

在子组件中将按钮的 click 事件处理器绑定到 onClick()方法上

在子组件方法 onClick()中调用$emit()方法，触发自定义事件 greetEvent，并传递附加参数 this.name

定义根组件方法 doClick()，通过参数 name 接收由子组件 MyComp 传递的数据

　　在上述代码中，第 29 行~第 41 行用于定义组件 MyComp，在 data 选项中定义了数据属性 name，设置其 template 选项为#my-comp，在 methods 选项中定义了组件方法 onClick()，用于触发自定义事件 greetEvent 并传递附加参数 this.name。

　　第 22 行~第 25 行在组件 MyComp 的模板中添加了一个文本框和一个按钮，将文本框绑定到 name 属性上，将按钮的 click 事件处理器绑定到 onClick()方法上。

第 43 行～第 61 行用于创建并挂载应用实例，在 data 选项中定义数据属性 message，在 methods 选项中定义 doClick()方法，该方法用于接收一个参数，并根据所接收参数的值来设置 message 属性值。如果接收的参数值为一个空字符串，则提示输入名字，否则会显示一条欢迎信息。

第 17 行和第 18 行在 DOM 模板中引用了组件 MyComp，使用 v-on 指令将该组件的自定义事件 greetEvent 绑定到根组件的 doClick()方法上。

第 19 行在模板下方的段落中添加了插值表达式{{message}}，其值将随着用户输入名字并单击按钮的操作而发生变化。

（2）在浏览器中打开 6-08.html 文件，如果不输入名字直接单击按钮，则显示提示信息；如果在输入名字后单击按钮，则显示欢迎信息，运行结果如图 6.9 和图 6.10 所示。

图 6.9　未输入名字直接单击按钮　　　　图 6.10　在输入名字后单击按钮

6.3.2　处理事件参数

如果需要在触发子组件的事件时附加一些特定的值，则可以给$emit()方法提供一些附加的参数。当在父组件中监听子组件的事件时，可以使用一个方法或内联箭头函数作为监听器。一旦触发子组件的事件，监听器便会接收到事件附加的所有参数。

【例 6.9】本例用于演示如何在子组件中通过事件参数向父组件传递数据。

（1）在 D:\Vue\chapter06 目录中创建 6-09.html 文件，代码如下。

```
01  <!doctype html>
02  <html lang="zh-CN">
03  <head>
04    <meta charset="utf-8">
05    <title>通过事件参数传递数据</title>
06    <script type="importmap">
07      {
08        "imports": {
09          "vue": "../js/vue.esm-browser.js"
10        }
11      }
12  </script>
```

```
13    </head>
14    <body>
15    <div id="app">
16       <h3>通过事件参数传递数据</h3>
17       <my-comp :fruits="fruits" @select-fruit="doClick"></my-comp>
18       <p>当前选择:
19          <em v-if="selectId === null">尚未选择</em>
20          <em v-else>{{fruits[selectId - 1].name}}</em>
21       </p>
22    </div>
23    <template id="my-comp">
24       <ul style="list-style: none; margin-left: -2em;">
25          <li style="cursor: pointer; padding: 3px;"
26             v-for="fruit in fruits"
27             :key="fruit.id" @click="onClick(fruit.id)">
28             {{fruit.id}}. {{fruit.name}} - {{fruit.desc}}
29          </li>
30       </ul>
31    </template>
32    <script type="module">
33       import {createApp} from 'vue'
34
35       const MyComp = {
36          props: {
37             fruits: Array
38          },
39          template: '#my-comp',
40          methods: {
41             onClick(id) {
42                this.$emit('selectFruit', id)
43             }
44          }
45       }
46       createApp({
47          data() {
48             return {
49                selectId: null,
50                fruits: [
51                   {id: 1, name: '香蕉', desc: '芭蕉科芭蕉属多年生草本植物'},
52                   {id: 2, name: '苹果', desc: '蔷薇科苹果属落叶乔木植物'},
53                   {id: 3, name: '水蜜桃', desc: '蔷薇科桃属植物'},
54                   {id: 4, name: '雪梨', desc: '蔷薇科梨属乔木植物'},
55                   {id: 5, name: '杧果', desc: '漆树科杧果属植物常绿大乔木植物'}
56                ]
57             }
58          },
59          components: {
60             MyComp
```

> 在 DOM 模板中引用组件 MyComp,通过 :fruits 传递水果数组,并将组件事件 selectFruit 绑定到根组件的方法 doClick()上

> 在组件模板 MyComp 中将列表项的 click 事件处理器绑定到组件方法 onClick()上

> 定义组件方法 onClick(),当单击某个列表项(水果)时调用 $emit()方法,触发自定义事件 selectFruit 并发送附加参数 id

```
61            },
62          methods: {
63            doClick(id) {
64              this.selectId = id
65            }
66          }
67      }).mount('#app')
68  </script>
69  </body>
70  </html>
```

定义根组件方法 doClick()，用于接收由子组件 MyComp 发送的 id，并以其值更改 selecteId 属性的值

在上述代码中，第 35 行～第 45 行用于定义组件 MyComp，在 props 选项中声明了 fruits prop；设置其 template 选项为#my-comp；在 methods 选项中定义了带 id 参数的 onClick()方法，用于触发 selectFruit 事件并抛出 id 的值。第 23 行～第 31 行在组件模板中通过无序列表展示水果列表，并在列表项中用@click="onClick(fruit.id)" 来绑定事件，以传入当前列表项中水果的 id。

第 46 行～第 67 行用于创建并挂载应用实例，在 data 选项中定义了数据属性 selectId 和 fruits；在 components 选项中注册了组件 MyComp；在 methods 选项中定义了 doClick()方法，用该方法接收到的 id 来更改 selectId 属性的值。第 17 行在 DOM 模板中引用了组件 MyComp，通过:fruits="fruits"传入 prop 的值，并通过@select-fruit="doClick"来监听该组件的自定义事件 selectFruit。

（2）在浏览器中打开 6-09.html 文件，通过单击列表项来选择水果，如图 6.11 和图 6.12 所示。

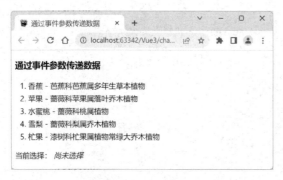

图 6.11　初始页面

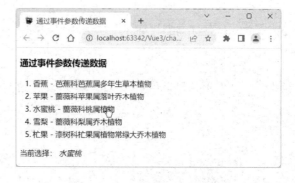

图 6.12　选择了一种水果

6.3.3　声明事件

在定义组件时，可以通过 emits 选项显式地声明要触发的自定义事件。该选项支持使用数组语法和对象语法两种形式。

1. 使用数组语法

在使用数组语法时，将要声明的事件名写在方括号内即可。例如：

```
const MyComp = {
    emits: ['inFocus', 'submit']
}
```

2. 使用对象语法

在使用对象语法时，可以对触发事件的参数进行验证。例如：

```
export default {
  emits: {
    submit(payload) {
      // 通过返回值为 true 或 false 来判断参数是否通过验证
    }
  }
}
```

虽然事件声明是可选的，但还是建议完整地声明所有要触发的事件，在代码中以此作为文档记录组件的声明方法。同时，事件声明能让 Vue 更好地将事件和透传属性作出区分，从而避免一些由第三方代码触发的自定义 DOM 事件所导致的边界情况发生。

如果在 emits 选项中声明一个原生事件的名称（如 click），则监听器只会监听组件触发的 click 事件，而不会再响应原生的 click 事件。

6.3.4　校验事件

与 props 校验类似，所有触发的事件都可以使用对象来描述。若要为一个事件添加校验，则该事件应被赋值为一个函数，所接收的参数就是在抛出事件时传入 this.$emit()的内容，并通过返回一个布尔值来表明事件是否合法。例如：

```
const MyComp = {
  emits: {
    // 没有校验
    click: null,

    // 校验 submit 事件
    submit: ({email, password}) => {
      if (email && password) {
        return true
      } else {
        console.warn('Invalid submit event payload!')
        return false
      }
    }
  },
  methods: {
    submitForm(email, password) {
      this.$emit('submit', {email, password})
    }
  }
}
```

6.4　组件双向绑定

上一章介绍了如何使用 v-model 指令在表单输入元素上实现双向绑定。与这些原生元素类似，当组件中包含表单输入元素时，也可以在组件上使用 v-model 指令来实现双向绑定。

6.4.1　在组件上使用 v-model 指令

首先回顾一下 v-model 指令在原生元素上的用法：

```
<input v-model="message">
```

在这一行代码的背后，Vue 模板编译器会对 v-model 指令进行冗长的等价展开，上面的代码实际上等价于下面的代码：

```
<input :value="searchText"
  @input="message=$event.target.value">
```

如果在组件上使用 v-model 指令来实现双向绑定，具体情况会变得稍微复杂一些。实现方式主要有以下两种。

1. 使用自定义事件

对于内部含有原生 input 元素的组件，可以使用 v-model 指令进行双向绑定：

```
<custom-input v-model="messaget"></custom-input>
```

此时，上述代码将会被等价展开为以下形式：

```
<custom-input :model-value="message"
  @update:model-value="newValue => message = newValue">
</custom-input>
```

要让上述代码在实际的程序开发中运行，还需要在组件 CustomInput 内部完成以下 3 个步骤。

（1）在 props 选项中声明 modelValue prop，在 emits 选项中声明 update:modelValue 事件。

（2）在组件模板中，使用 v-bind 指令将内部原生 input 元素的 value 属性绑定到 modelValue prop 上。

（3）在原生 input 元素上将 input 事件绑定到内联事件处理器上，在该处理器中通过调用 $emit()方法来触发事件。此时需要传入两个参数，第一个参数为 update:modelValue，表示要触发的事件；第二个参数为$event.target.value，表示要传入父组件的新值。

在完成这些步骤后，就可以像原生元素那样在组件上使用 v-model 指令了。

【例 6.10】本例用于演示如何使用自定义事件在组件上使用 v-model 指令。

（1）在 D:\Vue3\chapter06 目录中创建 6-10.html 文件，代码如下。

```
01    <!doctype html>
02    <html lang="zh-CN">
03    <head>
04      <meta charset="utf-8">
05      <title>在组件上使用 v-model 指令</title>
06      <script type="importmap">
```

```
07        {
08          "imports": {
09            "vue": "../js/vue.esm-browser.js"
10          }
11        }
12      </script>
13  </head>
14  <body>
15  <div id="app">
16      <h3>在组件上使用 v-model 指令</h3>
17      <p>这里是根组件，以下是子组件内容：</p>
18      <custom-input v-model="message"></custom-input>
19      <span>{{message}}</span>
20  </div>
21  <template id="custom-input">
22      <input :value="modelValue" placeholder="请输入内容"
23        @input="$emit('update:modelValue', $event.target.value)">
24  </template>
25  <script type="module">
26      import {createApp} from 'vue'
27
28      const CustomInput = {
29        props: ['modelValue'],
30        emits: ['update:modelValue'],
31        template: '#custom-input'
32      }
33
34      createApp({
35        data() {
36          return {
37            message: ''
38          }
39        },
40        components: {
41          CustomInput
42        }
43      }).mount('#app')
44  </script>
45  </body>
46  </html>
```

在 DOM 模板中引用组件 CustomInput，并在该组件上使用 v-model 指令

在组件模板 CustomInput 中将原生 input 元素的:value 绑定到 modelValue 上，将 input 事件绑定到内联事件处理器上，通过调用$emit()方法来触发自定义事件 update:modelValue，并传递附加参数$event.target.value

在定义组件 CustomInput 时，在 props 选项中声明了 modelValue prop，在 emits 选项中声明了 update:modelValue 事件

在根组件中声明子组件 CustomInput

在上述代码中，第 28 行～第 32 行用于定义组件 CustomInput，在 props 选项中声明了 modelValue prop，在 emits 选项中声明了 update:modelValue 事件，并设置其 template 选项为#custom-input。其中，第 21 行～第 24 行添加了一个 template 元素，并将其 id 属性值设置为 custom-input，以此元素作为 CustomInput 组件的模板；在该模板中添加了 input 元素，通过使用:value= "modelValue"将其 value 属性绑定到组件的 modelValue prop 上，通过使用 @input="$emit('update:modelValue',

$event.target.value)"将其 input 事件绑定到内联事件处理器上，用于触发 update:modelValue 事件并抛出输入值。

第 34 行～第 43 行用于创建并挂载应用实例，在 data 选项中定义了 message 数据属性，在 components 选项中注册了局部组件 CustomInput。第 18 行在 DOM 模板中引用了组件 CustomInput，并在该组件上使用 v-model 指令，将其绑定到根组件的数据属性 message 上。

（2）在浏览器中打开 6-10.html 文件，当在文本框中输入时，下方会实时回显输入的内容，运行结果如图 6.13 所示。

图 6.13　使用自定义事件

2. 使用可写的计算属性

在组件上使用 v-model 指令的另一种方式是使用一个可写的计算属性，它同时具有 getter 和 setter 方法，其中，getter 方法需要返回 modelValue prop，而 setter 方法需要触发相应的事件。具体实现步骤如下。

（1）定义一个自定义组件，在其 props 选项中声明 modelValue prop。

（2）在其 emits 选项中声明 update:modelValue 事件。

（3）在组件中定义一个名为 value 的计算属性，它同时包含 getter 和 setter 方法，getter 方法返回 modelValue prop 的值，setter 方法通过调用$emit()方法触发 update:modelValue 事件，并将计算属性 value 的值传给父组件。

（4）在组件模板中，使用 v-model 指令绑定原生 input 元素的 value 属性。

【例 6.11】本例用于演示如何使用可写的计算属性在组件上使用 v-model 指令。

（1）在 D:\Vue3\chapter06 目录中创建 6-11.html 文件，代码如下。

```
01  <!doctype html>
02  <html lang="zh-CN">
03  <head>
04    <meta charset="utf-8">
05    <title>在组件上使用 v-model 指令</title>
06    <script type="importmap">
07      {
08        "imports": {
09          "vue": "../js/vue.esm-browser.js"
10        }
```

```
11        }
12      </script>
13    </head>
14    <body>
15    <div id="app">
16      <h3>在组件上使用 v-model 指令</h3>
17      <p>这里是根组件，以下是子组件内容：</p>
18      <custom-input v-model="message"></custom-input>
19      <p>{{message}}</p>
20    </div>
21    <template id="custom-input">
22      <input v-model="value">
23    </template>
24    <script type="module">
25      import {createApp} from 'vue'
26
27      const CustomInput = {
28        props: ['modelValue'],
29        emits: ['update:modelValue'],
30        template: '#custom-input',
31        computed: {
32          value: {
33            get() {
34              return this.modelValue
35            },
36            set(value) {
37              this.$emit('update:modelValue', value)
38            }
39          }
40        }
41      }
42
43      createApp({
44        data() {
45          return {
46            message: ''
47          }
48        },
49        components: {
50          CustomInput
51        }
52      }).mount('#app')
53    </script>
54    </body>
55    </html>
```

在DOM 模板中引用组件 CustomInput，并在该组件上使用 v-model 指令

在组件模板中将原生input 元素绑定到计算属性 value 上

定义组件 CustomInput，在 props 选项中声明 modelValue prop；在 emits 选项中声明 update:modelValue 事件；定义计算属性 value，通过 get()方法返回 modelValue，通过 set()方法触发上述事件并抛出 value 的值

　　在上述代码中，第 27 行～第 41 行用于定义组件 CustomInput，在 props 选项中声明了 modelValue prop，在 emits 选项中声明了 update:modelValue 事件，设置其 template 选项为

#custom-input。第 32 行～第 39 行在组件 CustomInput 中定义了计算属性 value，通过 get()方法返回 modelValue prop，通过 set()方法调用$emit()方法，以触发 update: modelValue 事件，并传入计算属性 value 作为第二个参数。

第 21 行～第 23 行添加了一个 template 元素作为组件 CustomInput 的模板，将其 id 属性值设置为 custom-input；在该模板中添加 input 元素，使用 v-model 指令将该元素绑定到计算属性 value 上。

第 43 行～第 52 行用于创建并挂载应用实例，在 data 选项中定义了数据属性 message，在 components 选项中注册了局部组件 CustomInput。第 18 行在 DOM 模板中引用了组件 CustomInput，并在该组件上使用 v-model 指令，将其绑定到根组件的数据属性 message 上。

（2）在浏览器中打开 6-11.html 文件，当在文本框中输入时，下方会实时回显输入的内容，运行结果如图 6.14 所示。

图 6.14　使用可写的计算属性

6.4.2　设置 v-model 指令的参数

当在组件上使用 v-model 指令时，无论是使用自定义事件实现的还是可写的计算属性，在默认情况下都是使用 modelValue 作为 prop，并以 update:modelValue 作为对应的事件。如果希望更改这些名称，则需要通过给 v-model 指令指定一个参数来实现。

【例 6.12】本例用于说明如何在组件中设置 v-model 指令的参数。

（1）在 D:\Vue3\chapter06 目录中创建 6-12.html 文件，代码如下。

```
01    <!doctype html>
02    <html lang="zh-CN">
03    <head>
04      <meta charset="utf-8">
05      <title>设置 v-model 指令的参数</title>
06      <script type="importmap">
07        {
08          "imports": {
09            "vue": "../js/vue.esm-browser.js"
10          }
11        }
12      </script>
13    </head>
14    <body>
15    <div id="app">
```

```
16        <h3>设置 v-model 指令的参数</h3>
17        <p>这里是根组件，以下是子组件内容：</p>
18        <custom-input v-model:value="message"></custom-input>
19        <p>{{message}}</p>
20    </div>
21    <template id="custom-input">
22        <input :value="value" placeholder="请输入内容"
23          @input="$emit('update:value', $event.target.value)">
24    </template>
25    <script type="module">
26        import {createApp} from 'vue'
27
28        const CustomInput = {
29            props: ['value'],
30            emits: ['update:value'],
31            template: '#custom-input'
32        }
33
34        createApp({
35            data() {
36                return {
37                    message: ''
38                }
39            },
40            components: {
41                CustomInput
42            }
43        }).mount('#app')
44    </script>
45    </body>
46    </html>
```

在组件 CustomInput 上使用 v-model 指令并添加:value 参数

在组件模板中将:value 绑定到 value prop 上，并触发事件 update:value

定义组件时，在 props 选项中声明了 value prop，在 emits 选项中声明了事件 update:value

本例与例 6.10 类似，不同的是，第 29 行在 props 选项中声明的是 value prop，第 23 行通过触发 update:value 事件来更新父组件的值。第 18 行在 DOM 模板中使用 v-model 指令绑定父组件属性时需要添加:value 参数。

（2）在浏览器中打开 6-12.html 文件，在文本框中输入时，下方实时回显输入的内容，运行结果如图 6.15 所示。

图 6.15　设置 v-model 指令的参数

6.4.3 多个 v-model 指令绑定

前面介绍了如何在一个组件实例上使用单个 v-model 指令创建双向绑定。通过在 v-model 指令中指定参数和事件名，也可以在同一个组件实例上使用多个 v-model 指令创建双向绑定。组件上的每个 v-model 指令都会同步不同的 prop，并不需要额外的选项。

【例 6.13】本例用于演示如何在一个组件实例上使用多个 v-model 指令创建双向绑定。

（1）在 D:\Vue3\chapter06 目录中创建 6-13.html 文件，代码如下。

```
01  <!doctype html>
02  <html lang="zh-CN">
03  <head>
04    <meta charset="utf-8">
05    <title>在组件上使用多个 v-model 指令</title>
06    <script type="importmap">
07      {
08        "imports": {
09          "vue": "../js/vue.esm-browser.js"
10        }
11      }
12    </script>
13  </head>
14  <body>
15  <div id="app">
16    <h3>在组件上使用多个 v-model 指令</h3>
17    <p>这里是根组件，以下是子组件内容：</p>
18    <user-info v-model:username="username" v-model:email="email">
19    </user-info>
20    <ul>
21      <li v-if="username !== ''">用户名：{{username}}</li>
22      <li v-if="email !== ''">电子邮箱：{{email}}</li>
23    </ul>
24  </div>
25  <template id="user-info">
26    <label for="username">用户名</label><br>
27    <input type="text" id="username" :value="username" placeholder="请输入用户名"
28         @input="$emit('update:username', $event.target.value)"><br>
29    <label for="email">电子邮箱</label><br>
30    <input type="email" id="email" :value="email" placeholder="请输入电子邮箱"
31         @input="$emit('update:email', $event.target.value)">
32  </template>
33  <script type="module">
34    import {createApp} from 'vue'
35
36    const UserInfo = {
37      props: ['username', 'email'],
38      emits: ['update:username', 'update:email'],
39      template: '#user-info'
```

> 在 UserInfo 组件中使用两个 v-model 指令创建双向绑定，分别添加参数 username 和 email

> 该组件模板中包含两个原生 input 元素，value 属性分别绑定到 username prop 和 email prop 上，update 事件参数分别为 username 和 email；在 props 选项中分别声明 username prop 和 email prop，在 emits 选项中声明的事件分别添加了参数 username 和 email

```
40      }
41
42    createApp({
43      data() {
44        return {
45          username: '',
46          email: ''
47        }
48      },
49      components: {
50        UserInfo
51      }
52    }).mount('#app')
53  </script>
54  </body>
55  </html>
```

　　在上述代码中,第 36 行～第 40 行用于定义组件 UserInfo,在 props 选项中声明了 username 和 email 两个 prop，在 emits 选项中声明了事件 update:username 和 update:email，并将 template 选项设置为#user-info。其中，第 25 行～第 32 行使用 template 元素定义组件模板，并将其 id 属性值设置为#user-info；在该模板中添加了两个 input 元素，并将其 value 属性分别绑定到 username prop 和 email prop 上，其 update 事件处理器分别调用两个$emit()方法，用于触发 update:username 事件和 update:email 事件，并向父组件发送更新后的值。

　　第 42 行～第 52 行用于创建并挂载应用实例，在 data 选项中定义了数据属性 username 和 email，在 components 选项中注册了组件 UserInfo。第 18 行～第 19 行在 DOM 模板中引用了组件 UserInfo，在该组件中同时添加了两个 v-model 指令，分别带有参数:username 和:email，并将该组件绑定到根组件的 username 和 email 属性上；在该组件下方添加了一个无序列表，用于实时回显输入的内容。

　　（2）在浏览器中打开 6-13.html 文件，分别在两个文本框中输入用户名和电子邮箱，此时会在下方的段落中实时回显输入的内容，运行结果如图 6.16 所示。

图 6.16　多个 v-model 指令绑定

6.4.4　创建 v-model 指令修饰符

在使用 v-model 指令时，可以使用一些内置的修饰符来完成所需操作。例如，使用 .trim 修饰符清除所输入内容的首尾空格，使用 .number 修饰符将所输入内容转换为数字类型。在应用开发中，也可以根据需要在自定义组件中创建 v-model 指令支持的自定义修饰符。

要创建这种自定义修饰符，可以按照下面的步骤来实现。

（1）在组件中定义一个名为 modelModifiers 的 prop，并将其默认值设置为空对象。对于同时绑定了参数和修饰符的 v-model 指令，生成的 prop 名将是"参数名+Modifiers"，如 titleModifiers。

（2）在组件内可以通过*Modifiers prop 访问到 v-model 指令上所添加的修饰符。这个 prop 为对象类型，它包含了一些键值对，键名便是修饰符名称。假如在 v-model 指令中使用了某个修饰符，则相应的键值为 true。例如，在组件上使用了 v-model.xxx，则 modelModifiers.xxx 的值为 true，表明当前使用了.xxx 修饰符。

（3）在组件中编写一个方法，并将其用作 input 元素的 input 事件处理器。该方法接收一个参数，用于访问 DOM 事件对象。在该方法中检索 modelModifiers 对象的键名，如果存在指定的修饰符，则根据要求更改输入的值，随后调用$emit()方法触发组件的事件，并将更改后的新值抛出。

【例 6.14】本例用于演示如何创建自定义的 v-model 指令修饰符。

（1）在 D:\Vue3\chapter06 目录中创建 6-14.html 文件，代码如下。

```
01  <!doctype html>
02  <html lang="zh-CN">
03  <head>
04    <meta charset="utf-8">
05    <title>创建自定义 v-model 指令修饰符</title>
06    <script type="importmap">
07      {
08        "imports": {
09          "vue": "../js/vue.esm-browser.js"
10        }
11      }
12    </script>
13  </head>
14  <body>
15  <div id="app">
16    <h3>创建自定义 v-model 指令修饰符</h3>
17    <p>这里是根组件，以下是子组件内容：</p>
18    <my-comp v-model:content.capitalize="message"></my-comp>
19    <p>{{message}}</p>
20  </div>
21  <template id="my-comp">
22    <input :value="content" @input="onInput"/>
23  </template>
```

在组件 MyComp 中使用 v-model 指令，同时添加参数 content prop 和自定义修饰符.capitalize，后者用于将输入的英文内容的首字母改为大写形式

在组件模板中，将原生 input 元素的 value 属性绑定到 content prop 上，将 input 事件绑定到组件方法 onInput()上

```
24    <script type="module">
25      import {createApp} from 'vue'
26
27      const MyComp = {
28        props: {
29          content: String,
30          contentModifiers: {
31            default: () => ({})
32          }
33        },
34        emits: ['update:content'],
35        created() {
36          console.log(this.contentModifiers)
37        },
38        methods: {
39          onInput(e) {
40            let value = e.target.value
41            if (this.contentModifiers.capitalize) {
42              value = value.charAt(0).toUpperCase() + value.slice(1)
43            }
44            this.$emit('update:content', value)
45          }
46        },
47        template: '#my-comp'
48      }
49
50      createApp({
51        data() {
52          return {
53            message: ''
54          }
55        },
56        components: {
57          MyComp
58        }
59      }).mount('#app')
60    </script>
61  </body>
62  </html>
```

> 在 props 选项中声明两个 prop：content 为字符串类型，contentModifiers 为对象类型，并将其默认值设置为空对象

> 定义组件方法 onInput()，首先获取输入内容，然后检查是否使用修饰符，以决定是否将输入的英文内容的首字母改为大写形式，最后触发事件 update:content

在上述代码中，第 27 行～第 48 行用于创建组件 MyComp，并在 props 选项中声明了 content 和 contentModifiers 两个 prop，前者为字符串类型，后者为对象类型，并为后者设置了默认值（空对象）；在 emits 选项中声明了 update:content 事件。第 35 行～第 37 行在组件 MyComp 中定义了生命周期钩子 created，用于在控制台中输出 contentModifiers 对象的值。如果在 v-model 指令中使用了某个修饰符，则会在控制台中看到该修饰符的信息。

第 38 行～第 46 行在组件 MyComp 中通过 methods 选项定义了一个 onInput() 方法，并通过其参数来接收 DOM 事件对象。该方法的功能是首先借助 DOM 事件对象获取当前输入的值，

然后根据 contentModifiers 对象的键名来判断是否在 v-model 指令中使用了.capitalize 修饰符，如果是，则将当前值转换为首字母大写形式，最后通过调用$emit()方法来触发 update:content 事件，并抛出更改后的输入值。

第 50 行～第 59 行用于创建并挂载应用实例，在 data 选项中定义了数据属性 message，在 components 选项中注册了组件 MyComp。第 18 行在 DOM 模板中引用了组件 MyComp，并使用 v-model:content.capitalize="message"绑定根组件的 message 属性。在 v-model 指令中同时使用了参数 content 和自定义修饰符.capitalize。

（2）在浏览器中打开 6-14.html 文件，可以看到当在文本框中输入英文内容时，首字母会自动转换为大写形式，同时可以在控制台中看到在 v-model 指令中使用了.capitalize 修饰符，运行结果如图 6.17 所示。

图 6.17　创建自定义 v-model 指令修饰符

6.5　透传属性

所谓透传属性，是指由父组件传入但没有被子组件声明为 props 选项或组件自定义事件的属性和事件处理函数。比较常见的属性有 class、style、id 等。组件可以具有单个根节点或多个根节点，在这两种情况下透传属性的行为有所不同。

6.5.1　单根节点属性继承

当以单个节点为根渲染一个组件时，透传属性会被自动添加到根节点上。

例如，有一个组件 MyButton，其模板如下：

```
<button>click me</button>
```

如果在父组件使用这个组件时传入了 class 属性：

```
<MyButton class="large" />
```

则最后渲染出来的 DOM 结果为：

```
<button class="large">click me</button>
```

这里，在 MyButton 组件中并没有将 class 声明为一个它所接收的 prop，所以 class 可以被视为透传属性，它自动透传到了 MyButton 组件的根节点上。

如果在一个子组件的根节点上已经设置了 class 或 style 属性，则这些属性会与从父组件上继承的值合并。

例如，可以将上面 MyButton 组件的模板改为以下形式：

```
<button class="btn">click me</button>
```

在这种情况下，最终渲染出来的 DOM 结果将会变为：

```
<button class="btn large">click me</button>
```

上述透传规则也适用于 v-on 事件监听器。

例如，当在 MyButton 组件上监听 click 事件时：

```
<MyButton @click="onClick" />
```

此时，click 监听器将会被添加到 MyButton 组件的根节点（即原生 button 元素）上。当单击原生 button 元素时，就会触发父组件的 onClick()方法。如果原生 button 元素自身也通过 v-on 指令绑定了一个事件监听器，则该监听器和从父组件继承的监听器都会被触发。

下面介绍深层组件继承问题。

在某些情况下，一个组件会在根节点上渲染另一个组件。例如，重构 MyButton 组件，让它在根节点上渲染 BaseButton 组件：

```
<BaseButton />
```

此时，组件 MyButton 所接收的透传属性将会直接传递给其子组件 BaseButton。

透传属性不会包含在 MyButton 组件中声明过的 props 选项，也不会包含针对 emits 选项声明事件的 v-on 事件监听器，换句话说，声明过的 props 选项和事件监听器已被 MyButton 组件"消费"了。此时，如果透传属性符合声明，则可以作为 props 选项传入 BaseButton 组件中。

6.5.2　多根节点属性继承

与单根节点组件不同的是，具有多个根节点的组件没有自动属性透传行为。如果要将透传属性绑定到某个根节点上，则应当将$attrs 显式地绑定到此根节点上，否则会抛出一个运行时警告。

例如，CustomLayout 组件具有以下多根节点模板：

```
<header>...</header>
<main>...</main>
<footer>...</footer>
```

当在该组件上设置 id 属性和 click 事件监听器时：

```
<CustomLayout id="custom-layout" @click="changeValue" />
```

由于 Vue 不知道要将属性透传到什么位置，所以会抛出一个警告。

如果将$attrs 显式地绑定到某个根节点上，则不会抛出警告。例如：

```
<header>...</header>
<main v-bind="$attrs">...</main>
<footer>...</footer>
```

6.5.3　禁用属性继承

如果不希望组件自动继承透传属性，则可以在组件选项中设置 inheritAttrs: false。

比较常见的需要禁用属性继承的场景是，将属性应用到根节点以外的其他元素上。通过将组件的 inheritAttrs 选项设置为 false，可以完全控制如何使用那些透传进来的属性。

即使禁用了某些透传属性，它们也可以在模板的表达式中被$attrs 对象访问到。

```
<span>透传属性：{{$attrs}}</span>
```

其中，$attrs 对象包含了除组件所声明的 props 和 emits 选项之外的所有其他属性，包括 class 属性、style 属性及 v-on 事件监听器等。

使用$attrs 对象时，需要注意以下两点。

（1）与 props 选项不同的是，透传属性在 JavaScript 代码中保留了原始大小写形式，所以像 foo-bar 之类的属性需要通过$attrs['foo-bar'] 形式来访问。

（2）像@click 之类的 v-on 事件监听器，将在此对象下被暴露为一个函数$attrs.onClick。

下面仍以前面的组件 MyButton 为例，在 button 元素外包装一层 div 元素，代码如下。

```
<div class="btn-wrapper">
  <button class="btn">click me</button>
</div>
```

如果想要将所有透传属性都应用到内部的 button 元素而不是外层的 div 元素上，则可以将组件的 inheritAttrs 选项设置为 false，并在组件模板中使用 v-bind="$attrs"，代码如下。

```
<div class="btn-wrapper">
  <button class="btn" v-bind="$attrs">click me</button>
</div>
```

当在目标元素上使用没有参数的 v-bind 指令时，会将一个对象的所有属性都应用到该元素上。如果需要，则可以通过实例属性$attrs 来访问组件的所有透传属性。例如：

```
const MyButton = {
  created() {
    console.log(this.$attrs)
  }
}
```

6.6　内容分发

组件通过 props 选项接收任意类型的 JavaScript 值，但是组件如何接收模板内容呢？Vue 实现了一套用于内容分发的 API，使用 slot 元素作为承载分发内容的出口。slot 元素用于提供插入内容的插槽。当需要组合使用组件、混合父组件和子组件的内容时，就会用到插槽，这个过程称为内容分发。

6.6.1　单个插槽

在某些场景中，可能需要为子组件传递一些模板片段，让子组件在其组件模板中渲染这些片段，此时可以在该组件模板中添加一个 slot 元素。

通过使用插槽，组件将提高自身的灵活性和可复用性，它可以在不同的位置渲染出各不相同的内容，同时还能保证所有内容都具有相同的样式。

通过插槽向子组件传递模板内容，需要以下两个步骤。

（1）在子组件模板中添加 slot 元素，该元素提供了一个插槽出口，它表示父元素提供的插槽内容将在何处被渲染。

（2）在父组件中引用子组件并传入插槽内容，该内容可以是任何合法的模板内容，可以传入文本，也可以传入多个元素甚至组件。在渲染时，插槽内容将会替换 slot 元素中的默认内容。

由于插槽内容本身是在父组件的模板中设置的，因此在插槽内容中可以访问到父组件的数据作用域。不过，插槽内容无法访问子组件中的数据。

Vue 模板中的表达式只能访问其定义时所处的作用域，换句话说，父组件模板中的表达式只能访问父组件的作用域，子组件模板中的表达式只能访问子组件的作用域。

在外部没有提供任何内容的情况下，可以为插槽指定默认内容。当在父组件模板中使用组件时，如果没有提供任何插槽内容，则会自动使用默认内容；如果显式地提供了插槽内容，则会使用提供的内容替换默认内容。

【例 6.15】本例用于演示如何通过插槽向子组件传递模板内容。

（1）在 D:\Vue3\chapter06 目录中创建 6-15.html 文件，代码如下。

```
01  <!doctype html>
02  <html lang="zh-CN">
03  <head>
04    <meta charset="utf-8">
05    <title>单个插槽应用</title>
06    <link rel="stylesheet"
07      href="https://cdn.jsdelivr.net/npm/bootstrap-icons@1.10.5/font/bootstrap-icons.css">
08    <script type="importmap">
09      {
10        "imports": {
11          "vue": "../js/vue.esm-browser.js"
12        }
13      }
14    </script>
15  </head>
16  <body>
17  <div id="app">
18    <h3>单个插槽应用</h3>
19    <submit-button></submit-button> 
20    <submit-button>{{save}}</submit-button> 
21    <submit-button>
22      <i class="bi bi-person"></i>注册
23    </submit-button> 
24    <submit-button>
25      <i class="bi bi-cart"></i>加入购物车
26    </submit-button>
```

引入 Bootstrap 图标库样式文件

在 DOM 模板中多次引用包含插槽的组件 SubmitButton，第一次未传入内容（使用默认值），第二次传入了一个插值表达式，后两次传入的内容分别包含不同的图标和文本

```
27    </div>
28    <script type="module">
29      import {createApp} from 'vue'
30
31      const SubmitButton = {
32        template: `
33        <button style="box-shadow: 2px 2px 2px gray;">
34          <slot>提交</slot>
35        </button>`
36      }
37
38      createApp({
39        data() {
40          return {
41            save: '保存'
42          }
43        },
44        components: {
45          SubmitButton
46        }
47      }).mount('#app')
48    </script>
49    </body>
50    </html>
```

组件模板中包含单个 slot 元素

在上述代码中，第 7 行在文档的 head 部分通过 CDN 引入了 Bootstrap 图标库样式文件。第 31 行~第 36 行用于定义组件 SubmitButton，在模板中添加 button 元素，并在其中插入了一个 slot 元素作为插槽出口（将其默认内容设置为"提交"），用于接收父组件传递的模板内容。

第 38 行~第 47 行用于创建并挂载应用实例，在 data 选项中定义了数据属性 save，并在 components 选项中注册了组件 SubmitButton。

第 19 行~第 26 行在 DOM 模板中 4 次引用 SubmitButton 组件。第一次未传入任何内容，使用默认插槽内容"提交"；第二次传入"保存"，按钮上将显示"保存"；后两次除了传入文本内容，还传入了 i 元素，用于显示图标。

（2）在浏览器中打开 6-15.html 文件，运行结果如图 6.18 所示。

图 6.18　单个插槽应用

6.6.2　具名插槽

上面介绍了在组件中使用单个插槽的情况。在某些情况下，一个组件中可能需要包含多个插槽出口。此时，应当通过 slot 元素的 name 属性为各个插槽分配唯一的名称，以确定每一个插槽要渲染的内容。

　　带有 name 属性的插槽称为具名插槽，未提供 name 属性的插槽将会被隐式地命名为 default，称为默认插槽。在同一个组件中可以同时包含具名插槽和默认插槽。

　　若要为具名插槽传入内容，则需要使用一个含有 v-slot 指令（简写为#）的 template 元素，并将目标插槽的名称作为参数传给该指令，语法格式如下。

```
<template v-slot:SlotName>
  ...
</template>
```

　　或者使用简写形式：

```
<template #SlotName>
  ...
</template>
```

　　若要为默认插槽传入内容，则可以将 default 作为插槽名称：

```
<template v-slot:default>
  ...
</template>
```

　　或者使用简写形式：

```
<template #default>
  ...
</template>
```

　　在 v-slot 指令上也可以使用动态指令参数，如 v-slot:[dynamicSlotName]或#[dynamicSlotName]。

　　当在父组件模板中同时传入默认插槽和具名插槽的内容时，所有位于顶级的非<template>节点均被视为默认插槽的内容。

　　【例 6.16】本例用于演示如何通过默认插槽和具名插槽向子组件传递模板内容。

　　（1）在 D:\Vue3\chapter06 目录中创建 6-16.html 文件，代码如下。

```
01  <!doctype html>
02  <html lang="zh-CN">
03  <head>
04    <meta charset="utf-8">
05    <title>通过插槽传递内容</title>
06    <style>
07      .container {
08        text-align: center;
09      }
10    </style>
11    <script type="importmap">
12      {
13        "imports": {
14          "vue": "../js/vue.esm-browser.js"
15        }
16      }
```

```
17      </script>
18    </head>
19    <body>
20    <div id="app">
21      <base-layout>
22        <template #header>
23          <h3>{{title}}</h3>
24        </template>
25        <!-- 隐式的默认插槽 -->
26        <h4>江雪</h4>
27        <p>柳宗元［唐代］</p>
28        <p>千山鸟飞绝，万径人踪灭。</p>
29        <p>孤舟蓑笠翁，独钓寒江雪。</p>
30        <template #footer>
31          <address><small>&copy;2023 唐诗欣赏网</small></address>
32        </template>
33      </base-layout>
34    </div>
35    <template id="base-layout">
36      <div class="container">
37        <header>
38          <slot name="header"></slot>
39        </header>
40        <main>
41          <slot></slot>
42        </main>
43        <footer>
44          <slot name="footer"></slot>
45        </footer>
46      </div>
47    </template>
48    <script type="module">
49      import {createApp} from 'vue'
50
51      const BaseLayout = {
52        template: '#base-layout'
53      }
54
55      createApp({
56        data() {
57          return {
58            title: '唐诗欣赏'
59          }
60        },
61        components: {
62          BaseLayout
63        }
```

向名为 header 的插槽传入内容

向默认插槽传入内容

向名为 footer 的插槽传入内容

具名插槽：header

默认插槽

具名插槽：footer

```
64        }).mount('#app')
65    </script>
66    </body>
67    </html>
```

在上述代码中，第 51 行～第 53 行用于创建组件 BaseLayout，第 52 行将 template 选项设置为#base-layout。第 35 行～第 47 行在组件模板中添加了<header>、<main>和<footer>标签。其中，第 37 行～第 39 行在<header>标签中放置了一个 slot 元素并命名为 header；第 40 行～第 42 行在<main>标签中放置了一个 slot 元素但未命名，这是默认插槽；第 43 行～第 45 行在<footer>标签中放置了一个 slot 元素并命名为 footer。

第 55 行～第 64 行用于创建并挂载应用实例，在 data 选项中声明了数据属性 title，在 components 选项中注册了组件 BaseLayout。第 21 行～第 33 行在 DOM 模板中使用组件 BaseLayout 对应两个具名插槽和一个默认插槽，两个具名插槽分别传入<template #head>和<template #footer>标签，其他位于顶级的非<template>节点均被插入默认插槽中。

（2）在浏览器中打开 6-16.html，运行结果如图 6.19 所示。

图 6.19　通过插槽传递内容

6.6.3　作用域插槽

默认情况下，在父组件的插槽内容中是无法访问子组件的数据属性的。但有时需要在插槽内容中同时使用子组件中的数据，此时，可以在子组件的 slot 元素上使用 v-bind 指令绑定子组件的数据属性，并通过在子组件的标签上使用 v-slot 指令接收数据，这称为插槽 props。

子组件传入插槽的 props 选项作为 v-slot 指令的值，可以在插槽内的表达式中访问，这一类插槽称为作用域插槽。当需要接收传入插槽的 props 选项时，默认插槽和具名插槽在使用方式上有所不同。

1. 接收默认插槽 props

对于默认插槽，可以在子组件标签上使用 v-slot 指令直接接收一个插槽 props 对象，并在父组件的插槽内容中使用该对象包含的数据。

【例 6.17】本例用于演示接收默认插槽 props 的过程。

（1）在 D:\Vue3\chapter06 目录中创建 6-17.html 文件，代码如下。

```
01    <!doctype html>
```

```html
02   <html lang="zh-CN">
03   <head>
04     <meta charset="utf-8">
05     <title>作用域插槽</title>
06     <script type="importmap">
07       {
08         "imports": {
09           "vue": "../js/vue.esm-browser.js"
10         }
11       }
12     </script>
13   </head>
14   <body>
15   <div id="app">
16     <h3>接收默认插槽 props</h3>
17     <my-comp v-slot="slotProps">
18       <p>子组件：{{slotProps.text}}</p>
19       <p>子组件：{{slotProps.count}}</p>
20       <p>父组件：<span>{{message}}</span></p>
21     </my-comp>
22   </div>
23   <script type="module">
24     import {createApp} from 'vue'
25
26     const MyComp = {
27       data() {
28         return {
29           message: '你好，父组件！',
30           num: 123
31         }
32       },
33       template: `
34         <div>
35           <slot :text="message" :count="num">
36             {{message}}
37           </slot>
38         </div>`
39     }
40
41     createApp({
42       data() {
43         return {
44           message: '你好，子组件！'
45         }
46       },
47       components: {
48         MyComp
49       }
```

在 DOM 模板中引用组件 MyComp，并使用 v-slot 指令接收来自该组件的数据；向默认插槽传入三个段落，使用来自子组件和父组件的数据

在组件模板中添加一个 slot 元素，通过 v-bind 指令绑定组件的数据属性，并通过插槽 props 向父组件传递数据

```
50        )).mount('#app')
51    </script>
52    </body>
53    </html>
```

在上述代码中，第 26 行～第 38 行用于定义子组件 MyComp，在 data 选项中定义了数据属性 message 和 num，在其模板中添加了一个 slot 元素且未命名，这是一个默认插槽；第 35 行～第 37 行在默认插槽的 slot 元素中添加 :text="message"和:count="num"，通过 v-bind 指令绑定了子组件 MyComp 的数据属性，并向父组件提供了一个插槽 props。

第 41 行～第 50 行用于创建并挂载应用实例，在 data 选项中定义了数据属性 message，在 components 选项中注册了子组件 MyComp。

第 17 行～第 21 行在 DOM 模板中使用子组件 MyComp，在<my-comp>标签中添加了 v-slot="slotProps"，通过 v-slot 指令直接接收默认插槽 props，并在插槽内容中同时使用父子组件中的数据，形成了一段有趣的父子对话。

（2）在浏览器中打开 6-17.html 文件，运行结果如图 6.20 所示。

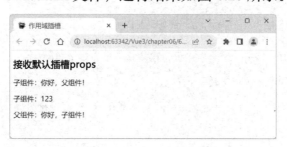

图 6.20　接收默认插槽 props

2. 接收具名插槽 props

对于具名插槽，在子组件的标签上使用 v-slot 指令时应采用 v-slot:name="slotProps"形式，也可以采用缩写形式#name="slotProps"。如果同时使用了具名插槽和默认插槽，则需要为默认插槽传入显式的<template #default>标签。

【例 6.18】本例用于演示如何在父组件的插槽内容中接收子组件的数据属性。

（1）在 D:\Vue3\chapter06 目录中创建 6-18.html 文件，代码如下。

```
01    <!doctype html>
02    <html lang="zh-CN">
03    <head>
04      <meta charset="utf-8">
05      <title>作用域插槽</title>
06      <script type="importmap">
07        {
08          "imports": {
09            "vue": "../js/vue.esm-browser.js"
10          }
11        }
12      </script>
13    </head>
```

```
14   <body>
15   <div id="app">
16     <my-comp>
17       <template #header="headerProps">
18         <h3>{{title}}   <small>{{headerProps.author}}</small></h3>
19       </template>
20       <template #default="mainProps">
21         <p>{{content}}</p>
22         <p>{{mainProps.content}}</p>
23       </template>
24       <template #footer="footerProps">
25         <p><small>{{footer}}：{{footerProps.footer}}</small></p>
26       </template>
27     </my-comp>
28   </div>
29   <template id="my-comp">
30     <div style="text-align: center;">
31       <header>
32         <slot name="header" :author="author"></slot>
33       </header>
34       <main>
35         <slot :content="content"></slot>
36       </main>
37       <footer>
38         <slot name="footer" :footer="footer"></slot>
39       </footer>
40     </div>
41   </template>
42   <script type="module">
43     import {createApp} from 'vue'
44
45     const MyComp = {
46       data() {
47         return {
48           author: '王维［唐代］',
49           content: '深林人不知，明月来相照。',
50           footer: '这首诗作于王维晚年隐居蓝田辋川时期。'
51         }
52       },
53       template: '#my-comp'
54     }
55     createApp({
56       data() {
57         return {
58           title: '竹里馆',
59           content: '独坐幽篁里，弹琴复长啸。',
60           footer: '创作背景'
61         }
```

接收来自具名插槽 header 的数据

接收来自默认插槽的数据

接收来自具名插槽 footer 的数据

具名插槽 header 中的插槽 prop

默认插槽中的插槽 prop

具名插槽 footer 中的插槽 prop

```
62        },
63        components: {
64          MyComp
65        }
66      }).mount('#app')
67    </script>
68  </body>
69  </html>
```

在上述代码中，第 45 行～第 54 行用于创建组件 MyComp，并在 data 选项中定义了数据属性 author、content 和 footer，将 template 选项设置为#my-comp。

第 29 行～第 41 行添加了一个 template 元素作为组件 MyComp 的模板，并将该元素的 id 属性值设置为#my-comp。在该模板中添加<header>、<main>和<footer>标签，第 32 行在<header>标签中添加了一个 slot 元素，将其命名为 header，并使用 :author="author" 传递一个插槽 prop；第 35 行在<main>标签中添加了一个 slot 元素但未命名，这是默认插槽，但在这个 slot 元素中使用 :content="content" 传递一个插槽 prop；第 38 行在<footer>标签中添加了一个 slot 元素，将其命名为 footer，并使用 :footer="footer" 传递一个插槽 prop。在设置插槽 prop 时，不要使用 name 属性来绑定子组件中的数据，因为插槽上的 name 是 Vue 的一个保留属性，不会作为 prop 传递给插槽。

第 16 行～第 27 行在 DOM 模板中引用组件 MyComp 并传入了以下三个 template 元素。

第 17 行～第 19 行在第一个 template 元素中使用#header="headerProps"来接收具名插槽 header 的插槽 prop，同时使用来自父组件的 title 属性和来自子组件的 author 属性，在 h3 标题中显示诗名和作者信息。

第 20 行～第 23 行在第二个 template 元素中使用#default="mainProps"来接收默认插槽的插槽 prop，同时使用来自父组件的 content 属性和来自子组件的 content 属性，在两个段落中显示诗的正文内容。

第 24 行～第 26 行在第三个 template 元素中使用#footer="footerProps"来接收具名插槽 footer 的插槽 prop，同时使用来自父组件的 footer 属性和来自子组件的 footer 属性，在同一个段落中显示这首诗的创作背景。

（2）在浏览器中打开 6-18.html 文件，欣赏王维的《竹里馆》，页面上的内容同时融合了来自父组件和子组件的数据，运行结果如图 6.21 所示。

图 6.21　接收具名插槽 props

6.7 依赖注入

通常情况下，当需要从父组件向子组件传递数据时会使用 props 选项。但是，如果有一些多层级嵌套的组件，而某个深层的子组件需要一个层级较深的祖先组件中的部分数据，此时仅使用 props 选项，必将沿其组件链逐级传递下去。如果组件链路很长，那么势必会影响这条链路上的其他组件，这就是 props 逐级透传问题。

Vue 3 通过提供 provide（提供）和 inject（注入）选项来解决这一问题，即一个父组件相对于其所有后代组件会作为依赖提供者，而任何后代组件（无论层级多深）都可以注入由父组件提供给整条链路的依赖。

6.7.1 提供数据

依赖分为组件依赖和应用层依赖。组件依赖仅为某个组件的后代提供数据，应用层依赖则在整个应用实例范围内提供数据。

1. 组件依赖

若要为某个组件的后代提供数据，则需要在该组件中使用 provide 选项。provide 选项有对象和函数两种形式。

1）使用对象形式声明 provide 选项

对于 provide 选项中的属性，后代组件会将其键名用作注入名以查找期望注入的值，属性值就是要提供的数据。例如：

```
const MyComp = {
  provide: {
    message: 'hello!'
  }
}
```

2）使用函数形式声明 provide 选项

如果需要提供依赖当前组件实例的状态，如由 data 选项定义的数据属性，则可以通过函数形式来声明 provide 选项，此时可以通过 this 访问到组件实例。例如：

```
const MyComp = {
  data() {
    return {
      message: 'hello!'
    }
  },
  provide() {
    return {
      message: this.message
    }
  }
}
```

但是，这并不会使注入保持响应性。关于如何让注入转变为响应式的详细介绍，请参阅 6.7.3 节。

2. 应用层依赖

除了在一个组件中提供依赖，也可以根据需要在整个应用层提供依赖。此时，可以调用实例方法 app.provide()，调用方式如下。

```
app.provide(key, value)
```

其中，参数 key 表示注入的键名，参数 value 表示提供的值。

app.provide()方法提供一个值，该值可以在整个应用范围内的所有后代组件中注入。该方法返回应用实例本身。例如：

```
import {createApp} from "vue"
const app = createApp({})
//注入静态值，键名为 message，相应的值为 hello
app.provide('message', 'hello!')
```

在应用层提供的数据，该应用范围内的所有组件都可以注入。

6.7.2　注入数据

若要在某个组件中注入由其上层组件提供的数据，则需要使用 inject 选项，该选项有数组和对象两种声明形式，使用后者还可以为注入提供默认值。

1. 使用数组形式声明 inject 选项

在下面的示例中，组件的 inject 选项是以数组形式声明的。

```
const Grandchild = {
  inject: ['message'],
  created() {
    console.log(this.message) // injected value
  }
}
```

注入会在组件自身状态处理之前被解析，因此可以在 data 选项中访问到注入的属性，从而创建基于注入值的数据属性。例如：

```
const Grandchild = {
  inject: ['message'],
  data() {
    return {
      // 基于注入值的初始数据
      fullMessage: this.message
    }
  }
}
```

当以数组形式声明注入选项 inject 时，注入的属性会以相同的键名暴露到组件实例上，访问的本地属性名与注入名相同。在上述代码中，所提供的属性名为 message，注入后以 this.message 的形式暴露。

2. 使用对象形式声明 inject 选项

如果想要使用一个不同于注入来源名的本地属性名注入数据，则需要在注入选项 inject 中使用对象形式声明注入属性。

在下面的示例中，以对象形式声明注入选项 inject，本地属性名为 localMessage，注入来源名则通过 from 属性声明为 message：

```
const GrandChild = {
  inject: {
    localMessage: {
      from: 'message'
    }
  }
}
```

在这里，组件本地化了原注入名 message 所提供的属性，并将其暴露为 this.localMessage。

在默认情况下，inject 选项会假设传入的注入名由某个祖先链上的组件提供。如果该注入名的确没有任何组件提供，则会抛出一个运行时警告。

3. 声明 inject 默认值

如果在注入值时不要求必须有提供者，则应使用 default 为其声明一个默认值。在声明注入的默认值时，必须使用对象形式来声明注入选项 inject。

注入的默认值可以是各种基础类型的数据，也可以是非基础类型的数据。对非基础类型的数据而言，如果创建开销较大，或者需要确保每个组件实例使用独立的数据，则必须由工厂函数提供。

【例 6.19】本例用于演示如何通过依赖注入实现组件通信。

（1）在 D:\Vue3\chapter06 目录中创建 6-19.html 文件，代码如下。

```
01  <!doctype html>
02  <html lang="zh-CN">
03  <head>
04    <meta charset="utf-8">
05    <title>通过依赖注入实现组件通信</title>
06    <script type="importmap">
07      {
08        "imports": {
09          "vue": "../js/vue.esm-browser.js"
10        }
11      }
12    </script>
13  </head>
14  <body>
15  <div id="app">
16    <h3>通过依赖注入实现组件通信</h3>
17    <p>{{content}}</p>
18    <child></child>
19  </div>          在 DOM 模板中引用子组件
20
```

```
21  <template id="grand-child">
22    <p>{{content}}</p>
23    <p>发给孙孙的信息：<em>{{message}}</em></p>
24    邮件内容：
25    <ul style="margin-top: 0px;">
26      <li v-for="(item, key) in email">
27        {{key}} – {{item}}
28      </li>
29    </ul>
30  </template>
31
32  <template id="child">
33    <p>{{content}}</p>
34    <grand-child></grand-child>
35  </template>
36
37  <script type="module">
38    import {createApp} from 'vue'
39
40    const GrandChild = {
41      data() {
42        return {
43          content: '--- 这里是孙组件'
44        }
45      },
46      template: '#grand-child',
47      inject: {
48        message: {
49          from: 'message',
50          default: 'hello'
51        },
52        email: {
53          default: () => ({
54            subject: 'Hello',
55            body: 'How are you?'
56          })
57        }
58      }
59    }
60
61    const Child = {
62      data() {
63        return {
64          content: '-- 这里是子组件'
65        }
66      },
67      template: '#child',
68      components: {
69        GrandChild
70      }
71    }
```

在孙组件中引用由根组件提供的数据

在子组件中引用孙组件

在孙组件中以对象形式注入数据 message 和 email，并对其设置默认值，email 无提供者

```
72
73    createApp({
74      data() {
75        return {
76          content: '- 这里是根组件'
77        }
78      },
79      provide() {
80        return {
81          message: 'Hello grandchild!'
82        }
83      },
84      components: {
85        Child
86      }
87    }).mount('#app')
88  </script>
89  </body>
90  </html>
```

在根组件中以函数形式提供数据 message

在上述代码中用到了三代组件，即根组件、子组件（Child）和孙组件（GrandChild）。在根组件中通过 provide 选项提供数据，并在孙组件中通过 inject 选项注入数据。

第 40 行～第 59 行用于创建组件 GrandChild，并在 data 选项中定义了数据属性 content，将其 template 选项设置为#grand-child，以对象形式声明要注入的数据。第 21 行～第 30 行在模板中展示了组件的属性和注入的数据。在这里为组件声明了注入属性 message 和 email。message 与注入来源同名，默认为字符串类型；email 无提供者，默认为对象类型，由工厂函数提供。

第 61 行～第 71 行用于创建组件 Child，在 data 选项中定义了数据属性 content，在 components 选项中注册了组件 GrandChild，并将其 template 选项设置为#child。在组件 Child 的模板中使用组件本身的数据属性 message，并引用 GrandChild 组件。

第 73 行～第 87 行用于创建并挂载应用实例，在 data 选项中定义了数据属性 content，以函数形式声明要提供的数据，键名为 message；在 DOM 模板中，通过段落展示 content 属性的值并引用 Child 组件。

（2）在浏览器中打开 6-19.html 文件，运行结果如图 6.22 所示。

图 6.22　通过依赖注入实现组件通信

6.7.3　响应性链接

为了保证注入方与供给方之间的响应性链接，需要使用 computed()函数显式地提供一个计算属性，并在 provide 选项函数中返回该计算属性。由于该计算属性依赖于组件的响应式属性，因此提供的数据将会随着响应式属性的更改而自动更新。

【例 6.20】本例用于演示如何创建响应性链接。

（1）在 D:\Vue3\chapter06 目录中创建 6-20.html 文件，代码如下。

```
01  <!doctype html>
02  <html lang="zh-CN">
03  <head>
04    <meta charset="utf-8">
05    <title>创建响应性链接</title>
06    <script type="importmap">
07      {
08        "imports": {
09          "vue": "../js/vue.esm-browser.js"
10        }
11      }
12    </script>
13  </head>
14  <body>
15  <div id="app">
16    <h3>创建响应性链接</h3>
17    <input v-model="message">
18    <child></child>
19  </div>
20
21  <template id="grand-child">
22    <p>发给孙孙的信息：<em>{{message}}</em></p>
23  </template>
24
25  <template id="child">
26    <grand-child></grand-child>
27  </template>
28
29  <script type="module">
30    import {createApp, computed} from 'vue'
31
32    const GrandChild = {
33      template: '#grand-child',
34      inject: ['message']
35    }
36
37    const Child = {
38      template: '#child',
39      components: {
```

> 在孙组件中引用注入的数据，它会随着响应式属性的更改而自动更新

> 在孙组件中以数组形式注入数据（计算属性）

```
40            GrandChild
41        }
42    }
43
44    createApp({
45      data() {
46        return {
47          message: 'Hello'
48        }
49      },
50      provide() {
51        return {
52          message: computed(() => this.message)
53        }
54      },
55      components: {
56        Child
57      }
58    }).mount('#app')
59  </script>
60  </body>
61  </html>
```

在 provide 选项函数中返回计算属性 message

在上述代码中用到了三代组件，即根组件、子组件（Child）和孙组件（GrandChild）。在根组件中通过 provide 选项函数提供数据，并在孙组件中通过 inject 选项注入数据。当提供的数据发生变化时，注入的数据会随之自动更新。

第 32 行～第 35 行用于定义组件 GrandChild，将其 template 选项设置为 #grand-child，以数组形式声明要提供的 message 属性。第 22 行在组件模板中通过段落元素展示 message 属性的值。

第 37 行～第 42 行用于定义组件 Child，将其 template 选项设置为#child，在其 components 选项中注册 GrandChild 组件；第 26 行在组件模板中引用组件 GrandChild。

第 44 行～第 58 行用于创建并挂载应用实例，在 data 选项中定义了数据属性 message，在 components 选项中注册了组件 Child。第 50 行～第 54 行通过 provide 选项函数形式声明要提供的数据，该函数的返回值为计算属性 message，该值依赖于根组件的 message 属性。此处的 computed()函数必须在使用前导入，该函数接收一个 getter 方法作为参数（示例中使用的是箭头函数），返回一个只读的响应式对象。computed()函数必须在导入后才能使用。

第 17 行在 DOM 模板中添加了一个文本框，并将其绑定到根组件的 message 属性上；第 18 行引入了组件 Child。

（2）在浏览器中打开 6-20.html 文件，刚打开页面时发送给孙组件的信息为"Hello!"，当在文本框中输入新内容时，发送给孙组件的信息会自动更新，运行结果如图 6.23 和图 6.24 所示。

| 图 6.23　初始页面 | 图 6.24　发送的信息随输入而变 |

6.8　单文件组件

Vue 的单文件组件（Single-File Component，SFC）是一种特殊的文件格式，可以将一个 Vue 组件的模板（HTML）、逻辑（JavaScript）与样式（CSS）封装在单个文件中。Vue 的单文件组件是网页开发中 HTML、CSS 和 JavaScript 三种经典语言组合的自然延伸。

6.8.1　语法定义

单文件组件的文件扩展名为.vue，用于定义 Vue 组件，它在语法上与 HTML 保持兼容。每个*.vue 文件都由三种顶层代码块构成，语法格式如下。

```
<template>
...
</template>
<script>
...
</script>
<style>
...
</style>
```

在*.vue 文件中，通过<template>、<script>和<style>代码块来对组件的视图、逻辑与样式进行块封装和组合。

1．<template>

一个*.vue 文件中最多可以包含一个顶层<template>模板代码块。由该代码块包裹的内容将会被提取出来传递给@vue/compiler-dom，并将其预编译为 JavaScript 渲染函数附加在导出的组件上，用作其 render 选项。

2．<script>

一个*.vue 文件中最多可以包含一个<script>脚本代码块，但使用<script setup>脚本代码块的情况除外。

<script>脚本代码块将作为 ES 模块执行。从该模块中默认导出的应该是 Vue 的组件选项对象，可以是一个对象字面量或 defineComponent()函数的返回值。

3. <script setup>

一个*.vue 文件中最多可以包含一个<script setup>脚本代码块，不包括一般的<script>脚本代码块。

这个脚本代码块将被预处理为组件的 setup()函数，这意味着它将为每一个组件实例执行一次。<script setup>脚本代码块中的顶层绑定将全部自动暴露给模板。

4. <style>

一个*.vue 文件中可以包含多个<style>样式代码块。一个<style>样式代码块可以使用 scoped 或 module 属性来帮助封装当前组件的样式（CSS），使用不同封装模式的多个<style>样式代码块可以被混合封装在同一个组件中。

5. 自定义块

在一个*.vue 文件中可以为任何项目的特定需求使用额外的自定义块，但自定义块的处理需要依赖工具链。

6. src 导入

如果希望将 Vue 组件分散到多个文件中，则可以使用 src 属性从一个外部文件中导入一个语言块。例如：

```
<template src="./template.html"></template>
<style src="./style.css"></style>
<script src="./script.js"></script>
```

7. 注释

在每个语言块中我们都可以按照相应语言（HTML、CSS 和 JavaScript 等）的语法格式添加注释。对于顶层代码块的注释，则应使用 HTML 的注释语法。

下面给出一个单文件组件的完整示例。

```
<template>
  <div class="example">{{msg}}</div>
</template>

<script>
export default {
  data() {
    return {
      msg: 'Hello world!'
    }
  }
}
</script>

<style>
.example {
```

```
    color: red;
}
</style>


<custom1>
    This could be e.g. documentation for the component.
</custom1>
```

在上述代码中，<template>模板代码块给出组件的模板，在 div 元素中显示组件的响应式属性 msg。<script>脚本代码块用于导出组件选项对象，在 data 选项中定义了组件的响应式属性。<style>样式代码块用于定义组件的样式，定义要在模板中使用的类样式。上述代码必须写在一个.vue 文件中，而且必须在根组件或其他组件导入之后才能工作。

6.8.2　单文件组件的优点

要想在 Vue 前端开发中使用单文件组件，就必须使用构建工具创建 Vue 项目。不过，单文件组件也为前端开发带来了种种好处。

- 使用熟悉的 HTML、CSS 和 JavaScript 语法编写模块化的组件。
- 在使用组合式 API 时语法更简单。
- 开箱即用的模块热更新（HMR）支持。
- 更好的 IDE 支持，提供自动补全和对模板中表达式的类型检查。
- 让本来强相关的关注点自然内聚。
- 预编译模板，避免运行时的编译开销。
- 组件作用域的 CSS。
- 通过交叉分析模板和逻辑代码进行更多编译时优化。

单文件组件是 Vue 框架提供的一个功能，在单页面应用、静态站点生成等场景中都是官方推荐的项目组织方式。在后面的章节中，将大量使用单文件组件和组合式 API。

6.8.3　工具链

当使用单文件组件时，需要通过构建步骤来创建 Vue 项目，这是使用单文件组件的前提。创建 Vue 项目可以通过 Vue 工具链中的项目脚手架来完成。

1．Vite

Vite 是一个轻量级的、速度极快的构建工具，它对单文件组件提供第一优先级支持。要使用 Vite 创建一个 Vue 项目，需要用到 Node.js 包管理工具 npm。

第 1 章中介绍了使用 Vite 创建 Vue 项目的步骤，即通过执行 npm init vue@latest 命令来安装并执行 create-vue，它是 Vue 提供的官方脚手架工具，按照命令提示操作即可。

2．Vue CLI

Vue CLI 是官方提供的基于 Webpack 的 Vue 工具链，它现在处于维护模式。建议使用 Vite

构建新的项目，除非项目依赖于特定的 Webpack 特性。在大多数情况下，Vite 都会提供更优秀的开发体验。

3. 在线尝试

如果不想构建 Vue 项目，但又想体验基于单文件组件的 Vue 开发过程，则可以在浏览器中访问以下两种在线演练场。

- Vue 官方网站中的单文件组件演练场，它支持检查编译输出的结果，并随着 Vue 仓库最新的提交自动更新。
- StackBlitz 官方网站中的 Vue+Vite，这是一个类似 IDE 的环境，但实际是在浏览器中运行 Vite 开发服务器，与本地开发的效果更接近。

上述两种在线演练场也支持将文件作为一个 Vite 项目下载。

4. 浏览器内模板编译注意事项

当以无构建步骤方式使用 Vue 时，组件模板要么是写在页面的 HTML 中的，要么是内联的 JavaScript 字符串。在这些场景中，为了执行动态模板编译，Vue 需要将模板编译器运行在浏览器中。但如果使用了构建步骤，由于提前编译了模板，所以无须再在浏览器中运行。为了减小客户端代码打包的体积，Vue 提供了多种格式的构建文件，以适配不同场景下的优化需求。

前缀为 vue.runtime.*的文件是运行时版本，它不包含编译器，在使用这个版本时，所有的模板都必须由构建步骤预先编译。在默认的工具链中会使用运行时版本。

名称中不包含.runtime 的文件都是完全版，它包含了编译器，并支持在浏览器中直接编译模板，但体积也会因此增加。

习题 6

一、填空题

1. 在 HTML 文件中可以将 Vue 组件当作一个包含特定选项的_____对象来定义。

2. 单文件组件的文件扩展名为_____。

3. Vue 组件的注册有两种方式，分别为_____和_____。

4. 在组件中通过调用_____实例方法来触发一个自定义事件。

5. 将组件的_____选项设置为 false 可以禁用属性继承。

二、判断题

1. 在 JavaScript 文件中可以定义一个对象作为 Vue 组件，并使用 export 语句导出该对象。　　　　　　　　　　　　　　　　　　　　　　　　　　（　　）

2. 局部注册可以使用组件的 components 选项来实现。　　　　　　　　　（　　）

3. 通过 props 选项传递数字可以使用类似<BlogPost likes="123" />的形式。 　　　（　　　）

4. 组件触发的事件也有冒泡机制。 　　　（　　　）

三、选择题

1. 在使用对象语法声明 prop 时，（　　　）选项指定该 prop 是否必须传入。

    A．type   B．default   C．required   D．validator

2. 在下列各项中，（　　　）不属于单文件组件的顶层代码块。

    A．<template>   B．<script>   C．<header>   D．<style>

四、简答题

1. 简述使用 Vue 组件需要哪些步骤。

2. 简述单文件组件中包含哪些顶层代码块。

3. 简述什么是单向数据流。

4. 简述组件的双向绑定有哪两种实现方式。

五、编程题

1. 创建一个 Vue 应用，通过 props 选项向组件传递数据。

2. 创建一个 Vue 应用，通过自定义事件从子组件向父组件传递数据。

3. 创建一个 Vue 应用，在组件上实现多个 v-model 指令的绑定。

4. 创建一个 Vue 应用，通过默认插槽和具名插槽向子组件传递模板内容。

5. 创建一个 Vue 应用，通过依赖注入向孙组件传递数据。

第 7 章

组合式 API

组合式 API（Composition API）是一系列 API 的集合，其主要特点是使用导入 API 函数的方式来编写 Vue 组件的逻辑代码，而不是声明选项的方式。组合式 API 是一个概括性的术语，它涵盖了响应式 API、生命周期钩子及依赖注入等方面的内容。在单文件组件中，组合式 API 通常与<script setup>标签搭配使用。本章将介绍如何在 Vue 项目开发中使用组合式 API，主要内容包括 setup 钩子、响应式 API、生命周期钩子及依赖注入。

7.1　setup 钩子

setup 钩子是在组件中使用组合式 API 的入口，它在所有其他生命周期钩子之前被调用。通常只在以下两种情况下使用 setup 钩子：一是需要在非单文件组件中使用组合式 API 时；二是需要在基于选项式 API 的组件中集成基于组合式 API 的代码时。

7.1.1　基本用法

当使用响应式 API 函数声明响应式状态时，在 setup 钩子中返回的对象会暴露给组件模板和组件实例。其他选项也可以通过组件实例来获取 setup 钩子暴露的对象。

setup 钩子自身并不包含对组件实例的访问权，即在 setup 钩子中访问 this 将会输出 undefined。在选项式 API 中可以访问组合式 API 暴露的值，但反过来不能访问。

在模板中访问从 setup 钩子中返回的 ref 对象时，它会自动浅层解包，因此无须在模板中为它写入.value。当通过 this 访问时，也会如此解包。

【例 7.1】本例用于演示 setup 钩子的基本用法。

（1）使用 Vite 构建工具，在 D:\Vue3\chapter07 目录中创建一个 Vue 单页应用，并将该项目命名为 vue-project7-01。

（2）编写根组件 src/App.vue，代码如下。

```
01  <script>
02  import {ref} from 'vue'          从vue模块中导入API函数ref()
03
04  export default {
05    setup() {                       在setup钩子中定义函数ref()
06      const message = 'Hello!'      并声明响应式属性，赋值给
07      const count = ref(0)          count
08
09      console.log(this)             在setup钩子中定义函数并赋值
10      const showMessage= (msg) => { 给showMessage，它可以作为组
11        console.log(msg)            件方法使用
12      }
13
14      return {                      在setup钩子中返回一个对象，其中
15        message,                    包含message、count和showMessage，
16        count,                      它们将暴露给组件模板和组件实例
17        showMessage
18      }
19    },
20    created() {
21      console.log(`count = ${this.count}`)
22    },                              在组件生命周期钩子中可以访
23    mounted() {                     问setup钩子暴露的变量和函数
24      this.showMessage('How are you?')
25    }
26  }
27  </script>
28
29  <template>                        在组件模板中可以引用message和count，
30    <h3>{{message}}</h3>            count是响应式属性，而message不是
31    <button @click="count++">当前单击次数：{{count}}</button>
32  </template>
```

在上述代码中，第 4 行～第 26 行用于导出组件选项对象；第 2 行用于导入 API 函数 ref()；第 5 行～第 19 行用于定义 setup 钩子；第 6 行使用 const 声明了常量 message，它是一个普通常量，不是响应式属性；第 7 行使用函数 ref() 定义了响应式属性 count。

第 9 行用于在控制台中输出 this 的值，但由于 setup 钩子自身并不包含对组件实例的访问权，因此输出结果将为 undefined；第 10 行～第 12 行用于定义函数并赋值给 showMessage，其功能是在控制台中输入信息，它可以作为组件方法使用；第 14 行～第 18 行通过 setup 钩子返回一个对象，其中包含 message、count 和 showMessage，它们可以在组件实例和组件模板中使用。

第 20 行～第 22 行用于定义组件的生命周期钩子 created，其中访问了组件属性 this.count 的值；第 23 行～第 25 行用于定义生命周期钩子 mounted，其中调用了组件方法 this.showMessage()。

第 30 行在组件模板中通过插值表达式{{message}}访问组件属性 message 的值；第 31 行在

按钮的 click 事件处理器中更改响应式属性 count 的值。

（3）在 IDE 终端窗口中输入 npm run dev，启动 Vite 开发服务器，在浏览器地址栏中输入 http://localhost:5173/ 来查看项目运行结果，从控制台中可以看到三行输出内容，分别是 this 上下文、count 属性的初始值及 showMessage() 方法的调用结果，如图 7.1 所示。

图 7.1　项目运行结果

7.1.2　访问 props 选项

传入 setup 钩子的第一个参数是组件的 props 选项。与标准组件相同，传入 setup 钩子的 props 选项是响应式的，并且会在传入新的 prop 时同步更新。

【例 7.2】本例用于演示如何通过 setup 钩子为组件传递 props 选项。

（1）在 D:\Vue3\chapter07 目录中创建 vue-project7-02 项目。

（2）在 src/components 目录中创建单文件组件 Comp.vue，代码如下。

```
01   <script>
02   export default {
03     props: {
04       title: String,
05       content: String
06     },
07     setup(props) {
08       return {
09         props
10       }
11     }
12   }
13   </script>
14   <template>
15     <h3>{{props.title}}</h3>
16     <div v-html="props.content"></div>
17   </template>
```

在组件 Comp 中为 setup 钩子传入 props 选项并向外暴露，可以在组件模板中引用 props 选项中的值

在上述代码中，第 3 行~第 6 行在 props 选项中定义了 title 和 content 两个 prop；第 7 行~第 11 行在 setup 钩子中使用一个参数接收 props 对象，并通过 return 语句返回该对象；第 15 行~第 16 行在组件模板中通过 props.title 和 props.content 形式来引用传入的 prop 值。

（3）编写根组件 src/App.vue，代码如下。

```
01   <script>
```

```
02   import {ref} from 'vue'
03   import Comp from "./components/Comp.vue";
04
05   export default {
06     components: {Comp},
07     setup() {
08       const title = ref(`春夜喜雨`)
09       const content = ref(`
10         <p>好雨知时节，当春乃发生。</p>
11         <p>随风潜入夜，润物细无声。</p>
12       `)
13
14       const toggle = () => {
15         title.value = '静夜思'
16         content.value = `
17         <p>床前明月光，疑是地上霜。</p>
18         <p>举头望明月，低头思故乡。</p>
19         `
20       }
21       return {
22         title, content, toggle
23       }
24     }
25   }
26   </script>
27
28   <template>
29     <Comp :title="title" :content="content"/>
30     <button @click="toggle">切换</button>
31   </template>
```

在根组件中导入并注册 Comp 组件

在 setup 钩子中定义了响应式属性 title 和 content 及函数 toggle()，并在返回的对象中包含这些值

在根组件模板中通过 props 选项向组件 Comp 传递数据，并将按钮的 click 事件处理器绑定到函数 toggle() 上

在上述代码中，第 2 行～第 3 行用于导入 API 函数 ref() 和 Comp 组件，第 6 行在 components 选项中注册 Comp 组件。第 7 行～第 24 行用于定义 setup 钩子，其中，第 8 行～第 12 行用于定义响应式属性 title 和 content，第 14 行～第 20 行用于定义函数 toggle()，更改组件的响应式属性（注意更改时采用 title.value 和 content.value 形式），第 21 行～第 23 行用于返回这些属性和函数。第 29 行在组件模板中使用 Comp 组件，并通过: title 和 :content= 传递数据，第 30 行将按钮的 click 事件处理器绑定到 toggle() 函数上。

（4）开启 Vite 开发服务器，在浏览器中运行项目，欣赏唐诗并通过单击按钮来切换内容，运行结果如图 7.2 和图 7.3 所示。

图 7.2　初始页面

图 7.3　通过单击按钮切换内容

215

如果对 props 对象解构，则解构出的变量将失去响应性。因此推荐通过 props.xxx 形式来使用其中的 prop。将例 7.2 中 Comp 组件的代码修改为以下形式：

```
01   <script>
02   export default {
03     props: {
04       title: String,
05       content: String
06     },
07     setup(props) {
08       const {title, content} = props
09       return {
10         title, content
11       }
12     }
13   }
14   </script>
15   <template>
16     <h3>{{title}}</h3>
17     <div v-html="content"></div>
18   </template>
```

> 如果在这里对 props 对象解构，则解构出的变量 title 和 content 将失去响应性

修改之后，虽然初始页面还可以正常显示，但在单击按钮时已经不能切换内容。因为对 props 对象解构得到的变量 title 和 content 已经不再具有响应性。如果确实需要对 props 对象解构，或者需要将某个 prop 传到一个外部函数中并保持其响应性，则应使用 API 工具函数 toRefs() 和 toRef() 进行处理。可以将例 7.2 中组件 Comp 的代码修改为以下形式：

```
const {title, content} = toRefs(props)
```

也可以这样修改：

> 使用 API 工具函数 toRefs() 和 toRef() 进行处理，使其保持响应性

```
const title = toRef(props, 'title')
const content = toRef(props, 'content')
```

7.1.3 setup 上下文对象

传入 setup 钩子的第二个参数是一个 setup 上下文对象，通过该对象可以暴露一些在 setup 钩子中可能会用到的值，如透传属性、插槽、触发事件及暴露的公共属性等。

在组件中，可以通过以下方式来使用这个 setup 上下文对象：

```
export default {
  setup(props, context) {
    // 透传属性（非响应式对象），等价于$attrs
    console.log(context.attrs)
    // 插槽（非响应式对象），等价于$slots
    console.log(context.slots)
    // 触发事件（函数），等价于$emit
    console.log(context.emit)
    // 暴露的公共属性（函数）
    console.log(context.expose)
  }
}
```

由于传入的上下文对象 context 是非响应式的，因此可以安全地解构：

```
export default {
  setup(props, {attrs, slots, emit, expose}) {
    ...
  }
}
```

其中，attrs 和 slots 都是有状态的对象，它们总是会随着组件的更新而更新。这意味着应当避免解构它们，并始终通过 attrs.x 或 slots.x 形式使用其中的属性。此外，attrs 和 slots 对象的属性都不是响应式属性，若要基于 attrs 或 slots 对象的改变来执行附加作用，则应在生命周期钩子 onBeforeUpdate 中编写相关逻辑。

expose()函数用于显式地限制该组件暴露的属性，当父组件通过模板引用访问该组件的实例时，只能访问 expose()函数暴露的内容。

【例 7.3】本例用于演示如何使用 setup 上下文对象。

（1）在 D:\Vue3\chapter07 目录中创建 vue-project7-03 项目。

（2）在 src/components 目录中创建单文件组件 Comp.vue，代码如下。

```
01  <script>
02  import {ref} from 'vue'
03
04  export default {            ┌─ 向 setup 钩子传递上下文对象
05    emits: ['greetEvent'],
06    setup(props, {attrs, slots, emit, expose}) {
07      const msg = ref('你好')
08      const title = attrs.title          ◄── 从 attrs 和 slots 对象中获取数据
09      const content = slots.content()[0].children
10      const greet = () => {
11        emit('greetEvent', '张三')        ◄── 调用 emit()方法触发组件的
12      }                                      事件并发送额外数据
13      expose({msg})
14      return {                           ◄── 使用 expose()函数暴露 msg
15        msg, greet, content, title          属性
16      }
17    }
18  }
19  </script>
20
21  <template>
22    <div class="container">
23      <h3>{{title}}</h3>
24      <slot name="content">默认内容</slot>
25      <p><button @click="greet">Click Me</button></p>
26    </div>
27  </template>
```

在上述代码中，第 5 行在 emits 选项中声明了 greetEvent 事件。第 6 行~第 17 行定义了

setup 钩子，并以解构形式{attrs, slots, emit, expose}传入上下文对象。其中，第7行定义了响应式属性 msg；第8行～第9行声明了 title 和 content 两个普通变量，其初始值分别从 attrs 和 slots 对象中获取；第10行～第12行定义了 greet()函数，调用 emit()方法来触发 greetEvent 事件；第13行使用 expose()函数暴露 msg 属性；第14行～第16行用于返回要向外暴露的 msg、greet、content 和 title 属性。

第23行在组件模板中通过 h3 元素显式地透传属性 title；第24行添加了一个名为 content 的插槽，用于接收父组件传递的内容；第25行将按钮的 click 事件处理器绑定到 greet()函数上。

（3）编写根组件 src/App.vue，代码如下。

```
01  <script>
02  import {ref} from 'vue'
03  import Comp from './components/Comp.vue'
04
05  export default {
06    setup() {
07      const greet = ref('')
08      const name = ref('')
09      const comp = ref(null)
10      const doClick = (data) => {          定义根组件方法 doClick()，将组
11        greet.value = comp.value.msg       件Comp暴露的msg属性值赋予
12        name.value = data                  属性 greet，并将该组件通过自
13      }                                    定义事件发送的数据赋值给属
                                             性 name
14      return {
15        Comp, greet, name, doClick, comp
16      }
17    },
18    components: {Comp}     引用组件 Comp，通过 ref()函数将其绑定到属
19  }                        性 comp 上；通过 title 传递透传属性；将
20  </script>               greetEvent 事件处理器绑定到 doClick()方法上
21  <template>
22    <Comp ref="comp" title="透传属性" @greet-event="doClick">
23      <template #content>插槽内容</template>
24    </Comp>
25    <p>{{greet}} {{name}}</p>
26  </template>
```

在上述代码中，第6行～第16行用于定义 setup 钩子，以及响应式属性 greet、name 和 comp，其中属性 greet 用于接收组件 Comp 暴露的公共属性值，属性 name 用于接收该组件通过事件发送的数据，属性 comp 用于引用该组件本身。

第10行～第13行声明了 doClick()方法，在该方法中将子组件暴露的公共属性值赋予属性 greet，将该组件通过自定义事件发送的数据赋值给属性 name；第14行～第16行用于返回 Comp、greet、name、comp 和 doClick；第18行在 components 选项中声明了组件 Comp。

第22行～第24行在组件模板中引用组件 Comp，通过 ref()函数将其绑定到属性 comp 上，

通过属性 title 传递透传属性，使用 v-on 指令将 greetEvent 自定义事件处理器绑定到 doClick()方法上。第 25 行以插值表达式的形式将属性 greet 和 name 的值显示在段落中。

（4）开启 Vite 开发服务器，在浏览器中运行项目，通过单击按钮来显示从子组件中接收的数据，运行结果如图 7.4 和图 7.5 所示。

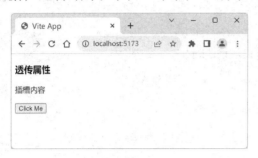
图 7.4　初始页面

图 7.5　单击按钮时显示的内容

7.1.4　返回渲染函数

在大多数情况下，Vue 推荐使用模板语法来创建应用。但在某些使用场景中，需要用到 JavaScript 完全的编程能力，这时可以使用渲染函数。

在创建渲染函数时，需要使用 h() 函数来生成虚拟 DOM 节点：

```
h(type, props, children)
```

其中，type 表示标签名，props 表示该标签的属性，children 表示该标签的子节点。使用 h() 函数创建虚拟 DOM 元素后，可以通过渲染函数将其渲染到页面上。

下面给出使用 h() 函数的一些示例。

```
import {h} from 'vue'
// 除了 type，其他参数都是可选参数
h('div')
h('div', {id: 'foo'})

// 属性可以用于 prop
// Vue 会自动选择正确的方式来分配它
h('div',{class: 'bar', innerHTML: 'hello'})

// class 与 style 属性可以像在模板中一样，使用数组或对象的形式书写
h('div', {class: [foo, {bar}], style:{color: 'red'}})

// 事件监听器应以 onXxx 形式书写
h('div', {onClick: () => {}})

// children 可以是一个字符串
h('div', {id: 'foo'}, 'hello')

// 没有 prop 时可以省略不写
h('div', 'hello')
h('div', [h('span', 'hello')])
```

```
// children 数组可以同时包含虚拟节点和字符串
h('div', ['hello', h('span', 'hello')])
```

当使用组合式 API 时，可以通过 setup 钩子返回一个渲染函数，在该函数中可以直接使用在同一作用域下声明的响应式状态。当返回一个渲染函数时，将阻止 setup 钩子返回其他数据。如果想通过模板引用将组件的方法暴露给父组件，则可以通过调用 expose() 函数实现。

【例 7.4】本例用于演示如何通过 setup 钩子返回一个渲染函数。

（1）在 D:\Vue3\chapter07 目录中创建 vue-project7-04 项目。

（2）在 src/components 目录中创建单文件组件 Comp.vue，代码如下。

```
01   <script>
02   import {ref, h} from 'vue'
03
04   export default {
05       props: ['title', 'content'],
06       emits: ['clickEvent'],
07       setup(props, {emit, expose}) {
08           const count = ref(1)
09           const increment = () => count.value++
10           expose({increment})
11
12           // 返回渲染函数
13           return () => [
14               h('h3', props.title),
15               h('p', {innerHTML: props.content}),
16               h('p', h('button', {
17                   onClick: () => {
18                       emit('clickEvent')
19                   }
20               }, '点赞次数：' + count.value))
21           ]
22       }
23   }
24   </script>
```

> 通过 setup 钩子传递 props 选项和上下文对象，并返回渲染函数

> 在返回的渲染函数中，使用 h() 函数创建了一个 h3 节点、两个 p 节点和一个 button 节点，并在该 button 节点中触发了 clickEvent 事件

在上述代码中，第 2 行导入了 API 函数 ref() 和函数 h()；第 5 行在 props 选项中定义了 title 和 content 两个 prop；第 6 行在 emits 选项中声明了 clickEvent 事件。

第 7 行~第 22 行用于定义 setup 钩子，传入 props 选项和解构后的上下文{emit, expose}，声明响应式状态属性 count 及函数 increment()，并使用 expose() 函数将该函数暴露给父组件。

第 13 行~第 21 行用于返回一个箭头函数，即组件的渲染函数。在该函数中，使用 h() 函数创建了一个 h3 节点、两个 p 节点和一个 button 节点，并在该 button 节点中触发 clickEvent 事件。

（3）编写根组件 src/App.vue，代码如下。

```
01   <script>
02   import {ref, onMounted} from 'vue'
03   import Comp from "./components/Comp.vue";
```

```
04
05   export default {
06     setup() {
07       const title = ref('春晓')
08       const content = ref(`
09         <p>春眠不觉晓，处处闻啼鸟。</p>
10         <p>夜来风雨声，花落知多少。</p>
11       `)
12       const comp = ref(null)
13       const add = ref(null)
14       onMounted(() => {
15         add.value = comp.value.increment
16       })
17       return {
18         title, content, comp, add
19       }
20     },
21     components: {Comp}
22   }
23   </script>
24
25   <template>
26     <Comp ref="comp" :title="title"
27           :content="content" @click-event="add"/>
28   </template>
```

在上述代码中，第 2 行~第 3 行导入了 API 函数 ref() 和函数 onMounted()，以及组件 Comp。第 6 行~第 20 行用于定义 setup 钩子，以及响应式属性 title、content、comp 和 add。其中，第 14 行~第 16 行用于声明生命周期钩子 onMounted，通过 add.value = comp.value.increment 接收子组件暴露的组件方法；第 17 行~第 19 行用于返回向外暴露的 title、content、comp 和 add 属性值。第 21 行在 components 选项中注册了组件 Comp。

第 26 行~第 27 行在根组件模板中引用了组件 Comp，通过:title 和 :content 向该组件传递数据，通过@click-event="add" 将该组件自定义事件的处理器绑定到 add 属性上。

（4）开启 Vite 开发服务器，在浏览器中运行项目，通过单击按钮来增加点赞次数，运行结果如图 7.6 所示。

图 7.6　欣赏唐诗并为其点赞

7.1.5 <script setup>语法糖

<script setup>是在单文件组件中使用组合式 API 时用到的编译时语法糖。当同时使用单文件组件和组合式 API 时，<script setup>语法糖是默认推荐的。与普通的<script>语法相比，它更加简洁，并且具有更多的优点。

在单文件组件中，可以通过<template>、<script>和<style>代码块来对组件的视图、逻辑及样式进行块封装和组合。其中的<script>脚本代码块是作为 ES 模块来执行的，从该模块中默认导出的应该是 Vue 的组件选项对象。

当声明组件的响应式状态时，需要在 setup 钩子中通过 return 语句返回一个对象，该对象包含要暴露给组件模板和组件实例的属性和函数，其他选项可以通过组件实例来获取这些属性和函数。

在单文件组件中，组合式 API 通常与<script setup>语法糖搭配使用，其中的 setup 属性是一个标识，用于通知 Vue 需要在组件编译时进行一些处理。使用<script setup>语法糖时，不需要定义 setup 钩子，在这个脚本代码块中导入的顶层变量和函数也不需要通过 return 语句返回，可以直接在组件模板中使用。

在单文件组件中，可以同时使用<script setup>语法糖和普通的<script>语法。普通的<script>语法在以下情况中会用到。

- 声明无法在<script setup>语法糖中声明的选项，如 inheritAttrs 或插件的自定义选项。
- 声明模块的具名导出。
- 运行只需要在模块作用域中执行一次的操作，或创建单例对象。

同时应用普通的<script>语法及<script setup>语法糖的示例代码如下。

```
<script>
runSideEffectOnce()

export default {
  inheritAttrs: false,
  customOptions: {}
}
</script>


<script setup>
...
</script>
```

上面的示例同时包含了普通的<script>语法和<script setup>语法糖。普通的<script>语法主要是调用在模块作用域中仅执行一次的函数，并声明一些额外的选项。<script setup>语法糖包含的是在 setup 钩子的作用域中执行的代码，对每个组件实例都要执行一次。

在应用开发中，需要注意的是，对于那些可以使用<script setup>语法糖定义的选项，如 props 和 emits 等，不要使用单独的<script>语法。

【例 7.5】本例用于演示如何使用<script setup>语法糖来编写 Vue 单文件组件。

（1）在 D:\Vue3\chapter07 目录中创建 vue-project7-05 项目。

（2）在 src/components 目录中创建单文件组件 Comp.vue，代码如下。

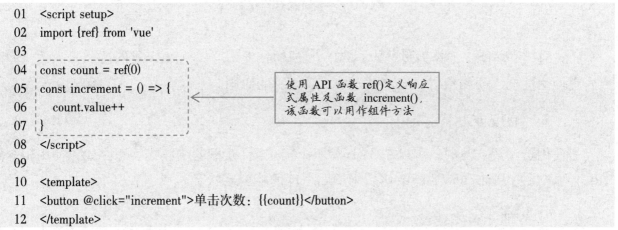

```
01  <script setup>
02  import {ref} from 'vue'
03
04  const count = ref(0)
05  const increment = () => {
06    count.value++
07  }
08  </script>
09
10  <template>
11  <button @click="increment">单击次数：{{count}}</button>
12  </template>
```

> 使用 API 函数 ref() 定义响应式属性及函数 increment()，该函数可以用作组件方法

在上述代码中，第 4 行在<script setup>代码块中定义了响应式属性 count；第 5 行~第 7 行定义了函数 increment()，通过 count.value 形式访问响应式属性，使其实现自增。

第 11 行在组件模板中通过插值表达式直接引用 count 属性，并将按钮的 click 事件处理器绑定到函数 increment()上。

（3）编写根组件 src/App.vue，代码如下。

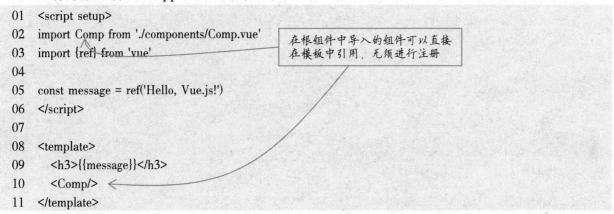

```
01  <script setup>
02  import Comp from './components/Comp.vue'
03  import {ref} from 'vue'
04
05  const message = ref('Hello, Vue.js!')
06  </script>
07
08  <template>
09    <h3>{{message}}</h3>
10    <Comp/>
11  </template>
```

> 在根组件中导入的组件可以直接在模板中引用，无须进行注册

在上述代码中，第 2 行~第 3 行在<script setup>代码块中导入了 Comp 组件和 ref()函数；第 5 行使用 ref()函数声明了响应式属性 message。

第 9 行在组件模板中通过插值表达式引用 message 属性。

（4）开启 Vite 开发服务器，在浏览器中运行项目，通过单击按钮来增加单击次数，运行结果如图 7.7 所示。

图 7.7　单击按钮增加单击次数

7.2 响应式 API

Vue 的核心功能主要是通过响应式 API 实现的，在组合式 API 中它们被公开为独立的函数。在使用这些 API 函数时，应遵循先导入后使用的原则。下面介绍 Vue 3 的响应式 API。

7.2.1 响应式状态

当使用选项式 API 时，可以在 data 选项中声明组件实例的响应式状态。如果使用组合式 API，则应当使用 reactive() 和 ref() 函数来声明组件的响应式状态。

1. reactive()函数

在使用 reactive() 函数时需要传入一个对象，此时将返回该对象的响应式代理。这种响应式转换是深层的，它会影响所有嵌套的属性。

下面给出使用 reactive() 函数创建响应式状态的示例。

```
<script setup>
import {reactive} from 'vue'

const state = reactive({count: 0})
console.log(state.count) // 0
state.count++
console.log(state.count) // 1
</script>

<template>
  <button @click="state.count++">{{state.count}}</button>
</template>
```

2. ref()函数

在使用 ref() 函数时可以传入一个任意类型的原始值，此时将返回一个可更改的、响应式的 ref 对象，它只有一个指向其内部值的 .value 属性。ref 对象是可更改的，即可以为 .value 属性赋予新值；该对象也是响应式的，当更改.value 属性时模板视图会自动更新。

当使用 ref() 函数创建一个响应式属性后，在组件模板中可以直接通过变量名来访问数据，但在 JavaScript 代码中仍然要通过"变量名.value"的形式来访问。

使用 ref() 函数声明响应式状态的示例代码如下。

```
<script setup>
import {ref} from 'vue'

const count = ref(0)
console.log(count.value) // 0
count.value++
console.log(count.value) // 1
```

```
</script>

<template>
  <button @click="count++">{{count}}</button>
</template>
```

使用 reactive() 和 ref() 函数都可以声明响应式状态，但它们在使用方法上有所不同。在使用 reactive() 函数时，必须传入对象类型的参数，而且可以通过相同的形式在 JavaScript 代码和模板中引用响应式属性，如 state.count；在使用 ref() 函数时，可以传入任意类型的参数，对于声明的响应式属性，在 JavaScript 代码中需要通过"变量名.value"的形式来访问，在模板中则可以直接通过变量名来访问。在实际开发中，推荐使用 ref() 函数来声明组件的响应式状态。

【例 7.6】本例说明如何使用 reactive() 和 ref() 函数声明响应式状态。

（1）在 D:\Vue3\chapter07 目录中创建 vue-project7-06 项目。

（2）在 src/components 目录中创建单文件组件 CompA.vue，代码如下。

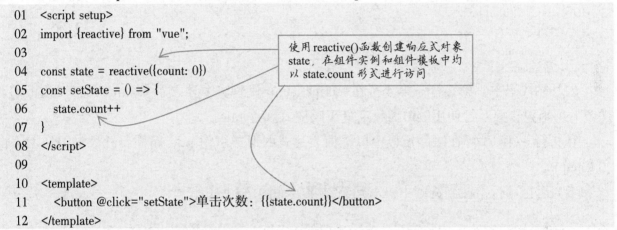

```
01  <script setup>
02  import {reactive} from "vue";
03
04  const state = reactive({count: 0})
05  const setState = () => {
06      state.count++
07  }
08  </script>
09
10  <template>
11      <button @click="setState">单击次数：{{state.count}}</button>
12  </template>
```

使用 reactive() 函数创建响应式对象 state，在组件实例和组件模板中均以 state.count 形式进行访问

在上述代码中，第 2 行在 <script setup> 代码块中导入了 reactive() 函数；第 4 行使用该函数创建了响应式对象 state；第 5 行 ~ 第 7 行定义了函数 setState()，用于实现 state.count 属性的自增。

第 11 行在组件模板中添加了一个按钮，以插值表达式的形式引用 state.count 属性，并将该按钮的 click 事件处理器绑定到 setState() 函数上。

（3）在 src/components 目录中创建单文件组件 CompB.vue，代码如下。

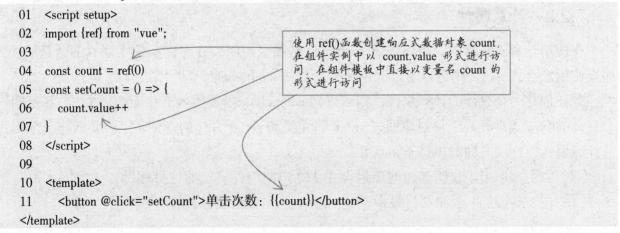

```
01  <script setup>
02  import {ref} from "vue";
03
04  const count = ref(0)
05  const setCount = () => {
06      count.value++
07  }
08  </script>
09
10  <template>
11      <button @click="setCount">单击次数：{{count}}</button>
</template>
```

使用 ref() 函数创建响应式数据对象 count，在组件实例中以 count.value 形式进行访问，在组件模板中直接以变量名 count 的形式进行访问

在上述代码中，第 2 行在<script setup>代码块中导入了 ref()函数；第 4 行使用 ref()函数创建了响应式对象 count；第 5 行~第 7 行声明了函数 setCount()，用于实现 count.value 属性的自增。

第 11 行在组件模板中添加了一个按钮，以插值表达式的形式引用 count.value 属性，并将该按钮的 click 事件处理器绑定到 setCount()函数上。

（4）编写根组件 src/App.vue，代码如下。

```
01  <script setup>
02  import CompA from './components/CompA.vue'
03  import CompB from './components/CompB.vue'
04  import {ref} from 'vue'
05
06  const title = ref('响应式状态')
07  </script>
08
09  <template>
10    <h3>{{title}}</h3>
11    <CompA/> 
12    <CompB/>
13  </template>
```

在上述代码中，第 2 行~第 4 行在<script setup>代码块中导入了 CompA 组件、CompB 组件及 ref()函数；第 6 行使用 ref()函数定义了响应式属性 title。

第 9 行~第 13 行在组件模板中以插值表达式的形式引用 title 属性，并添加组件 CompA 和 CompB。

（5）运行项目，在浏览器中查看运行结果，如图 7.8 所示。

图 7.8　响应式状态

7.2.2　计算属性

在使用选项式 API 时，可以通过 computed 选项来声明要在组件实例上暴露的计算属性。如果使用组合式 API，则可以通过调用 API 函数 computed()来声明计算属性。

若要创建一个只读的计算属性，则可以向 computed()函数传入一个 getter 方法，并返回一个只读的响应式对象 ref，该对象通过.value 属性暴露 getter 方法的返回值。若要创建一个可写的计算属性，则需要同时提供 getter 和 setter 方法。

【例 7.7】本例用于说明如何使用组合式 API 声明组件实例的计算属性。

（1）在 D:\Vue3\chapter07 目录中创建 vue-project7-07 项目。

（2）编写根组件 src/App.vue，代码如下。

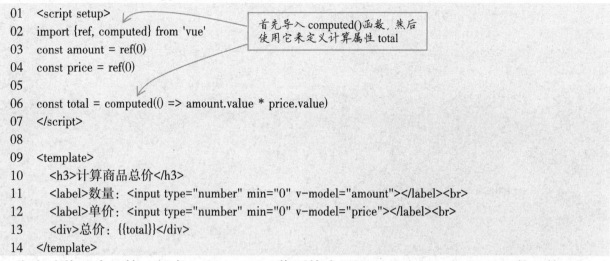

```
01  <script setup>
02  import {ref, computed} from 'vue'
03  const amount = ref(0)
04  const price = ref(0)
05
06  const total = computed(() => amount.value * price.value)
07  </script>
08
09  <template>
10     <h3>计算商品总价</h3>
11     <label>数量: <input type="number" min="0" v-model="amount"></label><br>
12     <label>单价: <input type="number" min="0" v-model="price"></label><br>
13     <div>总价: {{total}}</div>
14  </template>
```

首先导入 computed()函数，然后使用它来定义计算属性 total

在上述代码中，第 2 行在<script setup>代码块中导入了 ref()和 computed()函数；第 3 行～第 4 行使用 ref()函数定义了响应式属性 amount 和 price；第 6 行使用 computed()函数定义了计算属性 total，其值依赖于 amount 和 price 属性。

第 11 行～第 12 行在组件模板中添加了两个数字输入框,将它们分别绑定到 amount 和 price 属性上；第 13 行在 div 元素中以插值表达式的形式引用计算属性 total。

（3）运行项目，在浏览器中查看运行结果，当更改数量或单价时,商品总价将自动更新，如图 7.9 所示。

图 7.9 计算属性

7.2.3 监听器

当使用选项式 API 时，可以通过使用 watch 选项来声明在数据更改时调用的监听器回调函数。当使用组合式 API 时，可以通过使用 API 函数 watch()来监听一个或多个响应式数据源，并在数据源发生变化时调用回调函数。调用 watch()函数时可以传入以下三个参数。

- 第一个参数是要监听的数据源，可以是一个具有返回值的函数、一个 ref 对象（包括计算属性）、一个响应式对象或由以上类型的值组成的数组。
- 第二个参数是在数据源发生变化时调用的回调函数。这个回调函数接收三个参数：新值、原值及一个用于注册附加作用清理的回调函数。当监听多个来源时，回调函数接收两个数组，分别对应来源数组中的新值和原值。
- 第三个参数是可选参数，是一个对象，支持以下选项：immediate 选项指定在监听器创建时立即触发回调函数，第一次被调用时原值为 undefined；deep 选项强制深度遍历源对象，以便在深层级发生变更时触发回调函数；flush 选项用于调整回调函数的刷新时机。

1. 监听单个数据源

当监听单个数据源时，传入 watch()函数的第一个参数应该是一个响应式对象。

【例 7.8】本例用于说明如何使用组合式 API 创建监听器。

（1）在 D:\Vue3\chapter07 目录中创建 vue-project7-08 项目。

（2）编写根组件 src/App.vue，代码如下。

```
01  <script setup>
02  import {ref, watch} from 'vue'
03
04  const count = ref(0)
05  const increment = () => {
06      count.value++
07  }
08
09  watch(count, (newValue, oldValue) => {
10      console.log(`原值：${oldValue} - 新值：${newValue}`)
11  })
12  </script>
13
14  <template>
15      <h3>监听单个数据源</h3>
16      <button @click="increment">单击次数：{{count}}</button>
17  </template>
```

首先导入 watch()函数，然后调用该函数创建响应式数据源的监听器

在上述代码中，第 2 行在<script setup>代码块中导入了 API 函数 ref()和 watch()；第 4 行定义了响应式属性 count；第 5 行～第 7 行定义了函数 increment()。

第 9 行～第 12 行使用 watch()函数创建了监听器，监听的数据源为 count 属性，当该属性发生变化时会触发回调函数，在控制台中输出该属性的原值和新值。

第 15 行～第 16 行在组件中添加了 h3 标题和 button 按钮元素，在该按钮中引用 count 属性值，并将其 cilck 事件处理器绑定到 increment()函数上。

（3）运行项目，在浏览器中单击按钮，并在控制台中观察运行结果，如图 7.10 所示。

图 7.10　监听单个数据源

2. 监听多个数据源

如果要监听多个数据源的变化，则需要在使用 watch()函数时传入一个数组作为第一个参数。在这种情况下，通过回调函数接收的新值和原值也应该是数组类型的。下面以监听两个数据源为例来进行说明。

【例 7.9】本例用于演示如何监听两个数据源的变化。

（1）在 D:\Vue3\chapter07 目录中创建 vue-project7-09 项目。

（2）编写根组件 src/App.vue，代码如下。

```
01  <script setup>
02  import {ref, watch} from "vue";
03
04  const username = ref('')
05  const password = ref('')
06  const disabled = ref(true)
07
08  watch([username, password],
09      ([newUsername, newPassword], [oldUsername, oldPassword]) => {
10          disabled.value = newUsername === '' || newPassword === ''
11      })
12  </script>
13
14  <template>
15      <h3 style="margin-left: 4em;">系统登录</h3>
16      <p><label>用户名：<input type="text" v-model="username"></label></p>
17      <p><label>密　码：<input type="password" v-model="password"></label></p>
18      <p style="margin-left: 4em;">
19          <input type="submit" value="登录" :disabled="disabled">
20      </p>
21  </template>
```

> 当监听多个数据源时，传入 watch() 函数的第一个参数应为数组类型，其中包含要监听的数据源。回调函数所接收的新值和原值也应该是数组类型的

在上述代码中，第 2 行在<script setup>代码块中导入了 API 函数 ref()和 watch()；第 4 行～第 6 行定义了响应式属性 username、password 和 disabled；第 8 行～第 11 行使用 watch()函数创建监听器，监听的数据源为包含 username 和 password 属性的数组。当该数据源发生变化时触发回调函数，根据输入的新值来更改 disabled 属性的值，两个新值只要有一个为空字符串，则将 disabled 属性值设置为 true。

第 16 行～第 20 行在组件模板中添加了一个文本框、一个密码框和一个提交按钮，将文本框绑定到 username 属性上，密码框绑定到 password 属性上，提交按钮的 disabled 属性绑定到响应式属性 disabled 上。

（3）运行项目，在浏览器中打开页面。当未输入用户名或密码时，"登录"按钮将被禁用；当输入用户名和密码后，"登录"按钮变为可用，运行结果如图 7.11 和图 7.12 所示。

图 7.11　"登录"按钮被禁用

图 7.12　"登录"按钮可用

3. 即时监听器

在默认情况下，只有在数据源发生变化时，才会触发监听回调函数。如果想在监听器创建时立即触发回调函数，则需将 immediate 选项设置为 true。

【例 7.10】本例用于演示如何创建即时回调监听器。

（1）在 D:\Vue3\chapter07 目录中创建 vue-project7-10 项目。

（2）编写根组件 src/App.vue，代码如下。

```
01    <script setup>
02    import {ref, watch} from 'vue'
03
04    const count = ref(0)
05    const increment = () => {
06        count.value++
07    }
08
09    watch(count, (newValue, oldValue) => {
10        console.log(`原值：${oldValue} - 新值：${newValue}`)
11    }, {immediate: true})
12    </script>
13
14    <template>
15        <h3>监听单个数据源</h3>
16        <button @click="increment">单击次数：{{ count }}</button>
17    </template>
```

若要创建一个即时回调监听器，则需将 immediate 选项设置为 true

本例与例 7.8 基本相同，不同的是，在调用 watch() 函数时传入了第三个参数，并将 immediate 选项设置为 true。

（3）运行项目，在浏览器中单击按钮，并在控制台中观察运行结果，如图 7.13 所示。

图 7.13　即时回调监听器

4. 深层监听器

如果给 watch() 函数传入一个由 ref() 函数返回的响应式对象，则会创建一个浅层监听器，在其嵌套的属性发生变化时不会触发回调函数。

在这种情况下，如果给 watch() 函数传入第三个参数，显式地添加 deep: true 选项，则会将其强制转换为深层监听器。

如果直接给 watch() 函数传入由一个 reactive() 函数返回的响应式代理，则会隐式地创建一个深层监听器，即在所有嵌套的属性发生变化时都会触发回调函数。

深层监听器需要遍历被监听对象中所有嵌套的属性，当用于大型数据结构时，项目开销很大。因此只在必要时才使用深层监听器，并且要留意其性能。

【例 7.11】本例用于演示如何创建深层监听器。

（1）在 D:\Vue3\chapter07 目录中创建 vue-project7-11 项目。

（2）在 src/components 目录中创建单文件组件 CompA.vue，代码如下。

```
01    <script setup>
02    import {ref, watch} from 'vue'
03
```

```
04    const state = ref({count: 0})
05
06    watch(state, (newValue, oldValue) => {
07        console.log('组件 A：对象的属性发生变化了')
08    })
09    </script>
10
11    <template>
12        <h3>组件 A – 浅层监听</h3>
13        <p>{{state}}</p>
14        <button @click="state.count++">更改对象的属性</button>
15    </template>
```

在上述代码中，第 2 行在<script setup>代码块中导入了 API 函数 ref()和 watch()；第 4 行使用 ref()函数创建了响应式对象 state；第 6 行～第 8 行使用 watch()函数创建了监听器，数据源设置为 state，当数据源发生变化时，在控制台中输出提示信息。

第 13 行～第 14 行在组件模板中通过段落展示 state 对象的值，并将按钮的 click 事件处理器绑定为内联事件处理器，即 state.count++。

（3）在 src/components 目录中创建单文件组件 CompB.vue，代码如下。

```
01    <script setup>
02    import {ref, watch} from 'vue'
03
04    const state = ref({count: 0})
05
06    watch(state, (newValue, oldValue) => {
07        console.log('组件 B：对象的属性发生变化了')
08    }, {deep: true})
09    </script>
10
11    <template>
12        <h3>组件 B – 深层监听</h3>
13        <p>{{state }}</p>
14        <button @click="state.count++">更改对象的属性</button>
15    </template>
```

若要创建一个深层监听器，则需将 deep 选项设置为 true

在上述代码中，CompB 组件与 CompA 组件基本相同。不同的是，CompB 组件在创建深层监听器时为 watch()函数传入了第三个参数，并将 deep 选项设置为 true。

（4）在 src/components 目录中创建单文件组件 CompC.vue，代码如下。

```
01    <script setup>
02    import {reactive, watch} from 'vue'
03
04    const state = reactive({count: 0})
05
06    watch(state, (newValue, oldValue) => {
07        console.log('组件 C：对象的属性发生变化了')
08    })
```

```
09    </script>
10
11    <template>
12      <h3>组件 C - 深层监听</h3>
13      <p>{{state}}</p>
14      <button @click="state.count++">更改对象的属性</button>
15    </template>
```

在上述代码中，CompC 组件与 CompA 组件基本相同，不同的是，CompC 组件中的 state 对象是使用 reactive() 函数创建的响应式代理。

（5）编写根组件 src/App.vue，代码如下。

```
01    <script setup>
02    import CompA from './components/CompA.vue'
03    import CompB from './components/CompB.vue'
04    import CompC from './components/CompC.vue'
05    </script>
06
07    <template>
08      <CompA/>
09      <CompB/>
10      <CompC/>
11    </template>
```

在上述代码中，第 2 行～第 4 行导入了组件 CompA、CompB 和 CompC；第 8 行～第 10 行在组件模板中引用了组件 CompA、CompB 和 CompC。

（6）运行项目，在浏览器中单击按钮，并在控制台中观察运行结果，如图 7.14 所示。

图 7.14　浅层监听与深层监听

7.2.4　处理事件

在组件模板中，可以在元素上使用 v-on 指令监听 DOM 事件，事件处理器可以是内联事件处理器或方法事件处理器。当使用选项式 API 时，如果要使用方法事件处理器，则需要通过 methods 选项声明所需的函数。当使用组合式 API 时，在 <script setup> 代码块范围内声明的函数，都可以直接被当作组件的事件处理器来使用。

当在<script setup>代码块范围内声明函数时，可以接收原生 DOM 事件的对象和自定义参数，也可以直接访问在该范围内声明的响应式变量。但是，由于 setup 钩子自身并不包含对组件实例的访问权，因此不要试图通过 this（其值是 undefined）来访问组件实例。

在组件模板中，可以直接绑定函数名用作事件处理器，此时会自动接收原生 DOM 事件并触发执行。

如果要在内联事件处理器中调用这些函数，则应该通过传入一个特殊的变量$event 来访问原生 DOM 事件。

【例 7.12】本例用于说明如何在<script setup>代码块中声明函数，并将其用作事件处理器。

（1）在 D:\Vue3\chapter07 目录中创建 vue-project7-12 项目。

（2）编写根组件 src/App.vue，代码如下。

```
01  <script setup>
02  import {ref} from 'vue'
03
04  const x = ref(0)
05  const y = ref(0)
06  const onMouseUp = (e) => {
07      x.value = e.clientX
08      y.value = e.clientY
09  }
10  </script>
11
12  <template>
13      <h3>请单击方框内部</h3>
14      <div id="container" @mouseup="onMouseUp">
15          鼠标单击位置：({{x}}, {{y}})
16      </div>
17  </template>
18
19  <style scoped>
20  h3 {
21      text-align: center;
22  }
23
24  #container {
25      width: 300px;
26      height: 120px;
27      margin: 0 auto;
28      line-height: 120px;
29      text-align: center;
30      border: 2px solid green;
31  }
32  </style>
```

首先声明 onMouseUp()函数，然后将该函数名用作事件处理器，并接收原生 DOM 事件对象

在上述代码中，第 2 行在<script setup>代码块中导入了 API 函数 ref()；第 4 行和第 5 行定

义了响应式属性 x 和 y；第 6 行～第 9 行定义了函数 onMouseUp()，该函数接收一个参数，可用于访问原生 DOM 事件，获取鼠标单击的位置坐标。

第 14 行～第 16 行在组件模板中放置了一个 div 元素，并将其 mouseup 事件绑定到 onMouseUp()函数上，当用鼠标单击方框内部时会显示当前位置的坐标。

（3）运行项目，在浏览器中打开入口页面，用鼠标单击方框内部并查看当前的位置坐标，运行结果如图 7.15 所示。

图 7.15　处理鼠标事件

7.2.5　使用组件

使用选项式 API 时，组件需要在全局注册（使用 app.components()方法）或局部注册（使用 components 选项）之后才能使用。当使用组合式 API 时，在<script setup>代码块范围内导入的组件可以直接用作自定义组件的标签名，不需要进行注册。

在父组件模板中引用子组件时，可以使用 PascalCase 格式或 kebab-case 格式。不过，为了保持一致，同时也有助于区分原生的自定义元素，建议使用 PascalCase 格式来引用组件。

有时需要在两个组件之间反复切换。在这种情况下，可以通过 Vue 提供的 component 元素和特殊的 is 属性来实现。

component 元素是一个用于渲染动态组件或元素的"元组件"，要渲染的实际组件由 is prop 决定。is 是一个特殊的属性，其值可以是 HTML 标签名，也可以是组件的注册名，还可以直接绑定组件对象。在实际应用中，component 元素通常与 is 属性搭配使用。

当使用组合式 API 时，由于组件是通过对象变量引用的，而不是基于字符串组件名注册的。因此，若要在组件之间进行切换，应该在<script setup>代码块中创建一个基于组件变量的响应式属性，并将其绑定到 component 元素的 is 属性上。

当使用 <component :is="...">在不同组件之间进行切换时，被切换的组件会被卸载。此时，可以通过引用组件 KeepAlive 强制使被切换的组件保持"存活"状态。

【例 7.13】本例用于说明如何在不同组件之间进行切换。

（1）在 D:\Vue3\chapter07 目录中创建 vue-project7-13 项目。

（2）在 src/components 目录中创建单文件组件 CompA.vue，代码如下。

```
01  <script setup>
02  import {ref} from 'vue'
03
04  const count = ref(0)
05  </script>
06
07  <template>
08    <p>当前组件：A</p>
```

```
09     <button @click="count++">+</button><br>
10     <span>单击次数：{{count}}</span>
11   </template>
```

在上述代码中，第 2 行在<script setup>代码块中导入了 API 函数 ref()，第 4 行使用该函数定义了响应式属性 count。

第 9 行和第 10 行在模板中将按钮的 click 事件处理器设置为 count++，并通过 span 元素来显示 count 属性的值。

（3）在 src/components 目录中创建单文件组件 CompB.vue，代码如下。

```
01   <script setup>
02   import {ref} from 'vue'
03   const msg = ref('')
04   </script>
05
06   <template>
07     <p>当前组件：B</p>
08     <input v-model="msg"><br>
09     <span>输入信息：{{msg}}</span>
10   </template>
```

在上述代码中，第 2 行在<script setup>代码块中导入了 API 函数 ref()，第 3 行使用该函数定义了响应式属性 msg。

第 8 行和第 9 行在组件模板中将文本框绑定到 msg 属性上，并通过 span 元素来显示 msg 属性的值。

（4）编写根组件 src/App.vue，代码如下。

```
01   <script setup>
02   import {ref} from 'vue'
03   import CompA from './components/CompA.vue'
04   import CompB from './components/CompB.vue'
05
06   const current = ref(CompA)
07   </script>
08
09   <template>
10     <div class="demo">
11       <h3>动态选择组件</h3>
12       <label><input type="radio" v-model="current" :value="CompA"> A</label>
13       <label><input type="radio" v-model="current" :value="CompB"> B</label>
14       <KeepAlive>
15         <component :is="current"></component>
16       </KeepAlive>
17     </div>
18   </template>
```

将两个单选按钮绑定到 current 属性上，并将其:value 分别绑定到组件 CompA 和 CompB 上

使用 KeepAlive 组件包裹 component 元素，并将其 is 属性绑定到 current 属性上

在上述代码中，第 2 行～第 4 行在<script setup>代码块中导入了组件 CompA、组件 CompB 和 API 函数 ref()，并使用 ref()函数定义了响应式属性 current，将其初始值设置为对象变量 CompA。

第 12 行和第 13 行在组件模板中创建了一个单选按钮组，用于选择不同的组件。这个单

选按钮组中的两个单选按钮均被绑定到 current 属性上，它们的:value 则被分别绑定到组件
CompA 和 CompB 上。

第 14 行～第 16 行在组件模板中添加了 component 元素，并将其 is 属性绑定到 current 属性上；此外，还使用 KeepAlive 组件将 component 元素包裹起来。

（5）运行项目，在浏览器中通过单击不同的单选按钮在不同组件之间进行切换，运行结果如图 7.16 和图 7.17 所示。

图 7.16　选择组件 A 时　　　　　图 7.17　选择组件 B 时

7.2.6　组件通信

当使用选项式 API 时，可以通过 props 选项来实现从父组件向子组件传递数据，也可以通过 emits 选项来实现从子组件向父组件传递数据。当使用组合式 API 时，可以在<script setup>代码块中使用编译器宏 defineProps 来接收与 props 选项相同的值，也可以使用编译器宏 defineEmits 来接收与 emits 选项相同的值。

1. 通过 props 变量向子组件传递数据

若要通过 props 变量向子组件传递数据，则可以按照以下步骤实现。

（1）在父组件模板中，将 props 变量绑定到子组件标签上，传入的值可以是静态数据，也可以是动态的响应式数据。

（2）在子组件中，使用编译器宏 defineProps 通过对象形式来声明要接收的各个 prop，并将该宏的返回值赋予 props 变量。编译器宏 defineProps 在<script setup>代码块中自动可用，不需要导入。

（3）在子组件实例中，可以通过 props 变量来访问传入的数据；在子组件模板中，可以直接使用传入的各个 prop。如果传递的是响应式数据，则当父组件更改 props 变量的值时，子组件将随之自动更新。

【例 7.14】本例用于说明如何通过组合式 API 向子组件传递 props 变量。

（1）在 D:\Vue3\chapter07 目录中创建 vue-project7-14 项目。

（2）在 src/components 目录中创建单文件组件 Comp.vue，代码如下。

```
01   <script setup>
02   const props = defineProps({
03       msg: String,
04       count: Number
05   })
```

调用编译器宏 defineProps 并传入要接收的各个 prop，将返回值赋予 props 变量

```
06    console.log(props.msg);
07  </script>
08
09  <template>
10    <div id="comp">
11      <p>这里是组件 Comp，由父组件传入的数据如下：</p>
12      <p>props：<em>{{props}}</em></p>
13      <p>msg：<em>{{msg}}</em> - count：<em>{{count}}</em></p>
14    </div>
15  </template>
16
17  <style scoped>
18  #comp {
19      width: 360px;
20      height: 120px;
21      border: 1px solid green;
22      padding: 10px;
23  }
24  </style>
```

在组件模板中引用传入的 props 变量

在上述代码中，第 2 行～第 5 行使用编译器宏 defineProps 定义了 msg 和 count 两个 prop，并将该宏的返回值赋予 props 变量；第 6 行在控制台中输出 props.msg 的值。

第 12 行和第 13 行在组件模板中，分别以对象和对象解构的形式显示传入的 props 变量；第 17 行～第 24 行在<style scoped>代码块中对组件样式进行设置。

（3）编写根组件 src/App.vue，代码如下。

```
01  <script setup>
02  import {ref} from 'vue'
03  import Comp from './components/Comp.vue'
04
05  const count = ref(0)
06  const increment = () => {
07      count.value++
08  }
09  </script>
10
11  <template>
12    <h3>通过 props 变量向子组件传递数据</h3>
13    <Comp msg="Hello Comp!" :count="count"/>
14    <p><button @click="increment">更改数据</button></p>
15  </template>
```

通过 props 变量向组件 Comp 传递数据：一个是静态值，另一个是动态值

在上述代码中，第 2 行和第 3 行导入了 API 函数 ref() 和组件 Comp；第 5 行使用 ref() 函数定义了响应式属性 count；第 6 行～第 8 行定义了函数 increment()，用于更改 count.value 的值。

第 13 行在组件模板中引用了组件 Comp，并通过 msg="Hello Comp!" 向该组件传递静态数据，通过 :count="count" 向该组件传递动态的响应式数据；第 14 行将按钮的 click 事件处理器绑定到 increment() 函数上。

（4）运行项目，在浏览器中通过单击按钮更改数据，在页面和控制台中的输出结果如图 7.18 所示。

图 7.18　通过 props 变量向子组件传递数据

2. 通过自定义事件向父组件传递数据

若要通过自定义事件向父组件传递数据，则可以按以下步骤实现。

（1）首先在父组件模板中引用子组件，然后在子组件中监听自定义事件，并在所绑定的事件处理器中接收子组件抛出的数据。

（2）在子组件的<script setup>代码块中使用编译器宏 defineEmits 通过数组形式声明自定义事件，并将该宏的返回值赋予 emit 变量，该变量等价于选项式 API 中的$emit()方法。编译器宏 defineEmits 在<script setup>代码块中自动可用，不需要声明。

（3）在子组件模板中绑定事件处理器，在处理器方法中通过调用 emit()方法来触发自定义事件并抛出数据。

【例 7.15】本例用于演示如何通过自定义事件向父组件传递数据。

（1）在 D:\Vue3\chapter07 目录中创建 vue-project7-15 项目。

（2）在 src/components 目录中创建单文件组件 Comp.vue，代码如下。

```
01    <script setup>
02    const emit = defineEmits(['get-msg'])
03    const sendMsg = () => {
04      emit('get-msg', 'Hello parent component!  ')
05    }
06    </script>
07
08    <template>
09      <div id="comp">
10        <p>这里是子组件 Comp</p>
11        <button @click="sendMsg">触发事件并传递数据</button>
12      </div>
13    </template>
14
15    <style scoped>
16    #comp {
17      width: 300px;
18      height: 100px;
19      padding: 5px;
```

> 首先使用编译器宏 defineEmits 声明事件，然后调用 emit() 方法触发事件

> 将按钮的 click 事件处理器绑定到组件方法 sendMsg()上

```
20        border: 1px solid green;
21    }
22  </style>
```

在上述代码中，第 2 行使用编译器宏 defineEmits 声明了要触发的自定义事件 get-msg，并将该宏的返回值赋予变量 emit；第 3 行~第 5 行定义了函数 sendMsg()，通过在该函数中调用 emit()方法来触发自定义事件并抛出数据。

第 11 行在组件模板中将按钮的 click 事件处理器绑定到函数 sendMsg()上；第 16 行~第 21 行在<style scoped>代码块中定义了组件的样式。

（3）编写根组件 src/App.vue，代码如下。

```
01  <script setup>
02  import {ref} from "vue";
03  import Comp from "./components/Comp.vue";
04
05  const message = ref('')
06  const getMsg = (msg) => {
07      message.value = msg
08  }
09  </script>
10
11  <template>
12      <h3>通过触发事件向父组件传递数据</h3>
13      <Comp @get-msg="getMsg"/>
14      <p>接收子组件传递的数据：<em>{{message}}</em></p>
15  </template>
```

> 在根组件中引用子组件 Comp，将其事件 get-msg 绑定到组件方法 getMsg()上，并接收子组件传递的数据

在上述代码中，第 2 行和第 3 行导入了 API 函数 ref()和组件 Comp；第 5 行定义了响应式属性 message；第 6 行~第 8 行定义了事件处理函数 getMsg()，该函数通过传入的参数接收子组件抛出的数据，并将数据赋值给 message 属性；第 13 行在组件模板中引用组件 Comp 并监听 get-msg 事件，同时将事件处理器绑定到 getMsg()方法上；第 14 行在段落中显示子组件传递的数据。

（4）运行项目，在浏览器中通过单击按钮接收数据，运行结果如图 7.19 和图 7.20 所示。

图 7.19　初始页面

图 7.20　接收子组件传递的数据

7.2.7　暴露组件属性

在<script setup>代码块中编写的组件默认是关闭的，即通过模板引用获取的组件的公开实例，不会暴露任何在<script setup>代码块中声明的属性和方法。若要显式地指定在<script

setup>代码块中要暴露的属性和方法，则可以通过编译器宏 defineExpose 实现。

　　模板引用是指通过一个特殊的 ref 属性来访问模板中的 DOM 元素或子组件实例。当该 DOM 元素或子组件实例加载后，即可获取对它的直接引用。

　　要通过组合式 API 获得该模板引用，需要定义一个 ref 属性，并在生命周期钩子 onMounted 中通过.value 形式获取对 DOM 元素或子组件实例的引用。

　　在实现模板引用的基础上，可以使用子组件向外暴露的属性和方法。不过，解构出来的子组件属性将失去响应性。为了解决这个问题，可以使用 API 工具函数 toRefs()或 toRef()进行处理。

　　【例 7.16】本例用于演示如何暴露组件的属性和方法，并通过模板引用方式来使用。

　　（1）在 D:\Vue3\chapter07 目录中创建 vue-project7-16 项目。

　　（2）在 src/components 目录中创建单文件组件 Comp.vue，代码如下。

```
01  <script setup>
02  import {ref} from 'vue'
03
04  const msg = ref('I am Comp.')
05  const setMsg = () => {
06      msg.value = 'This is a new message.'
07  }
08  defineExpose({
09      msg, setMsg
10  })
11  </script>
12
13  <template>
14  <div id="comp">
15      <p style="font-weight: bold">子组件 Comp</p>
16  </div>
17  </template>
18
19  <style scoped>
20  #comp {
21      width: 286px;
22      height: 60px;
23      text-align: center;
24      border: 1px solid green;
25  }
26  </style>
```

使用编译器宏 defineExpose 向外暴露响应式属性 msg 和组件方法 setMsg()

　　在上述代码中，第 2 行导入了 API 函数 ref()；第 4 行使用 ref()函数定义了响应式属性 msg，并将其初始值设置为一个字符串；第 5 行～第 7 行定义了组件方法 setMsg()；第 8 行～第 10 行使用编译器宏 defineExpose 向外暴露属性 msg 和组件方法 setMsg()。

　　第 15 行在组件模板中添加了一个段落，第 19 行～26 行在<style scoped>代码块中对该组件的样式进行设置。

　　（3）编写根组件 src/App.vue，代码如下。

```
01  <script setup>
```

```
02    import {onMounted, ref, toRef} from 'vue'
03    import Comp from './components/Comp.vue'
04
05    const refComp = ref(null)
06    const msg = ref('')
07    const setMsg = ref(null)
08
09
10    onMounted(() => {
11        msg.value = toRef(refComp.value, 'msg')
12        setMsg.value = refComp.value.setMsg
13    })
14    </script>
15
16    <template>
17        <h3>暴露组件属性</h3>
18        <Comp ref="refComp"/>
19        <p>来自子组件的数据：<em>{{msg}}</em></p>
20        <button @click="setMsg">调用子组件方法</button>
21    </template>
```

在根组件的生命周期钩子 onMounted 中获取子组件 Comp 暴露的数据

将组件 Comp 的 ref 属性绑定到 refComp 对象上，从而实现模板引用

在上述代码中，第 2 行导入了 API 函数 onMounted()、ref() 和 toRef()；第 5 行～第 7 行定义了 ref 对象 refComp、msg 和 setMsg，refComp 和 setMsg 对象的初始值均设置为 null，msg 对象的初始值设置为空字符串。

第 10 行～第 13 行使用 onMounted() 函数注册生命周期钩子，在组件实例加载后，通过 .value 形式获取子组件暴露出来的 msg 和 setMsg 属性值，并调用 toRef() 函数对 msg 属性进行处理，以保持其响应性。

第 18 行在根组件模板中引用了组件 Comp，并将其 ref 属性绑定到 refComp 对象上，以实现模板引用；第 20 行将按钮的 click 事件处理器绑定到 setMsg 对象上。

（4）运行项目，在浏览器中通过单击按钮接收数据，运行结果如图 7.21 和图 7.22 所示。

图 7.21　初始页面

图 7.22　调用子组件方法

7.3　生命周期钩子

当使用选项式 API 时，需要使用相应的选项（如 created、mounted 等）来声明生命周期

钩子。当使用组合式 API 时，需要使用相应的 API 函数来注册生命周期钩子。下面首先扼要介绍与生命周期钩子相关的 API 函数，然后重点介绍几个常用的生命周期钩子。

7.3.1　生命周期钩子概述

在组合式 API 中提供了一些可以用于注册生命周期钩子的 API 函数，这些函数的用法如表 7.1 所示。

表 7.1　组合式 API 中的生命周期钩子

API 函数	说　明
onMounted()	注册一个钩子，在组件挂载完成之后执行
onUpdated()	注册一个钩子，在组件因响应式状态变更而更新其 DOM 树之后被调用
onUnmounted()	注册一个钩子，在组件实例被卸载之后被调用
onBeforeMount()	注册一个钩子，在组件被挂载之前被调用
onBeforeUpdate()	注册一个钩子，在组件即将因为响应式状态变更而更新其 DOM 树之前被调用
onBeforeUnmount()	注册一个钩子，在组件实例被卸载之前被调用
onErrorCaptured()	注册一个钩子，在捕获了后代组件传递的错误时调用
onRenderTracked()	注册一个调试钩子，当在组件渲染过程中追踪到响应式依赖时调用。仅在开发模式下可用
onRenderTriggered()	注册一个调试钩子，当响应式依赖的变更触发了组件渲染时调用。仅在开发模式下可用
onActivated()	注册一个钩子，若组件实例是<KeepAlive>缓存树的一部分，则在组件被插入 DOM 树中时调用
onDeactivated()	注册一个钩子，若组件实例是<KeepAlive>缓存树的一部分，则在组件从 DOM 树中被移除时调用
onServerPrefetch()	注册一个异步函数，在组件实例在服务器上被渲染之前被调用

7.3.2　组件实例挂载

与组件实例挂载相关的生命周期钩子有 onBeforeMount 和 onMount。其中，生命周期钩子 onBeforeMount 在组件被挂载之前被调用，此时组件已经完成了其响应式状态的设置，但还没有创建 DOM 节点，即将首次执行 DOM 渲染过程；生命周期钩子 onMount 在组件被挂载之后被调用，此时组件自身的 DOM 树已经创建完成并插入父容器中。

【例 7.17】本例用于演示生命周期钩子 onBeforeMount 和 onMount 的应用。

（1）在 D:\Vue3\chapter07 目录中创建 vue-project7-17 项目。

（2）在 src/components 目录中创建单文件组件 Comp.vue，代码如下。

```
01   <script setup>
02   import {ref} from 'vue'
03
04   const message = ref('这里是子组件 Comp 的内容')
05   defineExpose({message})
06   </script>
07
08   <template>
09     <div id="container">
```

```
10      <h4>这里是子组件 Comp</h4>
11      <p>{{message}}</p>
12    </div>
13  </template>
```

在上述代码中，第 2 行导入了 API 函数 ref()，第 4 行定义了响应式变量 message，第 5 行将该变量向外暴露，第 11 行在组件模板中添加了一个段落，并通过该段落显示变量 message 的值。

（3）编写根组件 src/App.vue，代码如下。

```
01  <script setup>
02  import {onBeforeMount, onMounted, ref} from 'vue'
03  import Comp from './components/Comp.vue'
04
05  const state = ref(0)
06  const h3Ref = ref(null)
07  const compRef = ref(null)
08
09  onBeforeMount(() => {
10    console.log('onBeforeMount 被调用')
11    console.log('响应式状态：', state.value)          注册生命周期钩子 onBeforeMount
12    console.log('DOM 元素：', h3Ref.value)
13    console.log('子组件：', compRef.value)
14  })
15  onMounted(() => {
16    console.log('onBeforeMount 被调用')
17    console.log('响应式状态：', state.value)          注册生命周期钩子 onMounted
18    console.log('DOM 元素：', h3Ref.value)
19    console.log('子组件：', compRef.value)
20  })
21  </script>
22
23  <template>
24    <div id="container">
25      <h3 ref="h3Ref">这里是根组件</h3>
26    </div>
27    <Comp ref="compRef"/>
28  </template>
```

在上述代码中，第 2 行~第 3 行导入了 API 函数 onBeforeMount()、onMounted()和 ref()，以及组件 Comp；第 5 行~第 7 行定义了响应式变量 state、h3Ref 和 compRef；第 9 行~第 20 行用于注册生命周期钩子 onBeforeMount 和 onMounted，在控制台中输出响应式状态、DOM 元素和子组件的值；第 25 行和第 27 行在组件模板中，绑定了 h3 元素和 Comp 组件的 ref 属性。

（4）运行项目，在浏览器中打开页面，并在控制台中观察运行结果。从控制台中可以看到，在组件实例被挂载之前响应式状态已完成设置，但 DOM 元素和子组件尚未被渲染出来；在组件实例被挂载之后 DOM 元素和子组件已被渲染出来，如图 7.23 所示。

图 7.23　组件实例的挂载

7.3.3　状态更新

与组件实例的响应式状态更新相关的生命周期钩子有 onBeforeUpdate 和 onUpdated。其中，生命周期钩子 onBeforeUpdate 在组件因响应式状态变更而更新其 DOM 树之前被调用，生命周期钩子 onUpdated 则在这个更新之后被调用。父组件的更新钩子将在其子组件的更新钩子之后被调用，这个钩子会在组件的任意 DOM 树更新之后被调用，这些更新可能是由不同的状态变更所引起的。

【例 7.18】本例用于演示如何使用生命周期钩子 onBeforeUpdate 和 onUpdated。

（1）在 D:\Vue3\chapter07 目录中创建 vue-project7-18 项目。

（2）在 src/components 目录中创建单文件组件 Comp.vue，代码如下。

```
01  <script setup>
02  import {ref} from 'vue'
03
04  const message = ref('这里是子组件 Comp。')
05  </script>
06
07  <template>
08    <div id="comp">
09      <p>{{message}}</p>
10    </div>
11  </template>
```

在上述代码中，第 2 行在<script setup>代码块中导入了 API 函数 ref()，第 4 行使用 ref() 函数定义了响应式变量 message。

第 9 行在组件模板中添加了一个段落，并通过该段落显示变量 message 的值。

（3）编写根组件 src/App.vue，代码如下。

```
01  <script setup>
02  import {onBeforeUpdate, onUpdated, ref} from 'vue'
03  import Comp from './components/Comp.vue'
04
05  const compRef = ref(null)
06  const visible = ref(true)
```

```
07  onBeforeUpdate(() => {
08    console.log('onBeforeUpdated 被调用')
09    console.log('目标组件：', compRef.value)
10  })
11  onUpdated(() => {
12    console.log('onUpdated 被调用')
13    console.log('目标组件：', compRef.value)
14  })
15  </script>
16
17  <template>
18    <div id="container">
19      <h3>组件实例更新</h3>
20      <Comp ref="compRef" v-if="visibale"/>
21      <p v-else>组件 Comp 已被移除。</p>
22      <p><button @click="visible = !visible">显示 / 隐藏组件</button></p>
23    </div>
24  </template>
```

注册生命周期钩子 onBeforeUpdate

注册生命周期钩子 onUpdated

在上述代码中，第 2 行在<script setup>代码块中导入了 API 函数 onBeforeUpdate()、onUpdated()和 ref()，以及组件 Comp；第 5 行和第 6 行定义了响应式变量 compRef 和 visible。

第 7 行~第 10 行注册了生命周期钩子 onBeforeUpdate，第 11 行~第 14 行注册了生命周期钩子 onUpdated。

第 20 行~第 21 行在组件模板中，对 Comp 组件和 p 元素应用 v-if 和 v-else 指令，并将组件 Comp 的 ref 属性绑定到 compRef 变量上。

第 22 行添加了一个按钮，并将该按钮的 click 事件处理器绑定到内联语句上，对响应式变量 visible 的值取反，以实现组件的显示和隐藏。

（4）运行项目，在浏览器中打开页面，通过单击按钮显示或隐藏组件（引起 DOM 树更新），并在控制台中观察运行结果，如图 7.24 和图 7.25 所示。

图 7.24　初始页面

图 7.25　组件实例更新

7.4　依赖注入

当使用选项式 API 时，可以通过使用 provide 和 inject 选项来满足从父组件向其后代组件传递数据的需求。如果使用组合式 API，则应该通过调用 API 函数 provide()和 inject()来提供数据和注入数据。

7.4.1　提供数据

当使用组合式 API 时，可以在组件中通过调用 provide()函数来提供一个值，该值可以被其后代组件注入使用。在使用 provide()函数时，应传入以下两个参数。

- 第一个参数是要注入的键名，可以是一个字符串或一个 Symbol。
- 第二个参数是要注入的键值，可以是静态值、响应式的值或函数方法。

与注册生命周期钩子的 API 类似，provide()函数必须在组件调用 setup 钩子的阶段同步调用。

提示：Symbol 是一种基本数据类型。Symbol()函数会返回 Symbol 类型的值，该类型具有静态属性和静态方法。其静态属性会暴露几个内建的成员对象，其静态方法会暴露全局的 symbol 注册，且类似于内建对象类。从 Symbol()函数返回的每个 symbol 值都是唯一的，可以被当作对象属性的标识符来使用，这也是该数据类型存在的目的。

在下面的示例中，使用 provide()函数时分别提供了静态值、响应式的值和函数方法，以及使用 Symbol 作为键名。

```
<script setup>
import {ref, provide} from 'vue'
import {fooSymbol} from './injectionSymbols'

// 提供静态值
provide('foo', 'bar')

// 提供响应式的值
const count = ref(0)
provide('count', count)

// 提供函数方法
const doSomething = () => {
  // 执行某些操作
}

// 将 Symbol 作为键名
provide(fooSymbol, count)
</script>
```

7.4.2　注入数据

当使用组合式 API 时，可以在后代组件中调用 inject()函数来注入一个由祖先组件或整个应用（通过 app.provide()）提供的值。

当使用 inject()函数时，可以传入以下三个参数。

- 第一个参数是注入的键名。Vue 会遍历父组件链，通过匹配键名来确定组件所提供的值。如果父组件链上有多个组件对同一个键名提供了值，则距离更近的组件所提供的值将会"覆盖"链上距离更远的组件所提供的值。如果没能通过键名匹配到值，则 inject() 函数会返回 undefined，除非提供了一个默认值。
- 第二个参数是可选参数，即在没有匹配到键名时使用的默认值。它可以是一个工厂函数，用于返回某些创建起来比较困难的值。
- 如果默认值本身就是一个函数，则必须将 false 作为第三个参数传入，表明这个函数就是默认值，而不是一个工厂函数。

与注册生命周期钩子的 API 类似，inject() 函数必须在组件调用 setup 钩子的阶段同步调用。

在底层组件中，使用 inject() 函数注入的响应式数据将保持其响应性。当在顶层组件中更改数据时，底层组件中的数据将随之更新。

此外，如果在底层组件中注入了能够更改响应式数据的方法，也可以通过在底层组件中调用该方法来更改这些响应式的数据。

【例 7.19】本例用于说明如何通过依赖注入实现顶层组件与底层组件之间的跨层数据传递。

（1）在 D:\Vue3\chapter07 目录中创建 vue-project7-19 项目。

（2）编写根组件 src/App.vue，代码如下。

```
01  <script setup>
02  import {provide, ref} from 'vue'
03  import Child from './compoents/Child.vue'
04  import {fooSymbol, barSymbol} from './injectionSymbols'
05
06  provide('msg', 'Hello Grandchild！')
07  const count = ref(0)
08  provide(fooSymbol, count)
09  const increment = () => {
10      count.value++
11  }
12  provide(barSymbol, increment)
13  </script>
14
15  <template>
16    <div id="container">
17      <h3>顶层组件</h3>
18      <button @click="increment">直接更改数据</button>
19      <Child/>
20    </div>
21  </template>
```

在根组件中，调用 provide() 函数，分别提供静态字符串 msg、响应式变量 count 及函数 increment()，供后代组件注入使用

在上述代码中，第 2 行~第 3 行在<script setup>代码块中导入了 API 函数 provide()、ref() 及组件 Child，第 4 行从 injectionSymbols.js 文件中导入了两个 Symbol 类型的变量 fooSymbol 和 barSymbol。

第 6 行、第 8 行和第 12 行连续三次调用 provide()函数，分别提供静态字符串 msg、响应式变量 count 及函数 increment()，供后代组件注入使用。在第一次调用时，传入了字符串作为键名，在后两次调用时，传入了 Symbol 作为键名。

第 18 行在组件模板中将按钮的 click 事件处理器绑定到函数 increment()上，第 19 行添加了对组件 Child 的引用。

（3）在 src 目录中创建文件 injectionSymbols.js，代码如下。

```
export const fooSymbol = Symbol('foo-key')
export const barSymbol = Symbol('bar-key')
```

在上述代码中，创建了 Symbol 变量 fooSymbol 和 barSymbol，虽然传入了不同的字符串参数，但这些参数只是描述性的，它们可以用于调试，但不能访问 Symbol 本身。使用 export 导出的这两个 Symbol 变量，可以在其他文件中导入。

（4）在 src/components 目录中创建单文件组件 Child.vue，代码如下。

```
01   <script setup>
02   import Grandchild from './Grandchild.vue'
03   </script>
04
05   <template>
06   <div id="child">
07     <h4>中间组件</h4>
08     <Grandchild/>
09   </div>
10   </template>
```

在上述代码中，第 2 行在<script setup>代码块中导入了组件 Grandchild，第 8 行在组件模板中引用了组件 Grandchild。

（5）在 src/components 目录中创建单文件组件 Grandchild.vue，代码如下。

```
01   <script setup>
02   import {inject} from "vue";
03   import {fooSymbol, barSymbol} from "../injectionSymbols"
04
05   const msg = inject('msg')
06   const count = inject(fooSymbol)
07   const increment = inject(barSymbol)
08   </script>
09
10   <template>
11     <div id="gc">
12       <h4>底层组件</h4>
13       <p>注入的静态数据：<em>{{msg}}</em></p>
14       <p>注入的响应式数据：<em>{{count}}</em></p>
15       <button @click="increment">调用注入的方法</button>
16     </div>
17   </template>
```

在外组件中调用 inject()函数，分别注入在顶层组件中提供的静态字符串 msg、响应式变量 count 和函数 increment()

在上述代码中，第 2 行在<script setup>代码块中导入了 API 函数 inject()，第 3 行导入了

fooSymbol 和 barSymbol 变量。

　　第 5 行~第 7 行连续三次调用 inject() 函数，分别注入在顶层组件中提供的字符串 msg、变量 count 和函数 increment()。

　　第 13 行和第 14 行在组件模板中分别通过段落展示字符串 msg 和变量 count 的值，第 15 行添加了一个按钮，并将其 click 事件处理器绑定到函数 increment() 上。

　　（6）运行项目，在浏览器中打开页面，分别通过单击上下两个按钮来更改数据，运行结果如图 7.26 和图 7.27 所示。

图 7.26　初始页面

图 7.27　通过单击按钮更改数据

习题 7

一、填空题

1. 传入 setup 钩子的第一个参数是组件的_____。

2. 若要对 props 对象解构并保持其响应性，则应使用_____或_____进行处理。

3. 在使用组合式 API 时，可以通过 setup 钩子返回一个_____。

4. 在使用组合式 API 时，可以通过调用 API 函数_____来声明计算属性。

二、判断题

1. 在选项式 API 中可以访问组合式 API 暴露的值，反过来也可以。　　　　　（　　）

2. 如果对 props 对象解构，则解构出的变量将失去响应性。　　　　　　　　（　　）

3. 当使用组合式 API 时，可以使用 watch() 函数来监听响应式数据源。　　　（　　）

4. 当使用组合式 API 时，在 <script setup> 代码块范围内声明的函数都可以直接被用作组件的事件处理器。　　　　　　　　　　　　　　　　　　　　　　　　　　　（　　）

5. 当使用组合式 API 时，在 <script setup> 代码块范围内导入的组件需要在注册后才能在组件模板中使用。　　　　　　　　　　　　　　　　　　　　　　　　　　　　　（　　）

三、选择题

1. 在下面关于 setup 钩子的描述中，错误的是（　　　　）。

　　A. setup 钩子在所有其他生命周期钩子之前被调用

B．在 setup 钩子中返回的对象会暴露给组件模板和组件实例

C．在 setup 钩子中可以通过 this 来访问组件实例

D．在模板中访问从 setup 钩子中返回的 ref 对象时，无须为它写入.value

2．在下列关于<script setup>语法糖的描述中，错误的是（　　　）。

A．需要定义 setup 钩子

B．定义的顶层变量可以直接在模板中使用，无须使用 return 语句返回

C．定义的顶层函数可以直接在模板中使用，无须使用 return 语句返回

D．它可以与普通的<script>语法一起使用

四、简答题

1．简述在何种情况下可以使用 setup 钩子。

2．简述 setup 上下文对象有何用途。

3．简述 API 函数 reactive()和 ref()有何区别。

4．简述组合式 API 中有哪些编译器宏。

五、编程题

1．创建一个 Vue 单页应用，通过 ref()函数定义响应式属性并在模板中使用。

2．创建一个 Vue 单页应用，通过 computed()函数定义计算属性并在模板中使用。

3．创建一个 Vue 单页应用，通过 watch()函数创建响应式属性的监听器。

4．创建一个 Vue 单页应用，通过编译器宏 defineProps 和 defineEmits 实现组件之间的通信。

第 8 章

Vue 路由管理

在传统的 Web 应用开发中，不同页面之间的跳转都是由客户端向服务器发送请求，服务器处理请求后再向客户端返回页面的。相比之下，在单页应用（Single Page Application，SPA）开发中，不同的视图内容是由不同的组件模板提供的，不同视图的渲染和视图之间的跳转都是在客户端浏览器中完成的，在单页应用开发中使用的路由称为前端路由。在 Vue 前端开发中，可以使用 Vue 官方提供的 Vue Router 插件对前端路由进行管理。

8.1 初识 Vue Router

Vue Router 是 Vue 的官方路由插件，它与 Vue 核心深度集成，为 Vue.js 提供了富有表现力和可配置的路由，使单页应用开发变得更加轻松。不过，Vue Router 作为插件并没有包含在 Vue 核心库中，而是需要单独安装。

8.1.1 在 HTML 页面中使用 Vue Router

对比较简单的应用场景而言，可以在 HTML 页面中通过 CDN 直接使用 Vue 核心库和 Vue Router 插件。如果想避免频繁联网，也可以将文件下载到本地使用。

要在 HTML 页面中使用 Vue Router 插件来管理前端路由，可以通过以下步骤实现。

（1）使用<script>标签通过 CDN 导入 Vue 核心库和 Vue Router 插件，代码如下。

```
<script src="https://unpkg.com/vue@3"></script>
<script src="https://unpkg.com/vue-router@4"></script>
```

（2）使用 Vue Router 插件提供的 router-link 组件创建导航链接，通过传递 to 属性来指定要链接的目标路径，该组件将呈现为一个带有 href 属性的<a>标签，代码如下。

```
<router-link to="/">首页</router-link> |
<router-link to="/about">关于</router-link>
```

（3）使用 Vue Router 插件提供的 router-view 组件设置路由出口，指定路由匹配到的组件将渲染在何处，代码如下。

```
<router-view></router-view>
```

（4）在 JavaScript 中，通过对象解构赋值引入所需的函数，代码如下。

```
const {createApp} = Vue
const {createRouter, createWebHashHistory} = VueRouter
```

（5）准备路由组件。可以在 HTML 页面中以 JavaScript 对象形式定义所用组件，在该对象中至少要给出 template 选项。例如：

```
const Home = {template: '<h3>首页</h3>'}
const About = {template: '<h3>关于</h3>'}
```

当然，也可以从其他文件中导入要用到的组件。

（6）以对象数组形式定义一些路由，每个路由都需要映射到一个组件上，代码如下。

```
const routes = [
    {path: '/', component: Home},
    {path: '/about', component: About},
]
```

（7）通过调用 createRouter() 函数创建路由实例并传入 routes 配置，代码如下。

```
const router = createRouter({
    history: createWebHashHistory(),
    routes, // `routes: routes` 的缩写
})
```

在这里，history 选项用于指定路由使用的历史记录模式。在大多数情况下，该选项应该被设置为 createWebHistory() 函数，且需要正确配置服务器。此处使用 createWebHashHistory() 函数实现基于 hash 的历史记录，不需要配置服务器。

（8）首先通过调用 createApp() 函数创建 Vue 应用实例，然后使用 app.use() 方法安装路由实例，最后挂载 Vue 应用根组件实例，代码如下。

```
const app = createApp({})
app.use(router)
app.mount('#app')
```

至此，前端路由已配置完成，现在可以在整个应用中使用路由在不同组件视图之间切换。

【例 8.1】本例用于演示如何在 HTML 页面中使用 Vue Router 插件。

（1）在 D:\Vue3\chapter08 目录中创建 8-01.html 文件，代码如下。

```
01   <!doctype html>
02   <html lang="zh-CN">
03   <head>
04     <meta charset="utf-8">
05     <title>Vue 路由基本应用</title>
06   </head>
07   <body>
08   <script src="https://unpkg.com/vue@3"></script>
09   <script src="https://unpkg.com/vue-router@4"></script>
10   <div id="app">
```

导入 Vue 核心库和 Vue Router 插件的支持文件

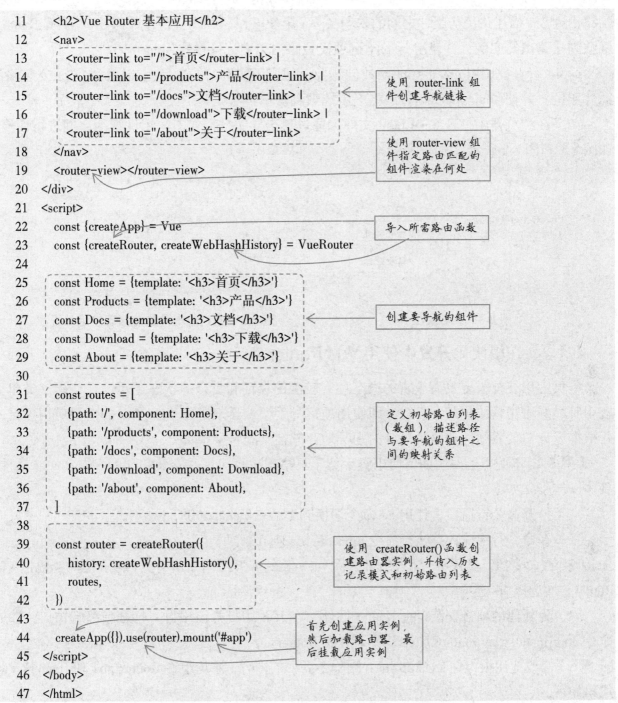

```
11      <h2>Vue Router 基本应用</h2>
12      <nav>
13        <router-link to="/">首页</router-link> |
14        <router-link to="/products">产品</router-link> |
15        <router-link to="/docs">文档</router-link> |
16        <router-link to="/download">下载</router-link> |
17        <router-link to="/about">关于</router-link>
18      </nav>
19      <router-view></router-view>
20    </div>
21    <script>
22      const {createApp} = Vue
23      const {createRouter, createWebHashHistory} = VueRouter
24
25      const Home = {template: '<h3>首页</h3>'}
26      const Products = {template: '<h3>产品</h3>'}
27      const Docs = {template: '<h3>文档</h3>'}
28      const Download = {template: '<h3>下载</h3>'}
29      const About = {template: '<h3>关于</h3>'}
30
31      const routes = [
32        {path: '/', component: Home},
33        {path: '/products', component: Products},
34        {path: '/docs', component: Docs},
35        {path: '/download', component: Download},
36        {path: '/about', component: About},
37      ]
38
39      const router = createRouter({
40        history: createWebHashHistory(),
41        routes,
42      })
43
44      createApp({}).use(router).mount('#app')
45    </script>
46  </body>
47  </html>
```

使用 router-link 组件创建导航链接

使用 router-view 组件指定路由匹配的组件渲染在何处

导入所需路由函数

创建要导航的组件

定义初始路由列表（数组），描述路径与要导航的组件之间的映射关系

使用 createRouter()函数创建路由器实例，并传入历史记录模式和初始路由列表

首先创建应用实例，然后加载路由器，最后挂载应用实例

在上述代码中，第 8 行和第 9 行使用<script>标签通过 CDN 引入 Vue 核心库和 Vue Router 插件。第 10 行～第 20 行在文档的 body 部分添加了一个 div 元素，并将其 id 属性值设置为 app，将这个元素用作整个 Vue 应用的挂载容器。其中，第 13 行～第 17 行在该容器元素中添加了一些 router-link 组件，以创建导航链接；第 19 行在导航链接下方添加了一个 router-view 组件用作占位符，指定路由匹配到的组件将渲染在何处。

第 22 行～第 23 行通过解构赋值引入 createApp()、createRouter()和 createWebHashHistory()函数；第 25 行～第 29 行以 JavaScript 对象形式定义了组件 Home、Products、Docs、Download 和 About，并通过 template 选项为它们指定模板；第 31 行～第 37 行以对象数组形式定义了初

始路由列表，描述路径与组件之间的映射关系；第 39 行～第 42 行将该数组传入 createRouter()
函数创建路由器实例，并使用 history 选项设置路由历史记录模式为 hash。

第 44 行首先调用 createApp() 函数创建并返回应用实例，然后使用 app.use() 方法安装路由
插件实例，并使用 app.mount() 方法将应用挂载到目标容器元素中。

（2）在浏览器中打开 8-01.html 文件，通过单击导航链接在不同组件视图之间进行切换，
如图 8.1 和图 8.2 所示。

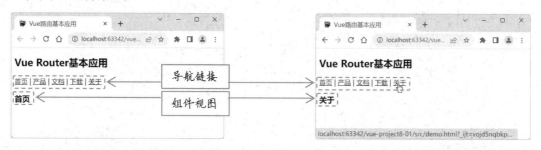

图 8.1　初始页面　　　　　　　图 8.2　通过单击导航链接切换组件视图

8.1.2　在模块化开发中使用 Vue Router

单页应用往往需要具有丰富的交互性、较深的会话和复杂的状态逻辑。在构建这类单页
应用时最好采用模块化开发方式，即使用项目脚手架工具来搭建基于 Vite 的单页应用项目，
并根据设计需要将组件和路由等分门别类地存储在不同目录中。

【例 8.2】本例用于说明如何使用脚手架工具搭建单页应用并安装和配置 Vue Router 插件，
具体操作步骤如下。

（1）打开命令行窗口，使用 cd 命令切换到 D:\Vue3\chapter08 目录下。

（2）在命令行中输入并执行命令 npm init vue@latest。

（3）在命令执行过程中，输入项目名称 vue-project8-01。对于所有其他功能选项（包括 Vue
Router）均选择 No 选项。

（4）为新建的项目安装 Vue Router 插件。在 IDE 中打开该项目，打开新终端窗口，输入
命令 npm install vue-router@latest，安装 Vue Router。

（5）修改应用根组件 src/App.vue，删除不需要的内容，添加组件 RouterLink 和 RouterView，
代码如下。

```
01  <template>
02    <RouterLink to="/">首页</RouterLink> |
03    <RouterLink to="/products/123?name=tt#abc">产品</RouterLink> |
04    <RouterLink to="/docs">文档</RouterLink> |
05    <RouterLink to="/download">下载</RouterLink> |
06    <RouterLink to="/about">关于</RouterLink>
07    <RouterView/>
08  </template>
```

在上述代码中，第 2 行～第 6 行通过在组件模板中添加 RouterLink 组件创建了一组导航
链接；第 7 行通过添加 RouterView 组件指定了路由匹配到的组件视图渲染的位置。

（6）在 src/views 目录中创建一组单文件组件用作视图组件，它们与路由有一一对应的关系。这些组件的代码如下。

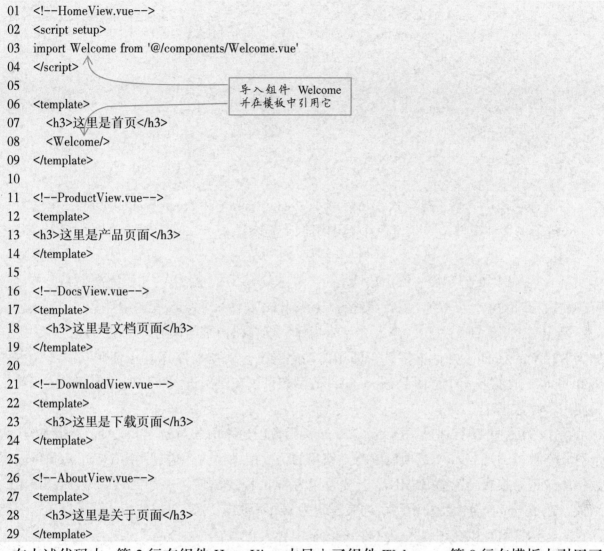

```
01  <!--HomeView.vue-->
02  <script setup>
03  import Welcome from '@/components/Welcome.vue'
04  </script>
05
06  <template>
07      <h3>这里是首页</h3>
08      <Welcome/>
09  </template>
10
11  <!--ProductView.vue-->
12  <template>
13  <h3>这里是产品页面</h3>
14  </template>
15
16  <!--DocsView.vue-->
17  <template>
18      <h3>这里是文档页面</h3>
19  </template>
20
21  <!--DownloadView.vue-->
22  <template>
23      <h3>这里是下载页面</h3>
24  </template>
25
26  <!--AboutView.vue-->
27  <template>
28      <h3>这里是关于页面</h3>
29  </template>
```

导入组件 Welcome 并在模板中引用它

在上述代码中，第 3 行在组件 HomeView 中导入了组件 Welcome，第 8 行在模板中引用了该组件。其他视图组件都比较简单，只是在模板中添加了一个 h3 标题。

（7）在 src/components 目录中创建单文件组件 Welcome.vue，代码如下。

```
01  <template>
02      <p>欢迎使用 Vue Router 构建单页应用! </p>
03  </template>
```

通过上述代码创建的组件 Welcome 是在组件 HomeView 中引用的，因此应将该组件存放在 src/components 目录中。该组件也比较简单，只是在模板中显示了一个段落。

（8）在 src/router 目录中创建路由配置文件 index.js，代码如下。

```
01  import {createRouter, createWebHistory} from 'vue-router'
02  import HomeView from '@/views/HomeView.vue'
03  import ProductView from '@/views/ProductView.vue'
04  import DocsView from '@/views/DocsView.vue'
05
```

导入所需路由函数和视图组件

```
06    const routes = [
07        {path: '/', component: HomeView},
08        {path: '/products/:id', component: ProductView},
09        {path: '/docs', component: DocsView},
10        {path: '/download', component: () => import('@/views/DownloadView.vue')},
11        {path: '/about', component: () => import('@/views/AboutView.vue')}
12    ]
13
14    const router = createRouter({
15        history: createWebHistory(),
16        routes
17    })
18    export default router
```

使用动态方式导入组件，仅在路由被访问时才加载对应组件

创建路由器对象实例并设置历史记录模式和初始路由列表，随后导出该实例

在上述代码中，第 1 行导入了 API 函数 createRouter()和 createWebHistory()。第 2 行~第 4 行从各个单文件组件中导入了三个视图组件（静态导入），import 语句中的"@"符号表示 src 目录。

第 6 行~第 12 行定义了路由数组 routes，它表示添加到路由的初始路由列表，其中包含一些路由记录对象，path 属性表示路径，component 属性表示要匹配的组件。

第 10 行和第 11 行使用动态方式导入组件，仅在路由被访问时才加载对应组件，这样更加高效。Vue Router 插件支持开箱即用的动态导入，对所有路由均可使用动态导入方式。component 属性接收一个返回 Promise 组件的函数，仅在首次进入页面时才会获取该函数，之后使用缓存数据。

第 14 行~第 17 行通过调用 createRouter()函数创建路由器对象 router。向该函数中传入一个对象参数，通过 history 选项设置路由使用的历史记录模式；通过调用 createWebHistory()函数将历史记录模式设置为 HTML5，若要设置为 hash 模式，则应该调用 createWebHashHistory()函数；通过 routes 属性将初始路由列表设置为 routes 数组。第 18 行使用 export 导出这个路由器对象，这样就可以在项目入口文件 main.js 中导入它。

（9）修改项目入口文件 src/main.js，代码如下（以后基本如此，除非特别说明）。

```
01    import {createApp} from 'vue'
02    import App from '@/App.vue'
03    import router from '@/router'
04
05    createApp(App).use(router).mount('#app')
```

首先导入所需函数、根组件和路由器对象，然后创建应用、加载路由器并挂载应用

在上述代码中，第 1 行导入了 createApp()函数，第 2 行导入了根组件实例 App，第 3 行导入了路由实例 router。在这里通过 import router from '@/router' 导入的实际上是 src/router/index.js 文件，即在步骤（8）中创建的路由配置文件。

第 5 行采用链式调用方式，首先调用 createApp()函数创建并返回 Vue 应用实例，然后使用 app.use()方法安装 Vue Router 插件，最后使用 app.mount()方法将该应用实例挂载到 id 属性值为 app 的容器元素中。

（10）查看项目入口页面 src/index.html 的内容，主要代码如下（以后基本如此）。

```
01   <link rel="icon" href="/favicon.ico">
02   ...
03   <div id="app"></div>
04   <script type="module" src="/src/main.js"></script>
```

在项目入口页面中加载
项目入口文件

在上述代码中，第 1 行在文档 head 部分，通过<link>标签设置页面在浏览器标签中显示的图标，所引用的图标文件（favicon.ico）位于项目的 public 目录中；第 3 行在文档 body 部分添加了一个 div 元素，并将其 id 属性值设置为 app，它便是应用挂载的目标元素；第 4 行通过<script>标签来加载项目入口文件 main.js，这里必须将<script>标签的 type 属性值设置为module。

（11）运行项目，通过单击导航链接在不同组件之间进行切换，运行结果如图 8.3 和图 8.4所示。

图 8.3　初始页面

图 8.4　在不同组件之间进行切换

8.2　通过路由传递数据

在使用 Vue Router 插件时，可以通过配置路由来设置路径与组件之间的映射关系。这样，当单击某个导航链接时就会切换为路由匹配到的组件。在这个过程中，往往需要向目标组件传递一些数据，这可以通过路由对象来实现。

8.2.1　路由对象

路由对象表示当前激活的路由的状态信息，每次导航成功后都会产生一个新的路由对象。当使用选项式 API 时，全局路由对象可以使用$router 来表示，当前正在用于跳转的路由对象可以使用$route 来表示。当使用组合式 API 时，可以使用 API 函数 useRouter()和 useRoute()来代替$router 和$route 对象。$route 对象公开了一些属性，可以用来获取当前激活的路由的状态信息。$route 对象的常用属性如表 8.1 所示。

表 8.1　$route 对象的常用属性

属　　性	类　型	描　　述
$route.path	String	表示当前 URL 中的路径名。该字符串是经过百分号编码的
$route.query	Object	表示当前 URL 中的查询参数。如果包含查询参数，则为{key: vlue}对象，否则为空对象

属　　性	类　型	描　　述
$route.params	Object	表示从路径中提取出来并解码的路径参数。如果包含路径参数，则为{key: vlue}对象，否则为空对象
$route.hash	String	表示当前 URL 中的 hash。如果存在，则以#开头
$route.fullPath	String	表示包括 search 和 hash 在内的完整路径。该字符串是经过百分号编码的
$route.name	String	表示当前匹配的路由名称
$route.matched	Array	表示路由记录，包含当前路由中声明的所有路由信息，从父路由（如果有）到当前路由
$route.redirectedFrom	String	表示重定向（如果有）到当前地址之前最初想访问的地址

【例 8.3】本例用于说明如何使用$route 对象获取相关信息。

（1）在 D:\Vue3\chapter08 目录中创建 vue-project8-02 项目，安装 Vue Router 插件。

（2）编写应用根组件 src/App.vue，代码如下。

```
01   <template>
02     <RouterLink to="/">首页</RouterLink> |
03     <RouterLink to="/about/123?name=tt#here">关于</RouterLink>
04     <RouterView/>
05   </template>
```

在上述代码中，第 2 行～第 3 行在组件模板中添加了两个 RouterLink 组件，用于创建导航链接，在这里将第一个 RouterLink 组件的 to 属性值设置为 /，表示根路径。为了测试路由对象的相关属性，特意将第二个 RouterLink 组件的 to 属性值设置为 /about/123?name=tt#here。第 4 行在组件模板中添加了一个 RouterView 组件，用于指定匹配路由时渲染组件内容的位置。

（3）在 src/router 目录中创建路由配置文件 index.js，代码如下。

```
01   import {createRouter, createWebHistory} from 'vue-router'
02
03   const routes = [
04     {path: '/', name: 'home', component: () => import('@/views/HomeView.vue')},
05     {path: '/about/:n', name: 'about', component: () => import('@/views/AboutView.vue')}
06   ]
07
08   const router = createRouter({
09     history: createWebHistory(),
10     routes
11   })
12
13   export default router
```

用:n 定义一个路径参数

在上述代码中，第 1 行从 vue-router 中导入了 API 函数 createRouter()和 createWebHistory()。

第 3 行～第 6 行定义了路由数组 routes 并添加了两条路由记录，它们均以动态方式加载对应的组件。在第二条路由记录的 path 路径中，通过 :n 来定义一个路径参数（详见 8.2.2 节）。

第 8 行～第 11 行通过调用 createRouter()函数创建路由器对象并赋值给变量 router，等价于选项式 API 中的 this.$route，将历史记录模式设置为 HTML5，初始路由列表设置为 routes

数组；第 13 行导出路由器对象 router。

（4）在 src/views 目录中创建组件 HomeView.vue，代码如下。

```
01  <template>
02    <h3>这里是主页</h3>
03  </template>
```

（5）在 src/views 目录中创建组件 AboutView.vue，代码如下。

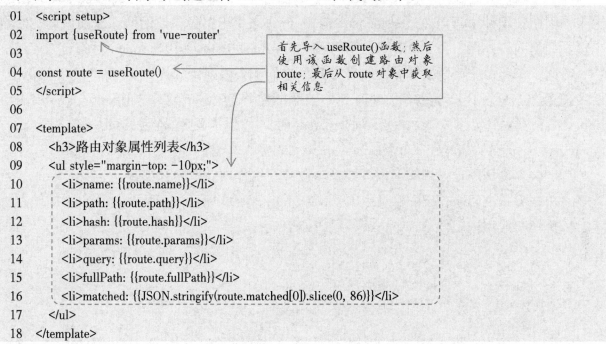

```
01  <script setup>
02  import {useRoute} from 'vue-router'
03
04  const route = useRoute()
05  </script>
06
07  <template>
08    <h3>路由对象属性列表</h3>
09    <ul style="margin-top: -10px;">
10      <li>name: {{route.name}}</li>
11      <li>path: {{route.path}}</li>
12      <li>hash: {{route.hash}}</li>
13      <li>params: {{route.params}}</li>
14      <li>query: {{route.query}}</li>
15      <li>fullPath: {{route.fullPath}}</li>
16      <li>matched: {{JSON.stringify(route.matched[0]).slice(0, 86)}}</li>
17    </ul>
18  </template>
```

首先导入 useRoute() 函数；然后使用该函数创建路由对象 route；最后从 route 对象中获取相关信息

在上述代码中，第 1 行~第 5 行定义了一个<script setup>代码块。第 2 行从 vue-router 中导入了 API 函数 useRoute()，第 4 行调用了 useRoute()函数创建路由对象 route。在选项式 API 中使用的是 this.$router 和 this.$route，如果使用组合式 API，则应该使用 useRouter()和 useRoute() 函数来代替它们。

第 9 行~第 17 行在组件模板中通过一个无序列表来显示 route 对象的各个属性，第 16 行使用 JSON.stringify()方法将 route.matched[0]对象转换为字符串，并从中截取一段内容来显示。

（6）运行项目，从首页切换到关于页面，查看路由对象的属性，运行结果如图 8.5 所示。

图 8.5　路由对象属性列表

8.2.2　params 传参

在使用 Vue Router 插件时，可以通过在路径中使用一个动态字段来实现动态路由匹配，该字段称为路径参数。路径参数用冒号"："表示，如 path: '/users/:id'。设置路径参数后，类似/users/123 或 users/456 的路径都会映射到同一个路由上。

当一个路由被匹配时，它的 params 属性值将在每个组件中以路由对象的 params 属性暴露出来，因此在组件中可以通过$route.params.id 形式来引用路径参数的值，从而使同一个组件呈现不同的内容。在组合式 API 中，应该使用 useRoute()函数来代替$route 对象。

在同一个路由中可以设置多个路径参数，它们都会映射到 params 属性的相应字段上。

例如，当匹配模式为 /user/:id 时，如果匹配路径为 /user/123，则$route.params 的值为{id: '123'}；当匹配模式为 /user/:id/:username 时，如果匹配路径为 /user/123/zhangsan，则$route.params 的值为{id: '123', username: 'zhangsan'}等。

【例 8.4】本例用于说明如何设置路径参数并在组件中获取路径参数。

（1）在 D:\Vue3\chapter08 目录中创建 vue-project8-03 项目，安装 Vue Router 插件。

（2）编写应用根组件 src/App.vue，代码如下。

```
01   <template>
02     <RouterLink to="/">首页</RouterLink> |
03     <RouterLink to="/user/123/张三/19">用户</RouterLink>
04     <RouterView/>                    在 to 属性中包含路径参数
05   </template>
```

在上述代码中，第 2 行～第 3 行在组件模板中添加了两个 RouterLink 组件，并将第一个 RouterLink 组件的 to 属性值设置为根路径 /，将第二个 RouterLink 组件的 to 属性值设置为 /user/123/张三/19，其中包含三个路径参数。第 4 行添加了一个 RouterView 组件，用于指定匹配路由时渲染组件内容的位置。

（3）在 src/router 目录中创建路由配置文件 index.js，代码如下。

```
01   import {createRouter, createWebHistory} from 'vue-router'
02   import HomeView from '@/views/HomeView.vue'
03   import UserView from '@/views/UserView.vue'
04
05   const routes = [                 在 path 属性中设置路径参数
06     {path: '/', component: HomeView},
07     {path: '/user/:id/:name/:age', component: UserView}
08   ]
09   const router = createRouter({
10     history: createWebHistory(),
11     routes
12   })
13
14   export default router
```

在上述代码中，第 1 行导入了 API 函数 createRouter()和 createWebHistory()；第 2 行和第 3 行导入了组件 HomeView 和 UsersView；第 5 行～第 8 行定义了路由数组 routes 并向初始路由列表中添加了两条路由记录，将第一条路由记录的 path 路径设置为根路径 /，将第二条路由记录的 path 路径设置为 /users/:id/:name/:age，其中包含三个路径参数。

第 9 行～第 12 行使用 createRouter() 函数创建了路由器对象 router，并将历史记录模式设置为 HTML5，路由列表设置为数组 routes；第 14 行导出了路由器对象 router。

（4）在 src/views 目录中创建组件 HomeView.vue，代码如下。

```
01  <template>
02    <h3>这里是首页</h3>
03  </template>
```

（5）在 src/views 目录中创建组件 UsersView.vue，代码如下。

```
01  <script setup>
02  import {useRoute} from 'vue-router'
03
04  const route = useRoute()
05  </script>
06
07  <template>
08    <h3>用户信息</h3>
09    <ul>
10      <li>编号：{{route.params.id}}</li>
11      <li>名字：{{route.params.name}}</li>
12      <li>年龄：{{route.params.age}}</li>
13    </ul>
14  </template>
```

> 首先导入 useRoute() 函数；然后使用它创建路由对象 route；最后通过 route.params 获取各个路径参数

在上述代码中，第 2 行导入了 API 函数 useRoute()，第 3 行调用该函数创建了 route 对象，第 10 行和第 11 行在模板中引用了 route.params.id、route.params.name 和 route.params.age。

（6）运行项目，在浏览器中打开页面，在导航栏中单击"用户"链接，以切换到用户页面，如图 8.6 和图 8.7 所示。

图 8.6　初始页面

图 8.7　切换到用户页面

8.2.3　query 传参

通过 $route.query 属性可以获取当前 URL 中的查询参数，查询参数以"?"开头，如果有多个查询参数，则需要使用"&"来分隔（如 /user?name=tt&age=18），也可以在设置组件 RouterLink 的 to 属性值时为该属性传入一个对象（如{path: '/user', query: {name: 'tt', age: 18}} ）。当使用组合式 API 时，由于不能在 <script setup> 代码块中访问 this 上下文，因此需要使用 useRoute() 函数来代替 $route 对象。

【例 8.5】本例用于说明如何通过路由对象获取 URL 中的查询参数。

（1）在 D:\Vue3\chapter08 目录中创建 vue-project8-04 项目，安装 Vue Router 插件。

（2）编写应用根组件 src/App.vue，代码如下。

```
01  <template>
02    <RouterLink to="/">首页</RouterLink> |
03    <RouterLink to="/user?id=456&name=李逍遥&age=18">用户</RouterLink>
04    <RouterView/>
05  </template>
```

在 to 属性中包含查询参数

在上述代码中，第 2 行和第 3 行添加了两个 RouterLink 组件，并将第一个 RouterLink 组件的 to 属性值设置为根路径 /，将第二个 RouterLink 组件的 to 属性值设置为 /users?id=456&name=李逍遥&age=18，其中包含三个查询参数。在这里，也可以使用 v-bind 指令为 to 属性传入 {path: '/user', query: {id: 456, name: '李逍遥', age: 18}}，效果完全相同。第 4 行在组件模板中添加了一个 RouterView 组件，用于指定路由匹配时渲染组件内容的位置。

（3）在 src/router 目录中创建路由配置文件 index.js，代码如下。

```
01  import {createRouter, createWebHistory} from 'vue-router'
02  import HomeView from '@/views/HomeView.vue'
03  import UserView from '@/views/UserView.vue'
04
05  const routes = [
06    {path: '/', component: HomeView},
07    {path: '/user', component: UserView}
08  ]
09  const router = createRouter({
10    history: createWebHistory(),
11    routes
12  })
13  export default router
```

在上述代码中，第 1 行导入了 API 函数 createRouter() 和 createWebHistory()；第 2 行和第 3 行导入了组件 HomeView 和 UsersView；第 5 行～第 8 行定义了路由数组 routes，并向初始路由列表中添加了两条路由记录，但均未添加路径参数；第 9 行～第 12 行使用 createRouter() 函数创建了路由器对象 router，将历史模式设置为 HTML5，并将初始路由列表设置为数组 routes；第 13 行导出了路由器对象 router。

（4）在 src/views 目录中创建组件 HomeView，代码如下。

```
01  <template>
02    <h3>这里是首页</h3>
03  </template>
```

（5）在 src/views 目录中创建组件 UsersView，代码如下。

```
01  <script setup>
02  import {useRoute} from 'vue-router'
03
04  const route = useRoute()
05  const {id, name, age} = route.query
```

首先，导入 useRoute() 函数；然后，使用该函数创建 route 对象；接着，解构 route.query 对象，获取相关查询参数；最后，在组件模板中引用各个查询参数

```
06    </script>
07
08    <template>
09        <h3>用户信息</h3>
10        <ul>
11            <li>编号：{{id}}</li>
12            <li>名字：{{name}}</li>
13            <li>年龄：{{age}}</li>
14        </ul>
15    </template>
```

在上述代码中，第 1 行～第 6 行定义了一个<script setup>代码块，第 2 行导入了 API 函数 useRoute()，第 4 行使用该函数创建了 route 对象，第 5 行对 route.query 对象解构，并赋值给 id、name 和 age 变量，以获取查询参数；第 10 行～第 14 行在组件模板中通过无序列表来显示查询参数 id、name 和 age 的值。

（6）运行项目，在浏览器中打开页面，在导航栏中单击"用户"链接，以切换到用户页面，如图 8.8 和图 8.9 所示。

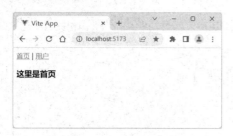

图 8.8　初始页面

图 8.9　获取查询参数

8.2.4　props 传参

在组件中使用路由对象 route 会使其与路由紧密耦合，只能用于特定的 URL，这样限制了组件的灵活性。若要解除这种限制，则可以通过在配置路由时设置 props 来实现。具体做法是：在组件中添加与路径参数同名的 props，并将相应路由记录的 props 属性值设置为 true，这样会将 route.params 设置为组件的 props。此时无论是否通过带有参数的路由切换到组件中，都可以在组件模板中引用 props。

【例 8.6】本例用于演示如何通过 props 向路由组件传递数据。

（1）在 D:\Vue3\chapter08 目录中创建项目 vue-project8-05，安装 Vue Router 插件。

（2）编写应用根组件 src/App.vue，代码如下。

```
01    <template>
02        <RouterLink to="/">首页</RouterLink> |
03        <RouterLink to="/user/456/李逍遥/18">用户</RouterLink>
04        <RouterView/>              to 属性中包含路径参数
05    </template>
```

在上述代码中，第 2 行和第 3 行在组件模板中添加了两个 RouterLink 组件，将第一个 RouterLink 组件的 to 属性值设置为根路径 /，第二个 RouterLink 组件的 to 属性值设置

为 /user/456/李逍遥/18,其中包含三个路径参数;第 4 行添加了一个 RouterView 组件,用于指定路由匹配时渲染组件的位置。

(3)在 src/router 中目录创建路由配置文件 index.js,代码如下。

```
01  import {createRouter, createWebHistory} from 'vue-router'
02  import HomeView from '@/views/HomeView.vue'
03  import UserView from '@/views/UserView.vue'
04
05  const routes = [
06    {path: '/', component: HomeView},
07    {path: '/user/:id/:name/:age', component: UserView, props: true}
08  ]
09  const router = createRouter({
10    history: createWebHistory(),
11    routes
12  })
13  export default router
```

> 在 path 属性中设置路径参数,并将 props 属性值设置为 true

在上述代码中,路由配置与例 8.4 基本相同。唯一的区别是:在路由列表的第二条路由记录中将 props 属性值设置为 true。这样,会将 route.params 设置为组件的 props,意味着可以不通过路由来使用该组件。

(4)在 src/views 目录中创建 HomeView 组件,代码如下。

```
01  <script setup>
02  import UserView from '@/views/UserView.vue'
03  </script>
04
05  <template>
06    <h3>这里是首页</h3>
07    <UserView id="123" name="张三" :age="18"/>
08  </template>
```

> 通过 props 向组件 HomeView 传递参数

在上述代码中,第 2 行导入了组件 UserView,第 7 行在组件模板中引用了组件 UserView,并传入了 id、name 和 :age 三个 prop。

(5)在 src/views 目录中创建组件 UserView,代码如下。

```
01  <script setup>
02    const props = defineProps({
03      id: String,
04      name: String,
05      age: Number
06    })
07
08    const {id, name, age} = props
09  </script>
10
11  <template>
12    <p>用户信息</p>
13    <ul>
```

> 使用编译器宏 defineProps 声明三个 prop 并赋值给 props 对象

> 将 props 对象解构赋值给变量 id、name 和 age,之后在组件模板中引用它们

```
14    <li>编号：{{id}}</li>
15    <li>名字：{{name}}</li>
16    <li>年龄：{{age}}</li>
17    </ul>
18  </template>
```

在上述代码中，第 1 行~第 9 行定义了一个<script setup>代码块。其中，第 2 行~第 6 行使用编译器宏 defineProps 定义了 id、name 和 age 三个 prop，前两个 prop 的数据类型为字符串，第三个 prop 的数据类型为数字，它们与路由配置中的路径参数名相同；第 8 行对 props 对象解构并赋值给变量 id、name 和 age。第 13 行~第 17 行在组件模板中以插值表达式形式引用变量 id、name 和 age。

（6）运行项目，在浏览器中打开页面，此时会显示一个用户的信息，这是通过 props 向组件传递的数据。如果在导航栏中单击"用户"链接，则会显示另一个用户的信息，这就是通过路由参数组件传递的数据，如图 8.10 和图 8.11 所示。

图 8.10　初始页面　　　　　　　8.11　通过路由参数组件传递数据

8.2.5　响应参数变化

当使用带有路径参数的路由时，如果从 /user/123 导航到 /user/456，将会重复使用相同的组件实例。因为这两个路由渲染同一个组件，比起先销毁后创建的方式，复用显然是更加高效的。不过，这里也存在一个问题，即组件的生命周期钩子不会被调用。

如果要对同一个组件中路径参数的变化做出响应，则需要对路径对象上的任意属性创建监听器。当使用选项式 API 时，需要监听的是$route.params。当使用组合式 API 时，需要监听的是 route.params。

【例 8.7】本例用于说明如何响应路由参数的变化。

（1）在 D:\Vue3\chapter08 目录中创建 vue-project8-06 项目，安装 Vue Router 插件。

（2）编写应用根组件 src/App.vue，代码如下。

```
01  <script setup>
02  const fruits = [
03    {id: 1, name: '香蕉', desc: '芭蕉科芭蕉属多年生草本植物'},
04    {id: 2, name: '苹果', desc: '蔷薇科苹果属落叶乔木植物'},
05    {id: 3, name: '水蜜桃', desc: '蔷薇科桃属植物'},
06    {id: 4, name: '雪梨', desc: '蔷薇科梨属乔木植物'},
07    {id: 5, name: '杧果', desc: '漆树科杧果属植物常绿大乔木植物'}
```

```
08    ]
09    </script>
10
11    <template>
12      <RouterLink to="/">首页</RouterLink><span> | </span>
13      <template v-for="(fruit, index) in fruits">
14        <RouterLink
15           :to="`/fruits/${fruit.id}/${fruit.name}/${fruit.desc}`">
16          {{fruit.name}}
17        </RouterLink>
18        <span v-if="index < fruits.length − 1"> | </span>
19      </template>
20      <RouterView/>
21    </template>
```

通过 v-for 指令遍历 fruits 数组，生成一组导航链接；to 属性中包含三个路径参数

在上述代码中，第 2 行~第 8 行在<script setup>代码块中定义了对象数组 fruits，其中每个对象都包含 id、name 和 desc 属性。

第 12 行使用 RouterLink 组件在组件模板中创建了一个"首页"链接。第 13 行~第 19 行通过 v-for 指令创建了一组导航链接。其中，第 13 行对 RouterLink 组件包裹了一层<template>标签，并且在<template>标签中添加了 v-for="(fruit, index) in fruits"；第 15 行将 RouterLink 组件的 to 属性值设置为一个字符串模板表达式，即 `/fruits/${fruit.id}/${fruit.name}/${fruit.desc}`，其中包含三个路径参数；第 16 行使用插值表达式{{fruit.name}}作为链接文本；第 18 行生成了一组分隔符 |，通过 v-if 指令控制在最后一个导航链接后面不添加分隔符。

第 20 行在组件模板中添加了 RouterView 组件，用于指定与路由匹配的组件的渲染位置。

（3）在 src/router 目录中创建路由配置文件 index.js，代码如下。

```
01   import {createRouter, createWebHistory} from 'vue-router'
02   import HomeView from '@/views/HomeView.vue'
03   import FruitsView from '@/views/FruitsView.vue'
04
05   const routes = [
06     {path: '/', component: HomeView},
07     {path: '/fruits/:id/:name/:desc', component: FruitsView}
08   ]
09   const router = createRouter({
10     history: createWebHistory(),
11     routes
12   })
13   export default router
```

path 属性中包含三个路径参数

在上述代码中，第 1 行导入了 API 函数 createRouter()和 createWebHistory()；第 2 行和第 3 行导入了组件 HomeView 和 UsersView；第 5 行~第 8 行定义了路由数组 routes 并添加了两条路由记录，后者的 path 属性中包含三个路径参数；第 9 行~第 12 行创建了路由器对象 router，将历史模式设置为 HTML5，路由列表设置为 routes；第 13 行导出了路由器对象。

（4）在 src/views 目录中创建组件 HomeView，代码如下。

```
<template>
```

```
        <h3>请选择一种水果。</h3>
    </template>
```

（5）在 src/views 目录中创建组件 FruitsView，代码如下。

```
01   <script setup>
02   import {ref, watch} from "vue";
03   import {useRoute} from 'vue-router'
04
05   const route = useRoute()
06   const id = ref(route.params.id)
07   const name = ref(route.params.name)
08   const desc = ref(route.params.desc)
09
10   watch(
11       () => route.params,
12       (toParams, previousParams) => {
13           id.value = toParams.id
14           name.value = toParams.name
15           desc.value = toParams.desc
16       }
17   )
18   </script>
19
20   <template>
21       <div class="fruit">
22           <h3>当前选择了{{name}}</h3>
23           <ul>
24               <li>编号：{{id}}</li>
25               <li>名称：{{name}}</li>
26               <li>描述：{{desc}}</li>
27           </ul>
28       </div>
29   </template>
```

（第 5 行～第 8 行注释）首先创建 route 对象，然后从其 params 属性中获取路径参数，并包装成响应式属性

（第 10 行～第 17 行注释）重点：对 route.params 创建属性监听器，将 id、name 和 desc 属性值分别替换为切换后的值

（第 23 行～第 27 行注释）在组件模板中通过无序列表显示水果信息，当单击不同链接时会在水果信息之间进行切换

在上述代码中，第 2 行导入了 API 函数 ref() 和 watch()，第 3 行导入了 API 函数 useRoute()，第 5 行使用 useRoute() 函数创建了路由对象。

第 6 行～第 8 行分别使用 ref() 函数将 route.params.id、route.params.name 和 route.params.desc 包装成响应式属性，并赋值给变量 id、name 和 desc。

第 10 行～第 17 行使用 watch() 函数创建了一个属性监听器，监听的目标是 route.params，以函数形式传入 watch() 并将其用作第一个参数，第二个参数也是一个函数，它用于接收参数 toParams 和 previousParams，分别表示切换前后的参数对象 route.params。

第 13 行～第 15 行在监听函数中将 id、name 和 desc 属性分别替换为切换后的值，以确保切换后能够看到更新的水果信息。

如果不创建这个监听器，则在单击不同的水果链接时，虽然数据可以正常传递，但视图的内容不会更新。

第 23 行～第 27 行在组件模板中通过无序列表显示了当前所选水果的信息。

（6）运行项目，在浏览器中打开页面，通过在导航栏中单击不同的链接来选择水果，运行结果如图 8.12 和图 8.13 所示。

图 8.12　选择了苹果

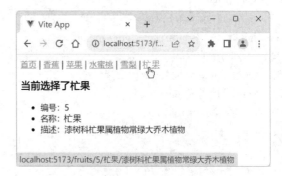

图 8.13　选择了杧果

8.3　路由匹配语法

在大多数应用中，配置路由时通常会使用类似 /about 的静态路由，或者使用类似 /users/:userId 的动态路由。实际上，Vue Router 还提供了很多的路由匹配语法，可以用于定义更高效、更灵活的路由映射关系。

8.3.1　使用正则表达式

当定义类似 :userId 形式的路径参数时，Vue Router 内部将使用正则表达式 "[^/]+" 从 URL 中提取路径参数，其含义是至少有一个字符，而不是斜杠 "/"。但是，如何根据路径参数的内容来区分两个路由呢？

如果有两个路由 /:orderId 和 /:productName，它们会匹配完全相同的 URL。若要区分它们，则可以在路径中添加一个静态部分。例如，通过 /o/:orderId 匹配 /o/123，通过 /p/:productName 匹配 /p/books 等。示例代码如下。

```
const routes = [
    {path: '/o/:orderId'},          在路径中添
    {path: '/p/:productName'},      加静态部分
]
```

但是，在某些情况下可能不想添加静态的 /o 或 /p 部分。由于 orderId 参数在大多数情况下都是数字类型的，而 productName 参数可以是任何类型的，所以可以在路径参数中指定一个正则表达式来区分这两个路由。

在下面的示例中，当使用 /:orderId(\\d+) 表示 /:orderId 时，只能匹配数字，而 /:productName 可以匹配其他任何内容。

```
const routes = [
    {path: '/:orderId(\\d+)'},      在路径中使用
    {path: '/:productName'},        正则表达式
]
```

268

设置正则表达式后，当跳转到 /123 时将匹配路径 /:orderId，其他情况则会匹配路径 /:productName。routes 数组中的先后顺序并不会影响路由的匹配结果。

8.3.2 设置可重复参数

如果需要匹配具有多个部分的路由，如 /first/second/third，则应将路径参数标记为可重复参数。此时，可以使用通配符 "*" 来表示零个或多个路径参数，或者使用通配符 "+" 来表示一个或多个路径参数。

在下面的示例中，当使用 "*" 时，/:chapters 可以匹配 /、/one、/one/two、/one/two/three 等；当使用 "+" 时，/:chapters 可以匹配 /one、/one/two、/one/two/three 等。

```
const routes = [
  {path: '/:chapters*'},        在路径中使用 "*" 或 "+"
  {path: '/:chapters+'},        来表示可重复参数
]
```

也可以通过在右括号后面添加 "*" 或 "+" 与自定义正则表达式结合使用。例如，在下面的示例中，当使用 "+" 时，仅匹配数字/1、/1/2 等；当使用 "*" 时，匹配 /、/1、/1/2 等。

```
const routes = [
  {path: '/:chapters(\\d+)+'},      在路径中将 "*" 或 "+" 与
  {path: '/:chapters(\\d+)*' },     其他正则表达式结合使用
]
```

当在路由中使用重复路径参数时，通过 $route.params.chapters 会得到一个参数数组。

8.3.3 设置可选参数

在配置路由时，也可以通过使用通配符 "?" 来表示零个或一个参数，从而将这个参数标记为可选参数。

在下面的示例中，/user/:userId? 可以匹配 /user 和/users/posva，/user/:userId(\\d+)? 可以匹配 /user 和 /user/123。

```
const routes = [
  {path: '/user/:userId?'},         在路径中使用 "?" 设
  {path: '/user/:userId(\\d+)?'},   置可选参数
]
```

注意，使用 "*" 也标志着其中一个参数是可选参数，但使用 "?" 还表示参数不能重复。

8.4 嵌套路由与命名路由

在前端开发中，有些应用界面往往是由多层嵌套的组件构成的。在这种情况下，就需要使用嵌套路由。当配置路由时，除了设置 path 属性值，还可以设置 name 属性值，并将其用在导航链接的 to 属性中，这种路由称为命名路由。下面介绍嵌套路由和命名路由的用法。

8.4.1 嵌套路由

在多层嵌套组件结构中通常会用到嵌套路由，路径中的动态片段通常会按照嵌套结构对应特定的组件。此时，可以在某层组件中添加组件 RouterLink 和 RouterView，并通过路由在其子组件之间进行切换，这种路由称为嵌套路由，又称为子路由。

现有组件 A、B、C、D，其中组件 A 为被上层路由渲染的组件，其 path 属性值为 /a。现在希望在进入组件 A 时默认在其内部渲染组件 B，并能够通过单击导航链接在组件 A 内部渲染组件 C 或组件 D。这个需求可以通过嵌套路由来实现，主要有以下两个步骤。

（1）在组件 A 中添加组件 RouterLink 和 RouterView，代码如下。

```
<template>
    <!--注意子组件的路径是由两个片段拼接而成的-->
    <!--例如，/a/c 是由/a 和/c 拼接而成的-->
    <RouterLink to="/a/c">C</RouterLink>
    <RouterLink to="/a/d">D</RouterLink>
    <RouterView/>
</template>
```

（2）在路由配置文件 index.js 中定义嵌套路由，代码如下。

```
const routes = [                          // 路由列表
  {
    path: '/a',                           // 组件 A 的路径以/开头
    component: A,
    children: [                           // 使用 children 属性配置嵌套路由
      {path: '', component: B},           // 空的嵌套路由，默认匹配组件 B
      {path: 'c', component: C},          // 匹配组件 C
      {path: 'd', component: D}           // 匹配组件 D
    ]
  }
]
```

在上述代码中，嵌套路由是通过 children 属性来设置的。与 routes 数组一样，children 也是一个路由数组，用于定义添加到嵌套路由的初始路由列表，以指定每个子路径与相应子组件之间的映射关系。根据需要也可以多层嵌套，例如，在 children 数组中添加了三条嵌套路由记录：第一条记录的 path 属性值为空字符串，提供了一个空的嵌套路由，当访问 /a 时会匹配到组件 B；后两条记录的 path 属性值分别为 c 和 d。在嵌套路由中 path 属性值不要以 "/" 开头，该斜杠表示根路径。

这样，当通过上层路由切换到组件 A 时，默认会在其内部渲染组件 B；当访问 /a/c 时，会匹配并渲染组件 C；当访问 /a/d 时，会匹配并渲染组件 D。

【例 8.8】本例用于说明如何创建和使用嵌套路由。

（1）在 D:\Vue3\chapter08 目录中创建项目 vue-project8-07，安装 Vue Router 插件。

（2）编写根组件 src/App.vue，代码如下。

```
01  <template>
```

```
02    <RouterLink to="/">首页</RouterLink> |
03    <RouterLink to="/goods">商品</RouterLink> |      ← 一级路由链接
04    <RouterLink to="/about">关于</RouterLink>
05    <RouterView/>
06  </template>
```

在上述代码中，第 2 行~第 4 行在组件模板中添加了三个 RouterLink 组件，它们的 to 属性值均以斜杠"/"开头，用于创建一级路由链接（顶层路由链接）；第 5 行添加了一个 RouterView 组件，用于渲染顶层路由匹配的组件。

（3）在 src/router 目录中创建路由配置文件 index.js，代码如下。

```
01  import {createRouter, createWebHistory} from 'vue-router'
02  import HomeView from '@/views/HomeView.vue'          导入的这些组件对
03  import AboutView from '@/views/AboutView.vue'    ←   应一级路由链接
04  import GoodsView from '@/views/GoodsView.vue'
05  import GoodsHome from '@/components/GoodsHome.vue'     导入的这些组件对
06  import GoodsFruits from '@/components/GoodsFruits.vue' ← 应二级路由链接
07  import GoodsVeggies from '@/components/GoodsVeggies.vue'
08
09  const routes = [
10    {path: '/', component: HomeView},
11    {
12      path: '/goods',
13      component: GoodsView,
14      children: [                                        定义嵌套路由 children，其
15        {path: '', component: GoodsHome},                初始路由列表中包含三条记
16        {path: 'fruits', component: GoodsFruits},    ←   录，第一条记录的路径为空
17        {path: 'veggies', component: GoodsVeggies}       字符串，表示默认路径
18      ]
19    },
20    {path: '/about', component: AboutView}
21  ]
22  const router = createRouter({
23    history: createWebHistory(),
24    routes
25  })
26
27  export default router
```

在上述代码中，第 1 行导入了所需的 API 函数，第 2 行~第 7 行导入了所需的组件。第 9 行~第 21 行定义了路由数组 routes，并向初始路由列表中添加了三个一级路由，在第二个路由中定义了嵌套路由 children，并添加了三个嵌套的子路由（二级路由）。第 15 行定义了一个为空字符串的嵌套路由，用于匹配 /goods，与其对应的子组件为 GoodsHome。第 16 行和第 17 行定义了两个嵌套子路由，分别用于匹配子组件 /goods/fruits 和 /goods/veggies。

第 22 行~第 25 行创建了路由器对象 router，并将历史模式设置为 HTML5，路由列表设置为 routes 数组。第 27 行导出了路由器对象 router，供其他文件导入。

（4）在 src/views 目录中创建组件 HomeView、GoodsView 和 AboutView，代码如下。

```
01  <!--HomeView.vue-->
02  <template>
03    <h3>这里是首页</h3>
04  </template>
05
06  <!--GoodsView.vue-->
07  <template>
08    <h3>这里是商品页面</h3>
09    <RouterLink to="/goods/fruits">水果</RouterLink> |
10    <RouterLink to="/goods/veggies">蔬菜</RouterLink>
11    <RouterView/>
12  </template>
13
14  <!--AboutView.vue-->
15  <template>
16    <h3>这里是关于页面。</h3>
17  </template>
```

> 这是二级路由链接，对应嵌套路由表的后两行

在上述代码中，第1行～第4行定义了 HomeView 组件，第14行～第17行定义了 AboutView 组件，在它们的模板中均仅包含一个 h3 标题。

第6行～第12行定义了 GoodsView 组件。其中，第9行～第10行在模板中添加了两个 RouterLink 组件，它们的 to 属性值均由两个片段拼接而成；第11行添加了一个 RouterView 组件，用于渲染与嵌套路由匹配的组件。

（5）在 src/components 目录中创建组件 GoodsHome、GoodsFruits 和 GoodsVeggies，代码如下。

```
01  <!--GoodsHome.vue-->
02  <template>
03    <p>欢迎光临！请选择水果和蔬菜。</p>
04  </template>
05
06  <!--GoodsFruits.vue-->
07  <template>
08    <h4>水果列表</h4>
09    <ul>
10      <li>苹果</li>
11      <li>葡萄</li>
12      <li>橙子</li>
13      <li>杧果</li>
14    </ul>
15  </template>
16
17  <!--GoodsVeggies.vue-->
18  <template>
19    <h4>蔬菜列表</h4>
20    <ul>
```

```
21        <li>萝卜</li>
22        <li>白菜</li>
23        <li>菠菜</li>
24        <li>芹菜</li>
25      </ul>
26    </template>
```

在上述代码中，第 1 行～第 4 行定义了组件 GoodsHome，其模板中仅包含一个段落；第 6 行～第 15 行定义了组件 GoodsFruits，通过一个无序列表显示水果信息；第 17 行～第 26 行定义了组件 GoodsVeggies，通过一个无序列表显示蔬菜信息。

（6）运行项目，在顶部导航栏中单击"商品"链接进入商品页面，之后在二级导航栏中单击"水果"链接进入水果页面（可以以同样的方式进入蔬菜页面），运行结果如图 8.14 和图 8.15 所示。

图 8.14　商品页面

图 8.15　水果页面

8.4.2　命名路由

除了 path 属性，还可以使用 name 属性为路由设置名称，称为命名路由。当定义命名路由时，需要在路由中设置 path、name 和 component 属性值。如果要链接到命名路由，则需要向组件 RouterLink 的 to 属性传递一个对象并指定其 name 属性值。如果要通过路径参数传递数据，则需要在传入 to 属性的对象中包含 params 属性。

【例 8.9】本例用于说明如何创建和使用命名路由。

（1）在 D:\Vue3\chapter08 目录中创建 vue-project8-08 项目，安装 Vue Router 插件。

（2）编写根组件 src/App.vue，代码如下。

```
01  <template>
02    <RouterLink to="/">首页</RouterLink> |
03    <RouterLink :to="{name: 'user', params: {id: 123, name: '张三', age: 19}}">
04      用户
05    </RouterLink>
06    <RouterView/>
07  </template>
```

to 属性中包含 name 和 params 属性，前者用于指定路由名称（命名路由），后者用于提供要传递的参数

在上述代码中，第 2 行和第 3 行在组件模板中添加了两个 RouterLink 组件，第 2 行将第一个 RouterLink 组件的 to 属性值设置为根路径 /，第 3 行在第二个 RouterLink 组件中使用 v-bind 指令为 to 属性传入了一个对象，其中的 name 属性值为路由的名称，并通过 params 属性传入一

些路径参数；第 6 行在模板中添加了一个 RouterView 组件，用于渲染路由匹配的组件内容。

（3）在 src/router 目录中创建路由配置文件 index.js，代码如下。

```
01    import {createRouter, createWebHistory} from 'vue-router'
02    import HomeView from '@/views/HomeView.vue'
03    import UserView from '@/views/UserView.vue'
04
05    const routes = [
06      {path: '/', component: HomeView},
07      {path: '/user/:id/:name/:age', name: 'user', component: UserView}
08    ]
09
10    const router = createRouter({
11      history: createWebHistory(),
12      routes
13    })
14
15    export default router
```

使用 name 属性指定路由的
名称，此路由为命名路由

在上述代码中，第 1 行导入了 API 函数 createRouter() 和 createWebHistory()；第 2 行和第 3 行导入了组件 HomeView 和 UserView；第 5 行～第 8 行定义了路由数组 routes，并添加了两条路由记录，其中，第 7 行在第二条路由记录中指定 path 属性包含三个参数，将 name 属性值设置为 user（命名路由），component 属性值设置为 UserView；第 10 行～第 12 行创建了路由器对象 router，并将历史记录模式设置为 HTML5，路由列表设置为 routes 数组；第 15 行导出了路由器对象 router。

（4）在 src/views 目录中创建组件 HomeView 和 UserView，代码如下。

```
01    <!--HomeView.vue-->
02    <template>
03      <h3>这里是首页</h3>
04    </template>
05
06    <!--UserView.vue-->
07    <script setup>
08    import {useRoute} from 'vue-router'
09
10    const route = useRoute()
11    </script>
12
13    <template>
14      <h3>用户信息列表</h3>
15      <ul>
16        <li>编号：{{route.params.id}}</li>
17        <li>名字：{{route.params.name}}</li>
18        <li>年龄：{{route.params.age}}</li>
19      </ul>
20    </template
```

在上述代码中，第 1 行～第 4 行定义了组件 HomeView，其模板中仅包含一个 h3 标题；第 6 行～第 20 行定义了组件 UserView，其中，第 8 行在<script setup>代码块中导入了 API 函数 useRoute()，并使用该函数来创建 route 对象；第 13 行～第 20 行在组件 UserView 的模板中，通过一个无序列表显示从 route.params 中获取的数据。

（5）运行项目，在浏览器中打开页面，通过单击导航栏中的链接切换到用户页面，运行结果如图 8.16 和图 8.17 所示。

图 8.16　初始页面

图 8.17　用户页面

8.5　编程式导航

除了使用 RouterLink 组件创建<a>标签来定义导航链接，还可以借助 router 对象的各种实例方法，通过编写代码来实现导航，这称为编程式导航。在编程式导航中，主要使用 router 对象的实例方法 push()、replace()和 go()。

8.5.1　push()方法

当使用选项式 API 时，可以通过$router 对象访问路由实例。当使用组合式 API 时，可以使用 useRourer()函数来代替$router 对象。

若要导航到不同的 URL，则可以调用 push()方法。这个方法会向 history 栈中添加一条新的记录，所以当用户在浏览器中单击后退按钮时会返回之前的 URL。当单击 RouterLink 组件生成的链接时，内部也会调用该方法。在调用该方法时可以传入一个字符串路径，也可以传入一个描述地址的对象。

下面给出使用 push()方法的一些例子。

```
// 字符串路径
router.push('/user/张三')
// 带有路径的对象
router.push({path: '/user/张三'})
// 命名路由并加上参数，让路由建立 URL
router.push({name: 'user', params: {username: '张三'}})
// 含有查询参数，结果为  /register?plan=private
router.push({path: '/register', query: {plan: 'private'}})
// 含有 hash，结果为  /about#team
router.push({path: '/about', hash: '#team'})
```

在调用 push()方法时，params 属性不能与 path 属性一起使用。如果提供了 path 属性，则 params 属性会被忽略，但 query 属性不属于这种情况。

要在 path 属性中包含参数，可以参考下面的代码。

```
const username = '张三'
router.push(`/user/${username}`)
router.push({path: `/user/${username}`})
router.push({name: 'user', params: {username}})
```

在执行上述代码时，每条语句都会导航到 /user/张三。

当指定 params 属性时，可以提供字符串或数字参数；对于可重复参数，可以提供一个数组；对于可选参数，可以提供一个空字符串（""）来跳过它。任何其他类型（如 undefined、false 等）都将被转换为字符串。

由于 to 属性与 push()方法接收的对象数据类型相同，所以两者的规则完全相同。

push()方法和所有其他导航方法都会返回一个 Promise 对象，因此需要等到导航完成后才能知道是成功还是失败。

8.5.2　replace()方法

replace()方法的作用类似于 push()方法，唯一不同的是，它在导航时不会向 history 栈中添加新的记录，只会取代当前条目。单击<RouterLink :to="..." replace>生成的链接与在代码中调用 replace()方法的结果完全相同。

也可以直接在传递给 push()方法的 routeLocation 对象中增加一个属性 replace: true。

```
router.push({path: '/home', replace: true})
// 上述代码相当于
router.replace({path: '/home'})
```

8.5.3　go()方法

go()方法接收一个整数作为参数，表示在历史堆栈中前进或后退多少步，其作用类似于 window.history.go(n)方法。

下面给出一些使用 go()方法的示例。

```
// 向前移动一条记录，与 router.forward()方法的作用相同
router.go(1)
// 后退一条记录，与 router.back()方法的作用相同
router.go(-1)
// 向前移动三条记录
router.go(3)
// 若没有那么多记录，则静默失败
router.go(-100)
router.go(100)
```

在编程式导航中，router.push()、router.replace()和 router.go()方法实际上就是 window.history. pushState()、window.history.replaceState()和 window.history.go()方法的翻版。

【例 8.10】本例用于说明如何通过 router 对象的实例方法实现编程式导航。

（1）在 D:\Vue3\chapter08 目录中创建 vue-project8-09 项目，安装 Vue Router 插件。

（2）编写根组件 src/App.vue，代码如下。

```
01  <script setup>
02  import {useRouter} from 'vue-router'
03
04  const router = useRouter()
05  const goHome = () => {
06      router.push('/')
07  }
08  const userInfo = {id: 123, name: '张三', age: 19}
09  const goUser = () => {
10      router.push({name: 'user', params: userInfo})
11  }
12  </script>
13
14  <template>
15      <button @click="goHome">首页</button> 
16      <button @click="goUser">用户</button> 
17      <button @click="router.go(1)">前进</button> 
18      <button @click="router.go(-1)">后退</button>
19      <RouterView/>
20  </template>
```

（注释）首先导入 useRouter()函数，然后使用它创建 router 对象

（注释）在组件方法中调用 push()方法，并传入一个字符串地址

（注释）在组件方法中调用 push()方法，并传入一个描述地址的对象

（注释）在内联事件处理器中调用 go()方法

在上述代码中，第 2 行在<script setup>代码块中导入了 API 函数 useRouter()（不是 useRoute）；第 4 行调用此函数创建了 router 对象；第 5 行～第 7 行定义了 goHome()方法，其功能是通过执行 router.push('/')方法来实现跳转；第 8 行定义了常量 userInfo，其值是一个包含用户信息的对象字面量 {name: 'user', params: userInfo}；第 9 行～第 11 行定义了 goUser()方法，用于执行 router.push()方法，并为其传入 userInfo 对象作为参数。

第 15 行～第 18 行在组件模板中添加了 4 个 button 元素，前面两个按钮的 click 事件处理器分别被绑定到 goHome()（导航到首页）和 goUser()（导航到用户页）方法上，后面两个按钮的 click 事件处理器分别被绑定到 router.go(1)（前进）和 router.go(-1)（后退）方法上。

第 19 行在组件模板中添加了一个 RouterView 组件，用于渲染路由匹配的组件内容。

（3）在 src/router 目录中创建路由配置文件 index.js，代码如下。

```
01  import {createRouter, createWebHistory} from 'vue-router'
02  import HomeView from '@/views/HomeView.vue'
03  import UserView from '@/views/UserView.vue'
04
05  const routes = [
06      {path: '/', name: 'home', component: HomeView},
07      {path: '/user/:id/:name/:age', name: 'user', component: UserView}
08  ]
09  const router = createRouter({
10      history: createWebHistory(),
11      routes
```

```
12    })
13    export default router
```

在上述代码中,第1行导入了 API 函数 createRouter()和 createWebHistory();第2行和第3行导入了组件 HomeView 和 UserView;第5行~第8行定义了路由数组 routes,并添加了两条路由记录;第9行~第12行创建了路由器对象 router,并将历史记录模式设置为 HTML5,路由列表设置为数组 routes;第13行导出了路由器对象 router。

(4)在 src/views 目录中创建组件 HomeView 和 UserView,代码如下。

```
01    <!--HomeView.vue-->
02    <template>
03        <h3>这里是首页</h3>
04    </template>
05
06    <!--UserView.vue-->
07    <script setup>
08    import {useRoute} from 'vue-router'
09
10    const route = useRoute()
11    </script>
12
13    <template>
14        <h3>用户信息列表</h3>
15        <ul>
16          <li>编号: {{route.params.id}}</li>
17          <li>名字: {{route.params.name}}</li>
18          <li>年龄: {{route.params.age}}</li>
19        </ul>
20    </template>
```

在上述代码中,第1行~第4行定义了组件 HomeView,在其模板中添加了一个 h3 标题。第6行~第20行定义了组件 UserView。其中,第8行在<script setup>代码块中导入了 API 函数 useRoute(),第10行使用该函数创建了路由对象 route,第15行~第19行在其模板中显示通过 route.params()方法接收的数据。

(5)运行项目,在浏览器中打开页面,通过单击导航栏中的链接切换到用户页面,运行结果如图 8.18 和图 8.19 所示。

图 8.18　初始视图

图 8.19　切换到用户页面

8.6　命名视图

在某些情况下，希望同时在同一个级别上显示多个 RouterView 视图，但不是嵌套显示，这时就需要用到命名视图。在同一个界面中，可以有多个 RouterLink 导航链接，同样也可以有多个 RouterView 命名视图，而不是只提供一个单独的 RouterView 出口。

8.6.1　基本用法

当使用 RouterView 组件时，可以使用 name 属性为组件设置名称，这就是命名视图。如果没有为 RouterView 组件设置名称，则默认为 default。当配置路由时，可以对同一个路径定义多个命名视图，它们将分别被渲染在具有相应名称的 RouterView 组件中。在这种情况下，需要在路由列表中使用 components 属性来配置对应同一个路径的多个组件。

【例 8.11】本例用于说明如何在路由配置中对同一个路径定义多个命名视图。

（1）在 D:\Vue3\chapter08 目录中创建 vue-project8-10 项目，安装 Vue Router 插件。

（2）编写根组件 src/App.vue，代码如下。

```
01  <template>
02    <h3>命名视图</h3>
03    <RouterLink to="/">第一页</RouterLink> |
04    <RouterLink to="/other">第二页</RouterLink>
05    <RouterView></RouterView>
06    <RouterView name="a"></RouterView>
07    <RouterView name="b"></RouterView>
08  </template>
09
10  <style scoped>
11  .router-link-exact-active {color: crimson;}
12  </style>
```

> 在组件模板中添加了三个 RouterView 组件，第一个组件未命名（默认为 default），后两个组件分别命名为 a 和 b

在上述代码中，第 3 行和第 4 行在组件模板中添加了两个 RouterLink 组件，它们的 to 属性值分别为 / 和 /other，用于创建两个导航链接；第 5 行～第 7 行分别添加了三个 RouterView 组件，其中第一个组件未命名（默认为 default），后两个组件分别命名为 a 和 b（即命名视图）。

第 10 行～第 12 行在<style scoped>代码块中，通过设置 Vue Router 自带的 CSS 类.router-link-exact-active 来定义当前激活的链接的样式，这里将链接文本颜色设置为深红色。

（3）在 src/router 目录中创建路由配置文件 index.js，代码如下。

```
01  import {createRouter, createWebHistory} from 'vue-router'
02  import First from "@/views/First.vue";
03  import Second from "@/views/Second.vue";
04  import Third from "@/views/Third.vue";
05
06  const routes = [
```

```
07    {path: '/', components: {default: First, a: Second, b: Third}},
08    {path: '/other', components: {default: Third, a: Second, b: First}}
09  ]
10  const router = createRouter({
11    history: createWebHistory(),
12    routes
13  })
14  export default router
```

> 对同一路径配置多个命名视图：第一条记录将路径映射到组件视图 First-default、Second-a 和 Third-b 上，第二条记录将路径映射到组件视图 Third-default、Second-a 和 First-b 上

在上述代码中，第 1 行导入了 API 函数 createRouter() 和 createWebHistory()，第 2 行~第 4 行分别导入了组件 First、Second 和 Third。

第 6 行~第 9 行定义了路由数组 routes，并添加了两条路由记录，通过 components 属性来指定同一个路径对应的多个组件视图。在第一条路由记录中将路径 / 映射到组件 First、Second 和 Third 上，这些组件分别对应未命名（default）视图、a 视图和 b 视图；在第二条路由记录中将路径 /other 映射到组件 Third、Second 和 First 上，它们分别对应未命名视图（default）、a 视图和 b 视图。注意在这两条路由记录中，组件与视图的对应关系是有所不同的。

第 10 行~第 13 行创建了路由器对象 router，并将历史模式设置为 HTML5，路由列表设置为 routes 数组；第 14 行导出了路由器对象 router。

（4）在 src/views 目录中创建组件 First、Second 和 Third，代码如下。

```
01  <!--First.vue-->
02  <template>
03    <h4>第一节</h4>
04  </template>
05  <!--Second.vue-->
06  <template>
07    <h4>第二节</h4>
08  </template>
09  <!--Third.vue-->
10  <template>
11    <h4>第三节</h4>
12  </template>
```

在上述代码中，第 1 行~第 4 行定义了组件 First，第 5 行~第 8 行定义了组件 Second，第 9 行~第 12 行定义了组件 Third。

（5）运行项目，在浏览器中打开页面，通过单击导航栏中的链接切换到第二页，运行结果如图 8.20 和图 8.21 所示。

图 8.20　初始页面

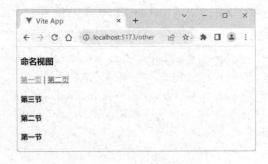

图 8.21　切换到第二页

8.6.2　嵌套的命名视图

有时也可能使用命名视图创建嵌套视图的复杂布局。在这种情况下，就需要对所用到的嵌套组件 RouterView 进行命名。下面结合一个示例来说明。

【例 8.12】本例用于说明如何在嵌套路由配置中对同一个路径定义多个命名视图。

（1）在 D:\Vue3\chapter08 目录中创建 vue-project8-11 项目，安装 Vue Router 插件。

（2）编写根组件 src/App.vue，代码如下。

```
01  <template>
02    <h2>嵌套的命名视图</h2>
03    <RouterLink to="/">首页</RouterLink> |
04    <RouterLink to="/settings">配置</RouterLink> |
05    <RouterLink to="/about">关于</RouterLink>
06    <RouterView/>
07  </template>
08
09  <style scoped>
10  .router-link-exact-active {
11      color: crimson;
12  }
13  </style>
```

在上述代码中，第 3 行～第 5 行在组件模板中分别添加了一个 RouterLink 组件，用于创建导航链接；第 6 行添加了一个 RouterView 组件，用于渲染路由匹配的组件；第 9 行～第 13 行在<style>代码块中定义了.router-link-exact-active，用于设置当前激活链接的文本颜色。

（3）在 src/router 目录中创建路由配置文件 index.js，代码如下。

```
01  import {createRouter, createWebHistory} from 'vue-router'
02  import Home from '@/views/Home.vue'
03  import About from '@/views/About.vue'
04  import UserSettings from '@/views/UserSettings.vue'
05  import UserProfilePreview from '@/components/UserProfilePreview.vue'
06  import UserEmailsSubscriptions from '@/components/UserEmailsSubscriptions.vue'
07  import UserProfile from '@/components/UserProfile.vue'
08
09  const routes = [
10    {path: '/', component: Home},
11    {path: '/about', component: About},
12    {
13      path: '/settings',
14      component: UserSettings,
15      children: [
16        {path: ':emails?', component: UserEmailsSubscriptions},
17        {path: 'profile', components: {default: UserProfile, helper: UserProfilePreview}}
18      ]
19    }
20  ]
21  const router = createRouter({
22    history: createWebHistory(),
```

定义嵌套的命名视图

由于':email?'设置了可选参数，因此导航路径/settings 和/settings/email 都将匹配到 UserEmailsSubscriptions 组件；导航路径/settings/profile 将对应于 default 和 helper 视图，分别映射到组件 UserProfile 和 UserProfilePreview 上

```
23       routes
24    })
25
26    export default router
```

在上述代码中,第1行导入了API函数createRouter()和createWebHistory(),第2行~第7行导入了组件Home、About、UserSettings、UserProfilePreview、UserEmailsSubscriptions和UserProfile。

第9行~第20行定义了路由数组routes,并添加了3条路由记录。其中,第10行和第11行在前两条路由记录中分别将一个路径映射到一个组件上;第12行~第19行在最后一条路由记录中添加了两条嵌套子路由;第16行将第一条嵌套路由的path属性值设置为:emials?,包含一个可选参数,可以匹配/settings和settings/emails,对应的组件为UserEmailsSubscriptions;第17行在第二条嵌套路由中将path属性值设置为/profile,并使用components属性来定义该路径对应的两个嵌套的命名视图,其中默认视图对应组件UserProfile,helper视图对应组件UserProfilePreview。

第21行~第24行创建了路由器对象router;第26行导出了路由器对象router。

（4）在src/views目录中创建组件Home、About和UserSettings,代码如下。

```
01    <!--Home.vue-->
02    <template>
03      <h3>这里是首页</h3>
04    </template>
05
06    <!--About.vue-->
07    <template>
08      <h3>这里是关于页面</h3>
09    </template>
10
11    <!--UserSettings.vue-->
12    <template>
13      <h3>用户配置</h3>
14      <RouterLink to="/settings/emails">电子邮件</RouterLink> |
15      <RouterLink to="/settings/profile">个人资料</RouterLink>
16      <RouterView/>
17      <RouterView name="helper"/>
18    </template>
19
20    <style scoped>
21    .router-link-exact-active {
22        color: crimson;
23    }
24    </style>
```

> 使用嵌套的命名视图:第一个视图未命名（默认default）,第二个视图命名为helper

在上述代码中,第1行~第9行定义了组件Home和About,两个组件都仅在模板中添加了一个h3标题。第11行~第24行定义了组件UserSettings,其中,第14行和第15行在其模板中分别添加了一个组件RouterLink,用于创建二级导航链接;第16行~第17行分别添加了一个组件 RouterView（即嵌套的命名视图），其中一个未命名（默认为 default），另一个命名为 helper。第 20 行~第 24 行在组件 UserSettings 的<style scoped>代码块中定义了 CSS 类.router-link-exact-active，用于设置当前激活的二级导航链接的文本颜色。

（5）在 src/components 目录中创建组件 UserEmailsSubscriptions、UserProfile 和 UserProfilePreview，代码如下。

```
01  <!--UserEmailsSubscriptions.vue-->
02  <template>
03    <h4>电子邮件订阅</h4>
04  </template>
05
06  <!--UserProfile.vue-->
07  <template>
08    <h4>编辑个人资料</h4>
09  </template>
10
11  <!--UserProfilePreview.vue-->
12  <template>
13    <h4>预览个人资料</h4>
14  </template>
```

在上述代码中定义了三个组件，它们都是被当作嵌套视图来使用的，均保存在 scr/componens 目录中。出于演示的目的，这些组件的内容都很简单，只是在模板中添加了一个 h4 标题。

（6）运行项目，在浏览器中打开页面，单击导航栏中的链接，切换到相应的视图，运行结果如图 8.22 和图 8.23 所示。

图 8.22　单击"配置"链接

图 8.23　单击"个人资料"链接

8.7　重定向和别名

当配置路由时，需要通过 path 属性为每个路由指定一个路径，每个路由都有相应的路径。但是，在某些情况下可能需要将路由的路径映射为另一个路径。这可以通过路由重定向或设置路由别名来实现。

8.7.1　路由重定向

重定向是通过 routes 配置属性来完成的。在添加路由记录时，可以通过 redirect 属性将一个路径映射到另一个路径，这称为路由的重定向。redirect 属性用于指定重定向的目标路径，其值可以是字符串、对象或方法，也可以是绝对路径或相对路径。在设置 redirect 属性时可以省略 component 配置属性，因为它从来没有被直接访问过，所以没有什么组件要渲染。但嵌套路由是个例外，如果一个路由记录有 children 和 redirect 属性，那么它也应该有 component 属性。

下面给出一些重定向的示例。

- 重定向的目标是字符串路径：

```
// 从 /home 重定向到 /
const routes = [{path: '/home', redirect: '/'}]
```

- 重定向的目标是一个命名路由：

```
// 从 /home 重定向名称为 homepage 的路由
const routes = [{path: '/home', redirect: {name: 'homepage'}}]
```

- 重定向的目标是一个方法（可以动态返回重定向目标）：

```
const routes = [
  {
    path: '/search/:searchText',
    redirect: to => {path: '/search', query: {q: to.params.searchText}}
  }
]
```

在最后一个示例中，path 属性中带有一个参数；redirect 属性被设置为一个方法，它接收目标路由 to 作为参数，并返回重定向的路径对象，其中包含目标路径和 query 参数。这样，路径 /search/screens 将被映射为 /search?q=screens。

也可以重定向到一个相对路径。例如：

```
const routes = [
  {
    path: '/user/:id/posts',
    redirect: to => 'profile'
  }
]
```

在这里，redirect 被设置为一个方法，它返回一个相对路径。这样会将 /users/123/posts 重定向到 /users/123/profile。该函数接收目标路由 to 作为参数，注意，返回相对路径时不要以 / 开头。在本例中，重定向的目标也可以写成对象路径形式，即 {path: 'profile'}。

8.7.2　设置路由别名

配置路由时可以使用 alias 属性为路由设置一个别名，其值可以是绝对路径或相对路径。例如，可以将 / 的别名设置为 /home：

```
const routes = [{path: '/', component: Homepage, alias: '/home'}]
```

这意味着当用户访问 /home 时，在浏览器中看到的 URL 虽然是 /home，但会被匹配为在 / 处访问到的内容。这相当于为同一个内容指定了两个 URL。

通过设置别名，可以将 UI 结构自由地映射到一个任意的 URL 上，不受配置的嵌套结构的限制。通过以 / 开头的绝对别名，可以使嵌套路径中的路径成为绝对路径。

在设置 alias 属性时，可以用一个数组提供多个别名。例如：

```
const routes = [
  {
    path: '/users',
    component: UsersLayout,
    children: [
      {path: '', component: UserList, alias: ['/people', 'list']},
    ],
  },
]
```

在这里，通过数组为嵌套路由设置了两个别名，即绝对别名 /people 和相对别名 list。这样，当导航到 /users、/users/list 和 /people 时，都会渲染组件 UserList。

当路由中有参数时，应确保在绝对别名中包含该参数。例如：

```
const routes = [
  {
    path: '/user/:id',
    component: UsersByIdLayout,
    children: [
      {path: 'profile', component: UserDetails, alias: ['/:id', '']},
    ],
  },
]
```

这样，当导航到 /user/123、/user/123/profile 和 /123 时，都会渲染组件 UserDetails。

8.8　路由的历史模式

在创建路由对象时，可以通过将 history 配置在不同的历史模式中进行选择。可选的模式有两种，即 hash 模式和 HTML5 模式。

8.8.1　hash 模式

在创建路由对象时，可以使用 API 函数 createWebHashHistory() 来设置 hash 模式，代码如下。

```
import {createRouter, createWebHashHistory} from 'vue-router'

const router = createRouter({
  history: createWebHashHistory(),
  routes: [
    //...
```

```
  ],
})
```

hash 模式在内部传递的实际 URL 前面添加了一个哈希字符"#",这样看起来会有些不美观。但是由于这部分 URL 从未被发送到服务器,因此它不需要在服务器层面进行任何特殊处理。不过,它在搜索引擎优化(Search Engine Optimization,SEO)中有一些不好的影响。如果担心这个问题,则可以改用 HTML5 模式。

8.8.2 HTML5 模式

在创建路由对象时,可以使用 createWebHistory()函数来设置 HTML5 模式,代码如下。

```
import {createRouter, createWebHistory} from 'vue-router'

const router = createRouter({
  history: createWebHistory(),
  routes: [
    //...
  ],
})
```

当使用这种历史模式时,URL 看起来会很"正常",如 https://example.com/user/id。

不过也存在一个问题。在一个单页的客户端应用中,如果没有适当的服务器配置,当用户在浏览器中直接访问 https://example.com/user/id 时,将收到一个 404 错误状态码。

要解决这个问题,在服务器上添加一个简单的回退路由即可。如果 URL 不匹配任何静态资源,则该路由应提供与应用程序中的 index.html 相同的页面。

8.9 导航守卫

Vue Router 提供的导航守卫主要用于通过跳转或取消的方式守卫导航。这里有很多方式将其植入路由导航,其中包括全局守卫、路由守卫及组件守卫。

8.9.1 全局守卫

全局守卫是指通过全局路由对象注册的守卫方法,包括全局前置守卫、全局解析守卫和全局后置钩子。

1. 全局前置守卫

全局前置守卫可以使用 router.beforeEach()方法来注册,代码如下。

```
const router = createRouter({...})

router.beforeEach((to, from, next) => {
  // 必须调用参数 next
})
```

每个守卫方法都要接收以下三个参数。

- to：当前导航即将进入的目标路由。
- from：当前导航即将离开的路由。
- next：其值为函数类型，具体执行效果取决于传入的参数。next() 表示当前管道中的下一个钩子；next(false) 表示中断当前导航；next('/') 或 next({path: '/'}) 表示跳转到一个不同的地址。如果传入了该参数，要确保它被调用一次。

每个守卫方法可能返回的值如下。

- false：取消当前导航。如果浏览器的 URL 改变，则 URL 地址会重置到 from 路由对应的地址。
- 一个路由地址：通过该路由地址跳转到一个不同的位置，如同使用 router.push() 方法，可以设置诸如 replace: true 或 name: 'home' 的配置。若当前导航被中断，则进行一个新的导航。

当一个导航被触发时，全局前置守卫会按照创建顺序调用。守卫是异步解析执行的，此时导航在所有守卫解析完成之前会一直处于等待状态。

如果遇到了意外情况，导航守卫可能会抛出一个错误。这样将会取消导航并使用 router.onError() 方法注册过的回调函数。如果什么都没有发生，则返回 undefined 或 true，以此说明导航是有效的，并调用下一个导航守卫。

【例 8.13】本例用于说明如何使用全局前置守卫。

（1）在 D:\Vue3\chapter08 目录中创建 vue-project8-12 项目，安装 Vue Router 插件。

（2）编写根组件 src/App.vue，代码如下。

```
01  <template>
02    <RouterLink to="/">首页</RouterLink> |
03    <RouterLink to="/login">登录</RouterLink>
04    <RouterView/>
05  </template>
```

在上述代码中，第 2 行和第 3 行在组件模板中分别添加了一个组件 RouterLink，用于创建两个导航链接；第 4 行添加了一个组件 RouterView，用于指定匹配路由时渲染组件的位置。

（3）在 src/router 目录中创建路由配置文件 index.js，代码如下。

```
01  import {createRouter, createWebHistory} from 'vue-router'
02  import Home from '@/views/Home.vue'
03  import Login from '@/views/Login.vue'
04
05  const routes = [
06    {
07      path: '/:username?/:password?',
08      name: 'Home',
09      meta: {requiresAuth: true},
10      component: Home
11    },
12    {
13      path: '/login',
```

path 属性中包含两个可选参数

通过 meta 属性设置了附加在路由上的元信息，requiresAuth:true 表示该视图需要授权才能访问

```
14          component: Login
15      }
16  ]
17  const router = createRouter({
18      history: createWebHistory(),
19      routes
20  })
21  router.beforeEach((to, from) => {
22      const {username, password} = to.params
23      const isAuthenticated = username !== '' && password !== ''
24      if (to.meta.requiresAuth && !isAuthenticated) {
25          router.push('/login')
26      }
27  })
28  export default router
```

注册全局前置守卫：如果未登录就试图进入首页，则重定向到登录页面

在上述代码中，第 1 行~第 3 行导入了 API 函数 createRouter()、createWebHistory()，以及组件 Home 和 Login；第 5 行~第 16 行定义了路由数组 routes 并添加了两条路由记录，第一条记录中的路径带有两个可选参数，并通过 meta 属性设置了附加在路由上的元信息，requiresAuth: true 表示该视图需要授权才能访问。

第 17 行~第 20 行创建了路由器对象 router，将历史模式设置为 HTML5，初始路由列表设置为数组 routes。第 21 行~第 27 行注册了一个全局前置守卫。其中，第 22 行对 to.params 对象解构并赋值给变量 username 和 password，第 23 行基于这些变量创建了一个布尔类型的变量 isAuthenticated（表示登录状态），第 24 行~第 26 行检查目标视图是否需要授权访问和登录状态，如果未满足条件，则重定向到登录页面。第 28 行导出了路由对象 router。

（4）在 src/views 目录中创建组件 Home，代码如下。

```
01  <script setup>
02  import {useRoute} from "vue-router";
03
04  const route = useRoute()
05  </script>
06
07  <template>
08      <h3>这里是首页</h3>
09      <p>欢迎{{route.params.username}}用户光临！</p>
10  </template>
```

在上述代码中，第 2 行导入了 API 函数 useRoute()，第 4 行调用该函数创建了 route 对象，第 9 行在段落中通过插值表达式显示传入的用户名。

（5）在 src/views 目录中创建组件 Login，代码如下。

```
01  <script setup>
02  import {ref} from 'vue'
03  import {useRouter} from 'vue-router'
04
05  const username = ref('')
```

```
06    const password = ref('')
07    const router = useRouter()
08    const login = () => {
09      router.push({
10        name: 'Home', params: {
11          username: username.value,
12          password: password.value
13        }
14      })
15    }
16  </script>
17
18  <template>
19    <h3>登录</h3>
20    <label for="username">用户名</label><br>
21    <input id="username" type="text"
22          placeholder="请输入用户名"
23          required v-model="username"><br>
24    <label for="password">密码</label><br>
25    <input id="password" type="password"
26          placeholder="请输入密码" required v-model="password"><br>
27    <button @click="login" :disabled="username === '' || password === ''">登录</button>
28  </template>
```

> 定义组件方法 login()，以编程的方式导航至首页，并传递用户名和密码信息

> 动态绑定"登录"按钮的 disabled 属性，如果没有提供用户名或密码，则禁用该按钮

在上述代码中，第 1 行和第 2 行分别导入了 API 函数 ref() 和 useRoute()；第 5 行和第 6 行分别定义了一个响应式变量 ref；第 7 行定义了路由器对象 router；第 8 行～第 15 行定义了 login() 方法，通过使用 router.push() 方法导航至首页，并传递参数 username 和 password。

第 20 行～第 26 行在组件模板中添加了两个文本框，分别将它们绑定到参数 username 和 password 上；第 27 行在模板中添加了一个按钮，将其 click 事件处理器绑定到 login() 方法上，并基于响应式变量 username 和 password 的值来设置该按钮是否可用。

（6）运行项目，当在浏览器中打开首页时，由于未进行登录操作，没有提交用户名和密码，因此将被导航至登录页面；当输入用户名和密码并单击"登录"按钮后，将进入首页，此时可以看到对用户的欢迎信息，运行结果如图 8.24 和图 8.25 所示。

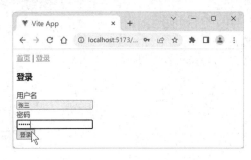
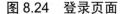

图 8.24　登录页面

图 8.25　登录后进入首页

2. 全局解析守卫

全局解析守卫可以使用 router.beforeResolve() 方法来注册，函数签名如下。

```
router.beforeResolve((to, from, next) => {
  // 必须调用参数 next
})
```

router.beforeResolve()方法与 router.beforeEach()方法类似,因为它在每次导航时都会被触发,所不同的是,解析守卫恰好会在导航被确认之前、所有组件内守卫和异步路由组件被解析之后被调用。

router.beforeResolve()方法是获取数据或执行任何其他操作(当用户无法进入页面时希望避免执行的操作)的理想方式。

3. 全局后置钩子

还可以注册全局后置钩子,函数签名如下。

```
router.afterEach((to, from, failure) => {
  // ...
})
```

其中,failure 是带有一些附加属性的 Error 实例,这些属性提供了足够的信息,可以用来判断哪些导航被阻止了,以及为什么被阻止了。与守卫方法不同的是,这些后置钩子不会接收 next()函数,也不会改变导航本身。但它们对于分析、更改页面标题、声明页面等辅助功能,以及其他事情还是很有用的。

【例 8.14】本例用于说明如何使用全局后置钩子。

(1)在 D:\Vue3\chapter08 目录中创建 vue-project8-13 项目,安装 Vue Router 插件。

(2)编写根组件 src/App.vue,代码如下。

```
01  <template>
02    <RouterLink to="/">首页</RouterLink> |
03    <RouterLink to="/products">产品</RouterLink> |
04    <RouterLink to="/docs">文档</RouterLink> |
05    <RouterLink to="/download">下载</RouterLink> |
06    <RouterLink to="/about">关于</RouterLink>
07    <RouterView/>
08  </template>
```

在上述代码中,第 2 行~第 6 行分别添加了一个组件 RouterLink,用于创建导航链接;第 7 行添加了一个组件 RouterView,用于渲染路由匹配的组件内容。

(3)在 src/router 目录中创建路由配置文件,代码如下。

```
01  import {createRouter, createWebHistory} from 'vue-router'
02  import HomeView from '@/views/HomeView.vue'
03  import ProductView from '@/views/ProductView.vue'
04  import DocsView from '@/views/DocsView.vue'
05  import DownloadView from '@/views/DownloadView.vue'
06  import AboutView from '@/views/AboutView.vue'
07
08  const routes = [
09    {path: '/', meta: {title: '首页'}, component: HomeView},
10    {path: '/products', meta: {title: '产品'}, component: ProductView,},
```

```
11      {path: '/docs', meta: {title: '文档'}, component: DocsView},
12      {path: '/download', meta: {title: '下载'}, component: DownloadView},
13      {path: '/about', meta: {title: '关于'}, component: AboutView}
14    ]
15
16    const router = createRouter({
17      history: createWebHistory(),
18      routes
19    })
20
21    router.afterEach((to) => {
22      document.title = to.meta.title
23    })
24    export default router
```

注册全局后置钩子：通过 to.meta.title
属性为各个视图设置页面标题

在上述代码中，第 1 行导入了 API 函数 createRouter()和 createWebHistory()；第 8 行~第 14 行定义了路由数组 routes，并且添加了 5 条路由记录，在每条路由记录中除了设置 path 和 component 属性值，还通过 meta 属性设置附加在路由上的元信息，这里通过 to.meta.title 属性来指定页面标题。

第 16 行~第 19 行创建了路由器对象 router；第 21 行~第 23 行使用 router.afterEach()方法注册了全局后置钩子，其中，第 22 行将页面标题设置为目标路由的 meta.title，从而动态地更改了页面标题；第 24 行导出了路由器对象。

（4）在 src/views 目录中创建组件 HomeView、ProductView、DocsView、DownloadView 和 AboutView，代码如下。

```
01    <!--HomeView.vue-->
02    <template>
03      <h3>这里是首页</h3>
04    </template>
05
06    <!--ProductView.vue-->
07    <template>
08      <h3>这里是产品页面</h3>
09    </template>
10    <!--DocsView.vue-->
11    <template>
12      <h3>这里是文档页面</h3>
13    </template>
14
15    <!--DownloadView.vue-->
16    <template>
17      <h3>这里是下载页面</h3>
18    </template>
19
20    <!--AboutView.vue-->
21    <template>
```

```
22     <h3>这里是关于页面</h3>
23   </template>
```

在上述代码中，所有组件都很简单，均仅在模板中添加了一个 h3 标题。

（5）运行项目，在浏览器中打开页面，通过单击导航链接在不同视图之间进行切换，此时可以看到页面标题会随着视图切换而更新，运行结果如图 8.26 和图 8.27 所示。

图 8.26　初始页面　　　　　　　图 8.27　切换视图时页面标题更新

8.9.2　路由守卫

除了全局守卫，也可以直接在路由记录配置中定义该路由独享的 beforeEnter 守卫，称为路由守卫。示例代码如下。

```
const routes = [
  {
    path: '/user/:id',
    component: UserDetails,
    beforeEnter: (to, from) => {...}
  }
]
```

与全局守卫一样，路由守卫方法也接收两个参数，分别表示目标路由和源路由。如果返回值为 false，则取消本次导航。

beforeEnter 守卫只在进入指定的路由时触发，不会在 params、query 或 hash 属性值改变时触发。例如，当从/user/123 进入/user/345，或者从/user/123#info 进入/user/123#projects 时，都不会触发 beforeEnter 守卫。它只有在从一个不同的路由导航时，才会被触发。

在配置路由时，也可以将一个函数数组传递给 beforeEnter 守卫，这会在为不同的路由重用守卫时起作用。例如：

```
function removeQueryParams(to) {
  // 如果目标路由中包含查询参数
  if (Object.keys(to.query).length)
    // 将 query 属性值设置为空对象，以移除这些查询参数
    return {path: to.path, query: {}, hash: to.hash }
}

function removeHash(to) {
  // 如果目标路由中包含 hash 属性
  if (to.hash)
    // 则将 hash 属性值设置为空字符串，以移除 hash
```

```
      return {path: to.path, query: to.query, hash: ''}
}
// 当配置路由数组 routes 时
const routes = [
  {
    path: '/user/:id',
    component: UserDetails,
    // 给 beforeEnter 守卫传入函数数组
    beforeEnter: [removeQueryParams, removeHash],
  },
  {
    path: '/about',
    component: UserDetails,
    // 给 beforeEnter 守卫传入函数数组（仅包含一个函数）
    beforeEnter: [removeQueryParams]
  }
]
```

8.9.3　组件守卫

除了全局守卫和路由守卫，还可以在路由组件内部直接定义路由导航守卫（传递给路由配置的守卫）。当使用选项式 API 时，可用的配置 API 包括 beforeRouteEnter、beforeRouteUpdate 和 beforeRouteLeave 钩子。示例代码如下。

```
const UserDetails = {
  template: `...`,
  beforeRouteEnter(to, from) {...},
  beforeRouteUpdate(to, from) {...},
  beforeRouteLeave(to, from) {...}
}
```

beforeRouteEnter 钩子在渲染该组件的对应路由被验证前被调用，它不能获取组件实例 this，因为在守卫执行时组件实例尚未被创建。不过，可以通过传递一个回调函数给 next 参数来访问组件实例。在导航被确认时执行回调函数，并把组件实例作为回调的参数。

beforeRouteUpdate 钩子在当前路由改变但组件被复用时被调用。例如，对于一个带有动态参数的路径/user/:id，当在 /user/123 和 /user/345 之间跳转时，由于会渲染相同的组件，因此组件实例会被复用，这个钩子会在这种情况下被调用。因为在发生这种情况时，组件已经成功挂载，所以导航守卫可以访问组件实例 this。

beforeRouteLeave 钩子在导航离开渲染该组件的对应路由时被调用。与 beforeRouteUpdate 钩子一样，可以访问组件实例 this。

如果使用组合 API 和 setup 钩子来编写组件，则可以通过 API 函数 onBeforeRouteUpdate() 和 onBeforeRouteLeave()分别添加 update 和 leave 守卫。

当同时定义了全局守卫、路由守卫和组件守卫时，完整的导航解析流程如下。

（1）导航被触发。

（2）在失活的组件中调用 beforeRouteLeave 守卫。

（3）调用全局的 beforeEach 守卫。

（4）在重用的组件中调用 beforeRouteUpdate 守卫。

（5）在路由配置中调用 beforeEnter 守卫。

（6）解析异步路由组件。

（7）在被激活的组件中调用 beforeRouteEnter 守卫。

（8）调用全局的 beforeResolve 守卫。

（9）导航被确认。

（10）调用全局的 afterEach 钩子。

（11）触发 DOM 更新。

（12）调用 beforeRouteEnter 守卫中传给 next 参数的回调函数，创建好的组件实例会被用作回调函数的参数。

【例 8.15】本例用于说明如何使用组件守卫。

（1）编写 src/App.vue 根组件，代码如下。

```
01   <script setup>
02   const langs = [
03     {id: 1, name: 'Python', desc: '流水的语言，铁打的 Python'},
04     {id: 2, name: 'Java', desc: '一种面向对象的编程语言'},
05     {id: 3, name: 'JavaScript', desc: '一种解释型或即时编译型的编程语言'},
06     {id: 4, name: 'PHP', desc: '一种在服务器端执行的脚本语言'},
07   ]
08   </script>
09
10   <template>
11     <RouterLink to="/">首页</RouterLink><span> | </span>
12     <template v-for="(lang, index) in langs">
13       <RouterLink
14           :to="`/lang/${lang.id}/${lang.name}/${lang.desc}`">
15         {{ lang.name }}
16       </RouterLink>
17       <span v-if="index < langs.length - 1"> | </span>
18     </template>
19     <RouterView/>
20   </template>
```

> 通过 v-for 指令遍历 langs 数组，动态生成一组导航链接，其中包含三个路径参数

在上述代码中，第 2 行~第 7 行在<script setup>代码块中定义了一个数组，用于描述一些编程语言；第 11 行在组件模板中添加了一个组件 RouterLink，用于创建"首页"链接；第 12 行~第 18 行使用 v-for、v-bind 和 v-if 指令基于组件 RouterLink 创建了一组链接，目标路径中包含三个参数。

（2）在 src/router 目录中创建路由配置文件 index.js，代码如下。

```
01   import {createRouter, createWebHistory} from 'vue-router'
02   import HomeView from '../views/HomeView.vue'
```

```
03
04    const routes = [
05      {path: '/', component: HomeView},
06      {path: '/lang/:id/:name/:desc', component: () => import('@/views/LangView.vue')}
07    ]
08    const router = createRouter({
09      history: createWebHistory(),
10      routes
11    })
12
13    export default router
```

在上述代码中，第 1 行导入了 API 函数 createRouter()和 createWebHistory()；第 2 行导入了组件 HomeView；第 4 行～第 7 行定义了路由数组 routes，并添加了两条路由记录，第一条路由记录以静态方式加载组件，第二条路由记录以动态方式加载组件。

（3）在 src/views 目录中创建组件 HomeView，代码如下。

```
01    <template>
02      <p>请选择一编程语言。</p>
03    </template>
```

（4）在 src/views 目录中创建组件 LangView，代码如下。

```
01    <script setup>
02    import {onBeforeRouteUpdate, useRoute} from 'vue-router'
03    import {ref} from "vue";
04
05    const route = useRoute()
06    const id = ref(route.params.id)
07    const name = ref(route.params.name)
08    const desc = ref(route.params.desc)
09    onBeforeRouteUpdate((to, from) => {
10      id.value = to.params.id
11      name.value = to.params.name
12      desc.value = to.params.desc
13    })
14    </script>
15
16    <template>
17      <div class="fruit">
18        <h3>当前选择了{{name}}</h3>
19        <ul>
20          <li>编号：{{id}}</li>
21          <li>名称：{{name}}</li>
22          <li>描述：{{desc}}</li>
23        </ul>
24      </div>
25    </template>
26
27    <style>
28    </style>
```

> 注册组件守卫：使用目标路由传递的参数来更新响应式变量的值

在上述代码中，第 2 行导入了 API 函数 onBeforeRouteUpdate()和 useRoute()；第 3 行导入了 API 函数 useRoute()；第 5 行通过调用 useRoute()函数创建了路由对象 route；第 6 行和第 7 行分别使用 ref()函数将 route.params.id、route.params.name 和 route.params.desc 包装成响应式属性，并赋值给相应的变量 id、name 和 desc 的.value。

第 9 行～第 13 行调用 onBeforeRouteUpdate()函数注册了一个组件守卫，其功能是使用目标路由传递的参数来更新变量 id、name 和 desc 的.value 的值。这是因为 beforeRouteUpdate 守卫会在当前路由改变但组件被复用时被调用。如果不注册这个守卫，则在单击不同的编程语言链接时，视图不会更新。

（5）运行项目，通过单击导航栏中的链接来选择编程语言，运行结果如图 8.28 和图 8.29所示。

图 8.28　选择 Python 时　　　　　　　图 8.29　选择 PHP 时

习题 8

一、填空题

1. 在项目中通过 npm_____命令安装 Vue Router 插件。

2. 使用_____获取当前激活的路由的状态信息。

3. 在组合式 API 中，应该使用_____函数来代替$route 对象。

4. 通过$route.query 属性可以获取当前 URL 中的_____。

5. 在使用组合式 API 时，应该使用_____函数来代替$router 对象。

二、判断题

1. 如果组件 RouterView 没有设置名称，则默认为 default。　　　　　　　　　（　　　）

2. 在设置 redirect 属性时，必须指定配置 component 属性。　　　　　　　　（　　　）

3. 使用 alias 属性为路由设置别名时，其值必须是相对路径。　　　　　　　　（　　　）

4. 全局前置守卫可以在路由记录配置中使用 beforeEnter 来设置。　　　　　　（　　　）

三、选择题

1. $route 对象的（　　　）属性表示路由记录。

　　A. $route.hash　　　　　B. $route.fullPath　　C. $route.name　　　　D. $route.matched

2. 通过使用通配符（　　　）可以在路由中设置可重复参数。

   A. %　　　　　　　　B. +　　　　　　　　C. ?　　　　　　　　D. #

3. 通过使用通配符（　　　）可以在路由中设置可选参数。

   A. *　　　　　　　　B. +　　　　　　　　C. ?　　　　　　　　D. #

四、简答题

1. 简述如何解除组件与路由对象之间的耦合。

2. 简述如何响应路由参数的变化。

3. 简述如何链接到命名路由。

4. 简述在编程式导航中主要使用 router 对象的哪些方法。

五、编程题

1. 创建一个 Vue 单页应用，要求通过单击导航链接在不同组件之间进行切换。

2. 创建一个 Vue 单页应用，要求在组件中获取路径参数。

3. 创建一个 Vue 单页应用，要求在组件中获取查询参数。

4. 创建一个 Vue 单页应用，要求通过 props 向路由组件传递数据。

5. 创建一个 Vue 单页应用，要求通过监听器来响应路径参数的变化。

6. 创建一个 Vue 单页应用，要求创建和使用嵌套路由。

7. 创建一个 Vue 单页应用，要求创建和使用命名路由。

8. 创建一个 Vue 单页应用，要求通过单击按钮在不同组件之间进行切换。

9. 创建一个 Vue 单页应用，要求通过导航守卫将未登录用户导航到登录页面。

第9章

Vue 网络请求

在 Vue 前端开发中，页面中所需要的数据往往要从服务端获取，在这种情况下必然会涉及网络请求的问题。在 Vue 前端开发中，原本可以通过 Vue 自己开发的 Vue-resourse 插件来实现网络请求，但这个插件已经停止维护了。在这种情况下，Vue 官方推荐使用 Axios 实现基于 AJAX 的网络请求。本章将介绍如何在 Vue 应用中通过 Axios 实现网络请求。

9.1 Axios 基本用法

Axios 是一个基于 Promise 的网络请求库，作用于 Node.js 和浏览器。它是同构的，即同一套代码可以运行在 Node.js 和浏览器中。它在服务端使用原生的 Node.js http 模块，在客户端（浏览器）使用 XMLHttpRequest（XHR）对象。

9.1.1 Axios 简介

在 Vue 前端开发中实现网络请求，目前使用最多的就是 Axios。这主要是由于 Axios 具有以下几个方面的特点。

1. 从浏览器创建 XMLHttpRequest

XMLHttpRequest 对象用于与服务器交互。通过 XMLHttpRequest 对象可以在不刷新页面的情况下请求特定 URL 并获取数据，即允许网页在不影响用户操作的情况下，更新页面的局部内容。XMLHttpRequest 对象在 AJAX 编程中被大量使用。Axios 对 XMLHttpRequest 对象进行了封装，使其使用起来更加方便。

2. 从 Node.js 创建 http 请求

http 模块是 Node.js 官方提供的、用于创建 Web 服务器的模块。只要在 JavaScript 中导入

http 模块，之后调用该模块提供的 createServer()方法，就可以使一台普通计算机变成 Web 服务器，接收客户端发送的请求并做出响应，对外提供 Web 资源服务。

3. 支持 Promise API

Promise 对象用于表示一个异步操作最终是否成功完成及其结果值。Promise 是现代 JavaScript 异步编程的基础，是一个由异步函数返回的对象，可以指示当前操作所处的状态。它可以使用实例方法 then()注册异步操作成功或失败时触发的回调函数，也可以使用实例方法 catch()注册操作失败时触发的回调函数。当 Promise 对象返回给调用者时，异步操作往往还没有完成，但 Promise 对象可以让操作在最终完成（无论成功还是失败）时对其进行处理。

Axios 也提供了 then()和 catch()方法，通过调用 then()方法可以在异步操作成功时获取数据并进行相应处理，通过调用 catch()方法可以在异步操作失败时捕获错误并进行相应处理。

4. 拦截请求和响应

Axios 支持在请求和响应中添加拦截器（interceptors）。通过添加请求拦截器，可以在发送请求之前或请求出错时做出相应操作；通过添加响应拦截器，可以在特定范围内对响应数据或响应出错时做出相应操作。

5. 转换请求和响应数据

Axios 提供了各种请求配置项，可以通过 URL 指定用于请求的服务器地址，通过 method 属性指定请求所使用的方法，此外还有许多配置项，例如，通过 transformRequest 属性对发送的数据进行转换处理，通过 transformResponse 属性对响应的数据进行转换处理等。

6. 取消请求

Axios 支持通过 AbortController API 来取消请求，或者使用工厂方法 CancelToken.source()来创建一个取消令牌，用于取消请求。此外，取消令牌还可以通过传递一个 executor()函数到 CancelToken 的构造函数中来创建。

7. 自动转换 JSON 数据

在默认情况下，Axios 会将 JavaScript 对象序列化为 JSON 数据。如果希望以 application/x-www-form-urlencoded 格式发送数据，则在浏览器中可以使用 URLSearchParams API，在 Node.js 中可以使用 querystring 模块。

8. 客户端支持防御 XSRF

XSRF 是 Cross-Site Request Forgery 的缩写，意即跨站请求伪造，这是 Web 应用中常见的一个安全问题。Axios 针对 XSRF 做了一些基础工作，它在默认请求配置对象中提供了 xsrfCookieName 和 xsrfHeaderName 属性，分别表示存储 token 的 Cookie 名称和请求 headers 中 token 对应的 header 名称，每当发送请求时，会自动从 Cookie 中读取对应的 token 值，并将其添加到请求 headers 中。

9.1.2 Axios 开发环境搭建

对于 Vue 的简单应用场景，可以通过 CDN 来引用 Vue 和 Axios。

• 使用 jsDelivr CDN：

```
<script src="https://cdn.jsdelivr.net/npm/vue/dist/vue.global.js"><script>
<script src="https://cdn.jsdelivr.net/npm/axios/dist/axios.min.js"></script>
```

• 使用 unpkg CDN：

```
<script src="https://unpkg.com/vue@3/dist/vue.global.js"></script>
<script src="https://unpkg.com/axios/dist/axios.min.js"></script>
```

在模块化开发中，可以使用 npm 来安装 Axios：

```
npm install axios
```

在使用 Vue 开发前端单页应用时，一般要求后端提供 API 数据接口。但在后端接口尚未完成时，为了不影响工作效率，需要为前端提供一些模拟性的数据来进行测试。通常有两种方式提供测试数据，一种是使用请求调式工具 Httpbin，另一种是使用模拟数据生成器来生成随机数据，并拦截 AJAX 请求。

1. 请求调式工具 Httpbin

请求调式工具 Httpbin 是一个在线的测试接口，是使用 Python 基于 Flask 框架编写的。访问其官方网站可以看到它支持并提供如下功能。

• HTTP 方法：测试不同的 HTTP 动词，如 GET、POST、DELETE 等。
• 授权：测试身份验证方法。
• 状态代码：生成具有给定状态代码的响应。
• 请求检查：检查请求数据。
• 响应检查：检查缓存和响应头等响应数据。
• 响应格式：以不同的数据格式返回响应，如 json、html 及 xml 等。
• 动态数据：生成随机和动态数据。
• Cookies：创建、读取和删除 Cookies。
• 图像：返回不同的图像格式，如 jpeg、png 等。
• 重定向：返回不同的重定向响应。
• 任何内容：返回传递给请求的任何内容。

这里以 POST 请求为例来说明如何使用这个网络请求在线服务。

（1）在官方网站的主页中，展开"HTTP Methods"下拉列表，之后单击"POST"链接，打开"POST"视图。

（2）在"POST"视图中，单击"Try it out"按钮。

（3）单击"Execute"按钮，执行网络请求。

（4）此时在页面中出现了请求所用的 URL、生成的响应状态码及响应体的详细内容。若要保存响应数据，则可以单击下方的"Download"按钮，此时将以 json 文件格式保存响应数据。

2. 使用 Mock.js

Mock.js 是一款在前端开发中拦截 AJAX 请求并生成随机数据的工具，可以用来模拟服务器响应。其优点是简单方便、无侵入性，基本可以覆盖常用的接口数据类型。

对于比较简单的应用，可以直接通过 CDN 来使用 Mock.js：

```
<script src="http://mockjs.com/dist/mock.js"></script>
```

在 Vue 模块化开发中，可以通过 npm 来安装 Mock.js 文件和 vite-plugin-mock：

```
npm install mockjs -D
npm install vite-plugin-mock -D
```

对于基于 Vite 构建的项目，需要在 vite.config.js 中配置 viteMockServe，代码如下。

```
01   import {viteMockServe} from "vite-plugin-mock"
02   ...
03   export default defineConfig({
04      plugins: [
05        vue(),
06        viteMockServe({
07           mockPath: "mock",
08           localEnabled: true,
09        }),
10      ],
```

配置完成后，在项目目录中创建 mock 目录，并在该目录中创建 index.js 文件，用于生成随机模拟数据。导出所生成的数据，并指定请求数据时所用 URL、请求方法及响应数据的内容。详情请参阅下文的相关示例。

9.1.3　GET 请求

GET 请求是指使用 GET 方法发送的 HTTP 请求，可以用于从指定的资源中请求数据。也可以使用 GET 请求发送数据，这些数据以名称/值对形式附加在 URL 中发送，被称为查询参数或查询字符串。GET 请求主要用于获取数据，这种请求可以保留在浏览器的历史记录中，也可以被缓存，还可以被收藏为书签。

当发送 GET 请求时，所使用的 URL 是有长度限制的（不同浏览器允许的最大长度有所不同），因此不能用来发送大量数据。由于查询参数是附加在 URL 上发送的，因此不应在处理敏感数据时使用。

要使用 Axios 发送一个网络请求，首先必须在文件中导入 Axios：

```
import axios from 'axios'
```

在这里，导入的 axios 实际上是一个类，按照命名规范应写为首字母大写形式 Axios，不过习惯上是写成全部小写形式 axios。

要发起 GET 请求，可以通过调用 axios 类的静态方法 get() 来实现，语法格式如下。

```
axios.get(url[, config])
```

其中，参数 url 为字符串类型，用于指定要请求的 URL；参数 config 为可选参数，其值为对象类型，用于指定创建请求时所用的配置选项，如使用 params 选项来指定要传递的参数。

实际上，axios.get(url[, config]) 方法只是 axios(url[, config]) 方法的一个别名，默认的请求方式就是 GET。当使用 get() 方法时，无须在配置选项中通过 method 属性来设置请求方法。

使用 axios.get()方法时会返回一个 Promise 对象，因此可以对 then()和 catch()方法进行链式调用，GET 请求的示例代码如下。

```
// 向给定 id 的用户发起请求
axios.get('/user?id=12345')
  .then(response => {
    // response 为响应数据，在此处处理请求成功的情况
    console.log(response)
  })
  .catch(error => {
    // error 为错误对象，在此处处理请求错误的情况
    console.log(error);
  })
  .then(() => {
    // 总是会执行
  })
```

在上述请求中，附加在路径上的查询参数也可以通过传入第二个参数来指定。第二个参数是一个对象，在此对象中可以通过 params 选项来设置查询参数，代码如下。

```
axios.get('/user', {
    params: {
      id: 12345
    }
  })
  .then((response) => {
    console.log(response)
  })
  .catch((error) => {
    console.log(error);
  })
  .then(() => {
    // 总是会执行
  })
```

【例 9.1】本例用于说明如何通过 Axios 发送 GET 请求。

（1）在 D:\Vue3\chapter09 目录中创建 vue-project9-01 项目，使用 npm 安装 Axios、Mock.js 及 vite-plugin-mock。

（2）在 vite.config.js 文件中配置 viteMockServe。

（3）在 mock 目录中创建 index.js 文件，代码如下。

```
01   import Mock from 'mockjs'
02
03   const arr = []
04   for (let i = 0; i < 10; i++) {
05     arr.push({
06       id: Mock.mock('@id'),
07       name: Mock.mock('@cname'),
08       address: Mock.mock('@county(true)')
09     })
10   }
```

以数组形式随机生成一批内存模拟数据，包含 ID、姓名和地址信息

```
11
12  export default [
13    {
14      url: '/list',
15      method: 'get',
16      response: () => arr
17    }
18  ]
```

以数组形式导出内存模拟数据，并指定请求的 URL、请求方法及具体的响应内容

在上述代码中，第 1 行导入了 Mock 模块，第 3 行创建了一个数组作为内存模拟数据。第 4 行~第 10 行通过 for 循环生成了一批随机数据并将其添加到数组中，其中第 6 行用于创建长度为 18 的数字 id，第 7 行用于生成中文姓名，第 8 行用于生成地址，更多数据模板定义可以查看 Mock.js 文件。第 12 行~第 18 行以数组形式导出了随机生成的数据，并且指定了请求的 URL、请求方法及具体的响应内容，可以在 Vue 项目的入口文件 main.js 或组件中直接请求这些数据，不需要导入。

（4）编写根组件 src/App.vue，代码如下。

```
01  <script setup>
02  import axios from 'axios'
03  import {onMounted, ref} from 'vue'
04
05  const users = ref([])
06
07  onMounted(() => {
08    axios.get('/list')
09    .then((response) => {
10      users.value = response.data
11    }).catch(error => {
12      console.log(error)
13    })
14  })
15  </script>
16
17  <template>
18    <h3 style="margin-left: 18rem;">用户信息表</h3>
19    <table>
20      <tr>
21        <th>ID</th>
22        <th>姓名</th>
23        <th>地址</th>
24      </tr>
25      <tr v-for="user in users">
26        <td v-for="v in user">{{v}}</td>
27      </tr>
28    </table>
29  </template>
30
```

从 Axios 中导入 axios 类

注册生命周期钩子 onMounted，通过 axios.get()方法发送 GET 请求，并获取用户数据

通过嵌套结构的 v-for 指令动态生成表格数据

```
31    <style scoped>
32    th, td {
33        border-bottom: 1px solid gray;
34        padding-right: 5rem;
35    }
36    </style>
```

在上述代码中，第 2 行从 Axios 中导入了 axios 类，按照规范应命名为 Axios，但此处仍按习惯用法命名为 axios；第 3 行从 Vue 中导入了 API 函数 onMounted() 和 ref()；第 5 行使用 ref() 函数创建了一个响应式对象并赋值给变量 users，并将其初始值设置为一个空数组；第 7 行 ~ 第 14 行使用 onMounted() 函数为组件注册了一个生命周期钩子，其功能是通过 axios 类实现网络请求。

第 8 行通过调用 axios 类的静态方法 get() 来发起一个 GET 请求，并传入一个参数来指定要请求的 URL，这里使用了 mock/index.js 文件中指定的请求地址，即 /list；第 9 行 ~ 第 11 行调用 then() 方法注册了一个回调函数，当请求成功时获取响应数据 response.data，并将其赋值给 users.value；第 11 行 ~ 第 13 行调用 catch() 方法注册了一个回调函数，当请求失败时获取错误对象 error，并在控制台中输出错误信息。

第 17 行 ~ 第 29 行用于设置组件模板渲染的内容。其中，第 19 行 ~ 第 28 行创建了一个表格，用于显示用户信息；第 20 行 ~ 第 24 行定义了表格的标题行，各个单元格用于显示字段标题，均为静态内容；第 25 行 ~ 第 27 行使用嵌套的 v-for 指令来动态地设置一些数据行和数据列，每行用于显示一个用户的信息，每列用于显示一个字段。

第 31 行 ~ 第 36 行用于设置模板内容的 CSS 样式。

（5）启动开发服务器，运行项目，在浏览器中打开 index.html 页面，结果如图 9.1 所示。

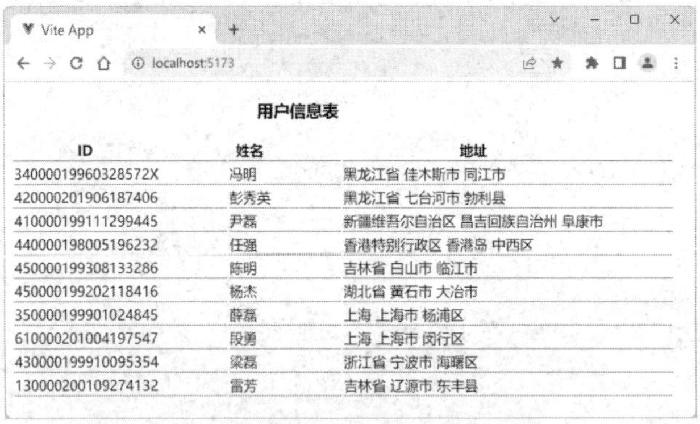

图 9.1　通过 GET 请求获取的数据

9.1.4　POST 请求

POST 请求是指使用 POST 方法发送的 HTTP 请求，主要用于向指定的资源提交要处理的数据。这种请求方式不会保留在浏览器的历史记录中，也不会被缓存或被收藏为书签，而且它对传输的数据长度没有要求。通过 POST 请求提交的数据是在请求的 HTTP 消息主体中发送的，不会显示在 URL 上，更具隐蔽性。因此，可以通过 POST 请求传输大量数据，且在上传文件时只能使用 POST 请求。

　　若要发起一个 POST 请求，则可以调用 axios 类的静态方法 post()来实现，语法格式如下。

`axios.post(url[, data[, config]])`

　　其中，参数 url 为字符串类型，用于指定要请求的 URL；参数 data 为可选参数，其值为对象类型，用于指定要传递的数据；参数 config 为可选参数，其值为对象类型，用于指定创建请求时所使用的配置选项。

　　与 get()方法一样，axios.post(url[, data[, config]])实际上是 axios(url[, config])的一个别名，默认的请求方式就是 POST。当使用 post()方法时，无须在参数 config 中指定 method 和 data 属性。

　　与 get()方法一样，post()方法的返回值也是一个 Promise 对象，因此可以对 then()和 catch()方法进行链式调用。POST 请求的示例代码如下。

```
axios.post('/user', {
    id: 12345
  })
  .then(response => {
    console.log(response)
  })
  .catch(error => {
    console.log(error)
  })
```

【例 9.2】本例用于说明如何通过 Axios 发送 POST 请求。

（1）在 D:\Vue3\chapter09 目录中创建 vue-project9-02 项目，安装 Axios。

（2）编写根组件 src/App.vue，代码如下。

```
01   <script setup>
02   import {ref} from 'vue'
03   import axios from 'axios'
04
05   const username = ref('')
06   const email = ref('')
07   const show = ref(false)
08
09   const userInfo = ref({
10       username: '',
11       email: ''
12   })
13
14   const onSubmit = () => {
15     axios.post('http://httpbin.org/post', {
16         username: username.value,
17         email: email.value
18     }).then(response => {
19         userInfo.value = JSON.parse(response.data.data)
20         show.value = true
21     }).catch(error => {
22         console.log(error)
23     })
24   }
```

定义组件方法 onSubmit()，在单击提交按钮时执行此方法，发送 POST 请求并传递用户数据；当请求成功时，获取并显示请求的数据

```
25    </script>
26
27    <template>
28      <h3>提交用户信息</h3>
29      <label for="username">用户名</label><br>
30      <input id="username" type="text" required
31           placeholder="请输入用户名" v-model="username"><br>
32      <label for="email">电  邮</label><br>
33      <input id="email" type="email" required
34           placeholder="请输入电子邮箱" v-model="email"><br>
35      <button @click="onSubmit">提交</button>
36      <div v-if="show">
37        <h3>响应数据</h3>
38        <ul>
39          <li>用户名：{{userInfo.username}}</li>
40          <li>电  邮：{{userInfo.email}}</li>
41        </ul>
42      </div>
43    </template>
```

在上述代码中，第 2 行和第 3 行依次导入了 API 函数 ref()和 axios 类；第 5 行～第 7 行分别使用 ref()函数创建了响应式变量 username、email 和 show；第 9 行～第 12 行使用 ref()函数创建了响应式对象 userInfo，它用于接收 POST 请求的响应数据，其 username 和 email 属性均被初始化为空字符串。

第 14 行～第 24 行定义了组件方法 onSubmit()，其中，第 15 行～第 23 行是对 post()、then()和 catch()方法的链式调用，因为这些方法均返回一个 Promise 对象。第 15 行～第 18 行调用了 post()方法，传入的第一个参数指定请求的 URL，第二个参数给出要发送的数据。第 18 行～第 21 行使用 then()方法注册了一个回调函数，当请求成功时使用 JSON.parse()方法将响应数据 response.data.data 由字符串转换为 JSON 对象，并赋值给 userInfo.value，此外还将 show.value 设置为 true。第 21 行～第 23 行使用 catch()方法注册了另一个回调函数，当请求失败时捕获错误对象并在控制台中输出。

第 27 行～第 43 行用于定义组件模板的内容，第 29 行～第 35 行用于添加两个文本框和一个按钮，将这些文本框分别绑定到 username 和 email 属性上，并对它们均添加了 required 和 placeholder 属性，将按钮的 click 事件处理器绑定到 onSubmit()方法上，在输入信息并单击该按钮时将会发起 POST。请求第 36 行～第 42 行用于显示接收的响应数据。在 div 元素中使用 v-if 指令，并将其值设置为 show，若 show 的初始值为 false，则该区域被隐藏。当请求成功并获取响应数据后，show 的值被更改为 true，从而可以在该区域中看到通过 POST 请求所接收的响应数据。

（3）运行项目，在浏览器中打开页面，输入并提交用户信息，稍后会收到响应数据，运行结果如图 9.2 和图 9.3 所示。

图 9.2　提交数据前　　　　　　　　　　图 9.3　收到响应数据

9.1.5　并发请求

Axios 提供了一个内置的 axios.all()方法，用于处理并发请求。它接收一个数组作为参数，该数组中的每个元素均为返回 Promise 对象的请求，在所有请求全部处理完成时执行then()方法，可以通过在 then()方法中调用 axios.spread()方法来处理并发请求返回的数据。向 axios.spread()方法传入一个函数，通过其参数来接收各个请求返回的响应，并做出相应的处理。

【例 9.3】本例用于说明如何通过 Axios 处理并发请求。

（1）在 D:\Vue3\chapter09 目录中创建 vue-project9-03 项目，安装 Axios。

（2）编写根组件 src/App.vue，代码如下。

```
01  <script setup>
02  import axios from 'axios'
03  import {onMounted, ref} from 'vue'
04
05  const userInfo = ref({
06    id: '',
07    username: ''
08  })
09  const imgUrl = ref('')
10  const charImage = ref('')
11
12  axios.defaults.baseURL = 'http://httpbin.org'
13  const getUserInfo = axios.get('/get', {
14    params: {
15      id: 12345,
16      username: 'Brown'
17    }
18  })
19  const getCharGraph = axios.get('/deny')
20  const getImage = axios.get('/image/jpeg', {
21    responseponseType: 'blob'
22  })
23
24  axios.all([getUserInfo, getCharGraph, getImage])
25  .then(axios.spread((response1, response2, response3) => {
26    userInfo.value = response1.data.args
```

> 设置默认的请求基准地址，该地址将自动添加在请求的相对 URL 前面

> 定义三个组件方法，分别用于发起一次 GET 请求，但请求的地址各不相同；调用 getUserInfo() 方法时通过 params 选项传递请求参数；调用 getCharGraph()方法时不需要提供额外的参数；调用 getImage()方法时的响应内容是图片。将这些方法用于发送并发请求

> 通过 axios.spread()方法处理并发请求返回的响应，对于不同响应，处理方法各不相同

307

```
27      charImage.value = response2.data
28      imgUrl.value = URL.createObjectURL(response3.data)
29   })).catch(error => {
30      console.log(error)
31   })
32 </script>
33
34 <template>
35   <h3 align="center">发送并发请求</h3>
36   <hr>
37   <table align="center" cellpadding="10">
38     <tr><th>字符图形</th><th>请求参数</th><th>JPEG 图片</th>
39     </tr>
40     <tr>
41       <td><pre v-html="charImage"></pre></td>
42       <td>
43         <ul>
44           <li>编　号：{{userInfo.id}}</li>
45           <li>用户名：{{userInfo.username}}</li>
46         </ul>
47       </td><td><img :src="imgUrl" alt=""></td>
48     </tr>
49   </table>
50 </template>
```

在表格的不同单元格中展示各个 GET 请求返回的文本、图形或图片

在上述代码中，第2行从 Axios 中导入 axios 类；第3行导入了 API 函数 onMounted() 和 ref()；第5行~第10行分别使用 ref() 函数定义了响应式属性 userInfo、imgUrl 和 charImage。

第12行设置了 Axios 默认配置的 baseURL（请求的域名），这个基本地址对后面将要发起的请求都会起作用。baseURL 将会自动添加在每个请求的 URL 前面，除非该 URL 是一个绝对URL。

第13行~第18行定义了组件方法 getUserInfo()，用于发起一次 GET 请求，所请求的地址为 /get，并通过 params 选项传递请求参数；第19行定义了组件方法 getCharGraph()，用于发起另一次 GET 请求，请求的地址为 /deny；第20行~第22行定义了组件方法 getImage()，用于发起第三次 GET 请求，由于本次请求的 url 选项为 /image/jpeg，相应的响应内容为图片，所以将 responseType（响应类型）设置为 blob。

第24行~第31行对 axios.all()、then() 和 catch() 方法进行了链式调用。第24行为 all() 方法传入了一个数组，其中包含函数 getUserInfo()、getCharGraph() 和 getImage()，它们各自发起一次 GET 请求，返回值为 Promise 对象。第25行~第29行对 then() 方法进行了调用，此时通过调用 axios.spread() 方法注册了一个回调函数，它接收所有请求的响应作为参数，并对响应数据分别进行处理。对于由 getUserInfo() 方法发起的请求，从响应数据中取出请求参数 response1.data.args 并赋值给 userInfo.value。对于由 getCharGraph() 方法发起的请求，将请求数据 response2.data 直接赋值给 charImage.value。对于由 getImage() 方法发起的请求，通过调用静态方法 URL.createObjectURL() 将响应数据 response3.data 转换为一个 URL 并赋值给 imgUrl.value。

第 33 行~第 55 行通过表格显示所请求的数据，其中，第 44 行用于显示一幅来自网络的图片，第 47 行~第 48 行用于显示用户提交的数据，第 52 行用于显示一幅字符图形。

（3）运行项目，在浏览器中打开页面，运行结果如图 9.4 所示。

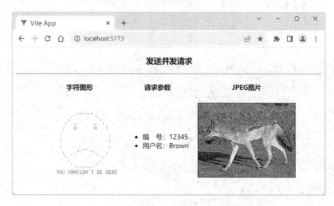

图 9.4　发送并发请求

9.2　Axios API

前面讨论了 Axios 的基本用法，主要包括发送 GET 请求、POST 请求及并发请求等。在这个基础上，下面将对如何使用 Axios API 实现网络请求进行更加详细的介绍，主要包括 Axios 的使用方式、请求配置、响应结构、错误处理、默认配置及设置拦截器等。

9.2.1　Axios 的使用方式

使用 Axios 发起 HTTP 请求主要有以下 3 种方式，即直接使用类的构造方法、别名方法及创建实例。

1. 构造方法

使用 import 导入 axios 类后，可以直接调用其构造方法来发送请求，语法格式如下。

```
axios(config)
```

或者：

```
axios(url[, config])
```

其中，参数 config 为对象类型，用于指定创建 HTTP 请求时使用的相关配置，默认的请求方式为 GET；参数 url 为字符串类型，用于指定要请求的 URL。当使用第一种语法格式时，所请求的 URL 需要通过配置中的 url 选项来设置。这个构造方法的返回值是一个 Promise 对象。

例如，可以通过调用构造方法来发送一个 POST 请求，代码如下。

```
axios({
    method: 'post',
    url: '/user/12345',
    data: {
        username: 'Mary',
        email: 'mary@gmail.com'
```

```
    }
})
```

在这里使用的是构造方法的第一种语法格式，所传入的参数是一个对象，该对象包含请求的相关配置，包括请求的 URL、方法及要传输的数据。

2. 别名方法

HTTP 定义了一组请求方法，以表明要对给定资源执行的操作。常用的请求方法如下。

- GET：用于请求一个指定资源的表示形式，这种请求只能被用于获取数据。
- HEAD：用于请求一个与 GET 请求的响应相同的响应，但没有响应体。
- POST：用于将实体提交到指定的资源，通常会导致服务器上的状态发生变化。
- PUT：使用有效载荷请求替换目标资源的所有当前表示。
- DELETE：用于删除指定资源。
- OPTIONS：用于描述目标资源的通信选项。
- PATCH：用于对资源应用部分进行修改。

方便起见，Axios 为这些 HTTP 请求方法提供了别名。

```
axios.request(config)
axios.get(url[, config])
axios.delete(url[, config])
axios.head(url[, config])
axios.options(url[, config])
axios.post(url[, data[, config]])
axios.put(url[, data[, config]])
axios.patch(url[, data[, config]])
```

除了 request()方法，使用这些别名方法时都必须通过传入第一个参数来指定 url 选项，所用的请求方式已由方法名称标示出来了，无须在配置中指定。

对于 request()方法，请求的 URL、方法及传输的数据都需要在配置中指定。

对于 get()、delete()、head()和 options()方法，可以通过传入第二个参数来指定请求的相关配置。

对于 post()、put()和 patch()方法，如果需要传输数据，则应传入第二个参数；如果还需要指定其他配置，则应传入第三个参数。

除了 request()方法，使用所有其他别名方法时，method、data 选项都不必在配置中指定。

3. 创建实例

除了使用构造方法和别名方法，也可以通过调用静态方法 create()并传入自定义配置的方式来新建一个实例。例如：

```
const instance = axios.create({
    baseURL: 'https://some-domain.com/api',
    timeout: 1000,
    headers: {'X-Custom-Header': 'foobar'}
});
```

创建实例后，可以通过调用以下实例方法将传入的配置与实例中的配置结合使用。

```
instance.request(config)
instance.get(url[, config])
instance.delete(url[, config])
instance.head(url[, config])
instance.options(url[, config])
instance.post(url[, data[, config]])
instance.put(url[, data[, config]])
instance.patch(url[, data[, config]])
instance.getUri([config])
```

在这里，最后一个实例方法 getUri() 用于在不发送请求的前提下，根据传入的请求配置对象并返回一个请求的 URL。

【例 9.4】本例用于说明如何使用实例方法发送 HTTP 请求。

（1）在 D:\Vue3\chapter09 目录中创建 vue-project9-04 项目，安装 Axios。

（2）编写根组件 src/App.vue，代码如下。

```
01  <script setup>
02  import {ref} from 'vue'
03  import axios from 'axios'
04
05  const methodName = ref('')
06  const uri = ref('')
07  const statusCode = ref('')
08  const statusText = ref('')
09  const errorMessage = ref('')
10
11  const instance = axios.create({
12    baseURL: 'http://httpbin.org',          创建实例并配置请求的基
13    timeout: 6000                            准地址和超时时间
14  })
15  const onRequest = (url, method) => {
16    methodName.value = method.toLocaleUpperCase()
17    statusCode.value = ''
18    statusText.value = ''
19    errorMessage.value = ''                  定义组件方法 onRequest()，
20    uri.value = ''                           用于封装各种请求方式，它
21    instance.request({                       接收两个参数，分别表示请
22      url, method                            求的 URL 和所用的请求方
23    }).then(response => {                     法，并在请求成功时获取请
24      statusCode.value = response.status     求状态信息。在组件模板各
25      statusText.value = response.statusText 个按钮的 click 事件的内联
26      uri.value = instance.getUri({url})     处理器中调用该方法
27    }).catch(error => {
28      errorMessage.value = error.message
29    })
30  }
31  </script>
```

```
32
33  <template>
34    <h3>HTTP 请求测试</h3>
35    <ul>
36      <li><button @click="onRequest('/get', 'get')">GET 请求</button></li>
37      <li><button @click="onRequest('/post', 'post')">POST 请求</button></li>
38      <li><button @click="onRequest('/delete', 'delete')">DELETE 请求</button></li>
39      <li><button @click="onRequest('/put', 'put')">PUT 请求</button></li>
40      <li><button @click="onRequest('/patch', 'patch')">PATCH 请求</button></li>
41    </ul>
42    <p v-if="statusText === 'OK'"><strong>{{methodName}}</strong>请求响应状态:
43      <em>{{statusCode}}</em> – <em>{{statusText}}</em> – <em>{{uri}}</em>
44    </p>
45    <p v-if="errorMessage !== ''">
46      <strong>{{methodName}}</strong>请求错误信息: <em>{{errorMessage}}</em>
47    </p>
48  </template>
49
50  <style scoped>
51  ul {
52    display: flex;
53    list-style: none;
54    padding: 0;
55    margin: 0;
56  }
57
58  li:not(:last-of-type) {
59    margin-right: 1rem;
60  }
61  </style>
```

在上述代码中,第 5 行~第 9 行使用 ref()函数定义了响应式属性 methodName、uri、statusCode、statusText 及 errorMessage;第 11 行~第 14 行创建了一个 Axios 实例并赋值给 instance,在该实例中设置了请求的 baseURL 和 timeout 属性;第 15 行~第 30 行定义了组件方法 onRequest(),它接收两个参数,分别表示请求的 URL 和所用的请求方法,其中,第 17 行~第 20 行将几个响应式属性的值清空了,第 21 行~第 29 行对 Axios 实例 instance 链式调用了 request()、then()和 catch()方法。

第 21 行~第 23 行调用实例方法 request(),并传入配置选项,指定了请求的 url 和 method 选项。第 23 行~第 27 行调用 then()方法,用于注册一个回调函数,当请求成功时获取响应状态码和响应状态信息,并赋值给响应式变量。此外,还通过调用实例方法 getUri()获取了本次请求的 URL,并将其赋值给 uri.value。第 27 行~第 29 行调用 catch()方法,注册了一个回调函数,当请求失败时获取错误信息,并将其赋值给 errorMessage.value。

第 33 行~第 48 行定义了组件模板;第 35 行~第 41 行创建了一个无序列表,在每个列表项中添加了一个按钮,并将这些按钮的 click 事件处理器分别绑定到 onRequest()方法上,对于每个按钮传入了不同的请求 URL 和请求方法,这样就可以通过不同的按钮来发送不同的

HTTP 请求；第 42 行～第 44 行用于显示一次 HTTP 请求的响应状态码、状态信息及所用的 URL；第 45 行～第 47 行用于显示一次 HTTP 请求的错误信息。

第 50 行～第 61 行创建了一些 CSS 样式规则，用于设置组件的样式。

（3）运行项目，在浏览器中打开入口页面，通过单击不同的按钮来发送不同类型的 HTTP 请求，运行结果如图 9.5 和图 9.6 所示。

图 9.5　POST 请求成功

图 9.6　PATCH 请求成功

9.2.2　请求配置

使用 Axios 创建请求时常用的配置选项如表 9.1 所示。在所有配置选项中，只有 url 选项是必需的。如果没有指定 method 选项，那么请求将默认使用 GET 方法。

表 9.1　常用的 Axios 请求配置选项

配 置 选 项	类　型	说　　明
url	String	用于请求的服务器 URL。如 url:'/user'
method	String	创建请求时使用的方法，默认为 GET 方法。如 method: 'get'
baseURL	String	创建请求时使用的基准地址，设置 baseURL 便于为 Axios 实例的方法传递相对 URL；该基准地址将自动添加在 URL 前面，除非 URL 是一个绝对 URL。如 baseURL: 'https://some-domain.com/api/'

transformRequest	Array	在向服务器发送请求前修改数据，只能用于 PUT、POST 和 PATCH 方法；数组中最后一个函数必须返回字符串、Buffer 实例、ArrayBuffer、FormData 或 Stream，可以修改请求头。例如：
		transformRequest: [function (data, headers) {
		　// 对 data 进行转换处理
		　　return data;
		}]

transformResponse	Array	在将请求传递给 then()/catch()方法前修改响应数据。例如：
		transformResponse: [function (data) {
		　// 对接收的 data 进行任意转换处理
		　return data;
		}]

headers	Object	自定义请求头。如 headers: {'X-Requested-With': 'XMLHttpRequest'}
params	Object	与请求一起发送的 URL 参数，必须是一个简单对象或 URLSearchParams 对象。如 params: {ID: 12345}

配 置 选 项	类 型	说　明

paramsSerializer	Function	可选方法，主要用于序列化 params 对象。例如：
		paramsSerializer: function (params) {
		　　return Qs.stringify(params, {arrayFormat: 'brackets'})
		}

data	Object	请求体被发送的数据，仅适用于 PUT、POST、DELETE 和 PATCH 方法。当没有设置 transformRequest 选项时，被发送的数据必须是 String、Plain Object、ArrayBuffer、ArrayBufferView 和 URLSearchParams 类型之一；浏览器专属类型有 FormData、File 和 Blob；Node 专属类型有 Stream 和 Buffer。如 data: {firstName: 'Fred'}
data	String	发送请求体数据的可选语法，适用于 POST 请求，但只会发送 value，不会发送 key。如 data: 'id=12345&nme=zs'
timeout	Number	指定请求超时的毫秒数，默认值为 0，表示永不超时。如果请求时间超过 timeout 的值，则请求会被中断。如 timeout: 1000
withCredentials	Boolean	表示在跨域请求时是否需要使用凭证，默认值为 false。如 withCredentials: true
adapter	Function	自定义处理请求，返回 Promise 对象并提供一个有效的响应，使测试更加容易。如 adapter: function (config) {/* ... */}
auth	Object	HTTP 基本身份验证。如 auth: {username: 'jane', password: '123456'}
responseType	String	表示浏览器将要响应的数据类型，可以是 'arraybuffer'、'document'、'json'、'text'、'stream'和'blob'（浏览器专属），默认值为 'json'
xsrfCookieName	String	设置 xsrf token 的值，被用作 Cookie 的名称，默认值为 'XSRF-TOKEN'
xsrfHeaderName	String	设置带有 xsrf token 值的 HTTP 请求头名称，默认值为 'X-XSRF-TOKEN'
onUploadProgress	Function	上传处理进度事件（浏览器专属）。如 onUploadProgress: function (progressEvent) {//处理原生进度事件}
onDownloadProgress	Function	下载处理进度事件（浏览器专属）。如 onDownloadProgress: function (progressEvent) {// 处理原生进度事件}

validateStatus	Function	定义对于给定的 HTTP 状态码是 resolve 还是 reject Promise。如果 validateStatus 返回 true，或者设置为 null 或 undefined，则 Promise 对象为 resolved，否则为 rejected。例如：
		validateStatus: function (status) {
		　　return status >= 200 && status < 300; // 默认值
		}

【例 9.5】本例用于演示如何在创建请求时对配置选项进行设置。

（1）在 D:\Vue3\chapter09 目录中创建 vue-project9-05 项目，安装 Axios。

（2）编写根组件 src/App.vue，代码如下。

```
01  <script setup>
02  import {ref} from 'vue'
03  import axios from 'axios'
04
05  const username = ref('')
06  const user = ref('')
07  const password = ref('')
```

```
08    const show = ref(false)
09    const authenticated = ref(false)
10
11    const onLogin = () => {
12      axios.get('https://httpbin.org/basic-auth/admin/123456', {
13        auth: {
14          username: username.value,
15          password: password.value
16        }
17      }).then(response => {
18        authenticated.value = response.data.authenticated
19        user.value = response.data.user
20      }).catch(error => {
21        if (error.response.status === 401)
22          authenticated.value = false
23      }).then(() => {
24        show.value = true
25      })
26    }
27    </script>
28
29    <template>
30      <h3>HTTP 基本身份验证</h3>
31      <label for="username">用户名</label><br>
32      <input id="username" type="text" required
33            placeholder="请输入用户名" v-model="username"><br>
34      <label for="password">密码</label><br>
35      <input id="password" type="password" required
36            placeholder="请输入用户名" v-model="password"><br>
37      <button @click="onLogin">登录</button>
38      <div v-if="show">
39        <p class="success" v-if="authenticated">用户<em>{{user}}</em>身份验证成功！</p>
40        <p class="failure" v-else>用户<em>{{username}}</em>身份验证失败！ </p>
41      </div>
42    </template>
43
44    <style scoped>
45    .success {
46      color: green;
47    }
48    .failure {
49      color: brown;
50    }
51    </style>
```

定义组件方法 onLogin()，用于实现 HTTP 基本身份验证。在组件模板中，将登录按钮的 click 事件处理器绑定到该组件方法上

在上述代码中，第 5 行～第 9 行使用 ref() 函数定义了响应式属性 username、user、password、show 和 authenticated；第 11 行～第 26 行定义了组件方法 onLogin()；第 12 行～第 25 行调用了静态方法 axios.get()，继而对 catch() 和 then() 方法进行链式调用。

第 12 行～第 17 行用于调用静态方法 axios.get()，通过传入的第一个参数设置请求的 URL，该 URL 中带有两个参数，分别用于设置用户名和密码；传入的第二个参数是一个对象，用于指定请求的配置选项，通过 auth 选项设置了 HTTP 基本身份验证所使用的用户名和密码，它们的值分别来自页面上输入的 username.value 和 password.value。第 17 行～第 20 行通过调用 then() 方法注册了一个回调函数，当请求成功时从响应数据中取出 authenticated 和 user 字段，分别赋值给 authenticated.value 和 user.value。

第 20 行～第 23 行通过调用 catch() 方法注册了一个回调函数，当请求失败时检查响应状态码 error.response.status 是否等于 404，若等于，则将 authenticated.value 设置为 false，表示未通过身份验证；第 23 行～第 25 行再次调用 then() 方法，无论请求是否成功，都会将 show.value 设置为 true，这样就会显示身份验证的结果。

第 31 行～第 37 行在组件模板中添加了一个文本框、一个密码框和一个按钮，将文本框和密码框分别绑定到 username 和 password 属性上，将按钮的 click 事件处理器绑定到 onLogin() 方法上。这样，当输入用户名和密码并单击"登录"按钮时，会向服务器发送 GET 请求。第 38 行～第 41 行用于显示身份验证的结果。

（3）运行项目，在浏览器中打开入口页面，输入用户名和密码并单击"登录"按钮，进行 HTTP 基本身份验证，运行结果如图 9.7 和图 9.8 所示。

图 9.7　身份验证成功

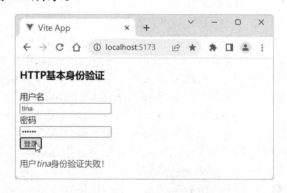

图 9.8　身份验证失败

9.2.3　响应结构

当使用 Axios 成功发送一个 HTTP 请求时，将会收到一个 HTTP 响应，该响应中包含的信息如表 9.2 所示。

表 9.2　HTTP 响应结构

响 应 选 项	类 型	说 明
data	Object	由服务器提供的响应。如 data: {}
status	Number	来自服务器响应的 HTTP 状态码。如 status: 200（服务器已成功处理请求）
statusText	String	来自服务器响应的 HTTP 状态信息。如 statusText: 'OK'
headers	Object	服务器响应头，所有 header 的名称均为小写形式，而且可以使用方括号语法访问。如 response.headers['content-type']

响 应 选 项	类　　型	说　　明
config	Object	Axios 请求的配置信息
request	Object	生成此响应的请求。在 Node.js 中它是最后一个 ClientRequest 实例，在浏览器中则是 XMLHttpRequest 实例

例如，当调用静态方法 axios.get() 发送请求成功时，可以使用 then() 方法来接收以下响应。

```
axios.get('/user/12345')
  .then((response) => {
    console.log(response.data)
    console.log(response.status)
    console.log(response.statusText)
    console.log(response.headers)
    console.log(response.config)
  })
```

如果使用 catch() 方法或传递一个拒绝回调的信息作为 then() 方法的第二个参数，则需要通过 error 对象来接收响应，详情请参阅 9.2.4 节。

【例 9.6】本例用于说明如何从 HTTP 响应中获取相关信息。

（1）在 D:\Vue3\chapter09 目录中创建 vue-project9-06 项目，安装 Axios。

（2）编写根组件 src/App.vue，代码如下。

```
01  <script setup>
02  import {ref} from 'vue'
03  import axios from 'axios'
04
05  const responseInfo = ref(null)            发送一个 POST 请
                                              求并传递数据
06
07  axios.post('http://httpbin.org/response-headers?id=12345&name=tt')
08  .then(response => {
09    responseInfo.value = response          当请求成功时，接
                                             收返回的响应信息
10  }).catch(error => {
11    console.log(error.message)
12  })
13  </script>
14
15  <template>
16    <h3>HTTP 响应结构</h3>
17    <ul>
18      <li>响应数据：<em>{{responseInfo.data}}</em></li>
19      <li>响应状态码：<em>{{responseInfo.status}}</em></li>
20      <li>响应状态信息：<em>{{responseInfo.statusText}}</em></li>
21      <li>响应标头：<em>{{responseInfo.headers}}</em></li>
22      <li>请求配置：<em>{{responseInfo.config}}</em></li>
23    </ul>
24  </template>
```

在上述代码中，第 5 行使用 ref() 函数创建了一个响应式对象 responseInfo。第 7 行～第 12 行使用静态方法 axios.post() 发送了一个 POST 请求，并且对 then() 和 catch() 方法进行了链式调用。

其中，第 8 行～第 9 行使用 then() 方法注册了一个回调函数，当请求成功时，会将收到的响应 response 赋值给 responseInfo.value。此处不要对 response 解构，因为一旦解构就会失去响应性，这样就无法在模板中显示相关的响应信息。

第 17 行～第 23 行在组件模板中通过一个无序列表显示响应数据、响应状态码、响应状态信息、响应标头及请求配置等信息。

（3）运行项目，在浏览器中打开入口页面，运行结果如图 9.9 所示。

图 9.9　HTTP 响应结构

9.2.4　错误处理

当使用 Axios 发送一个 HTTP 请求时，可以通过对返回的 Promise 对象调用 catch() 方法来注册一个回调函数，在请求出现错误时获取错误信息，并进行相应的处理。这个回调函数接收一个包含错误信息的对象参数，可以根据其 response 属性来判断请求是否成功发送，且服务器是否做出相应响应，也可以根据其 request 属性来判断请求是否成功发送。

下面的代码用于说明处理请求错误的具体流程。

```
axios.get('/user/12345')
.catch(error => {
    if (error.response) {
        // 请求成功发送且服务器响应了状态码
        // 但状态码超出了 2xx 的范围
        console.log(error.response.data)
        console.log(error.response.status)
        console.log(error.response.headers)
    } else if (error.request) {
        // 请求已经成功发送但未收到响应
        // error.request 在浏览器中是 XMLHttpRequest 实例
        // 在 Node.js 中则是 http.ClientRequest 实例
        console.log(error.request)
    } else {
        // 发送请求时出现问题
        console.log('请求错误: ', error.message)
    }
    console.log(error.config)
})
```

如果使用 validateStatus 配置选项，则可以自定义抛出错误的 HTTP 状态码。

```
axios.get('/user/12345', {
  validateStatus: function (status) {
    return status < 500 // 处理状态码小于 500 的情况
  }
})
```

使用 toJSON() 方法可以获取更多关于 HTTP 错误的信息。

```
axios.get('/user/12345')
.catch(error => {
  console.log(error.toJSON())
})
```

【例 9.7】本例用于演示如何处理请求错误。

（1）在 D:\Vue3\chapter09 目录中创建 vue-project9-07 项目，安装 Axios。

（2）编写应用根组件 src/App.vue，代码如下。

```
01  <script setup>
02  import {ref} from 'vue'
03  import axios from 'axios'
04
05  const response1 = ref(null)
06  const response2 = ref(null)
07  const error1 = ref(null)
08  const error2 = ref(null)
09
10  axios.get('http://httpbin.org/notexist')
11  .then(response => {
12    response1.value = response
13  }).catch(error => {
14    if (error.response) {
15      error1.value = error.response
16    }
17  })
18  axios.post('http://httpbin.org/patch')
19  .then(response => {
20    response2.value = response.data
21  }).catch(error => {
22    if (error.response) {
23      error2.value = error.response
24    }
25  })
26  </script>
27
28  <template>
29    <div v-if="response1 && response2">
30      <h3>处理响应数据</h3>
31      <ul>
32        <li>{{response1.data}}</li>
33        <li>{{response2.data}}</li>
34      </ul>
35    </div>
36    <div v-if="errorr1 && errorr2">
```

对一个并不存在的地址发送 GET 请求

对一个用于处理 PATCH 请求的地址发送 POST 请求

```
37        <h3>处理请求错误</h3>
38        <ul>
39          <li><strong>请求 1</strong>
40            <ul>
41              <li>状态代码：{{error1.status}}</li>
42              <li>状态信息：{{error1.statusText}}</li>
43              <li>请求方法：{{error1.config.method}}</li>
44              <li>请求地址：{{error1.config.url}}</li>
45            </ul>
46          </li>
47          <li><strong>请求 2</strong>
48            <ul>
49              <li>状态代码：{{error2.status}}</li>
50              <li>状态信息：{{error2.statusText}}</li>
51              <li>请求方法：{{error2.config.method}}</li>
52              <li>请求地址：{{error2.config.url}}</li>
53            </ul>
54          </li>
55        </ul>
56    </div>
57 </template>
```

在上述代码中，第 5 行～第 8 行使用 ref()函数定义了响应式对象 response1、response2、error1 和 error2。第 10 行～第 17 行发送了一次 GET 请求，但输入的地址是不存在的。其中，第 11 行～第 13 行通过 then()方法注册了一个回调函数，当请求成功并收到服务器响应时，将响应数据赋值给 response1.value；第 13 行～第 17 行通过 catch()方法注册了一个回调函数，当请求成功发出且服务器返回超出 2xx 范围的状态码时，将错误响应赋值给 error1 属性。第 18 行～第 25 行发送了一次 POST 请求，但是提供了一个不支持 POST 请求的地址。其中，第 19 行～第 21 行通过 then()方法注册了一个回调函数，当请求成功并收到服务器响应时，将响应数据赋值给 response2.value；第 21 行～第 25 行通过 catch()方法注册了一个回调函数，当请求成功发出且服务器返回超出 2xx 范围的状态码时，将错误响应赋值给 error2 属性。

第 29 行～第 35 行在模板中创建了一个无序列表，用于显示响应数据；第 36 行～第 56 行创建了一个嵌套的无序列表，用于显示错误信息。

（3）运行项目，在浏览器中打开入口页面，运行结果如图 9.10 所示。

9.2.5　默认配置

发起请求时，可以在全局级别指定默认配置，也可以在创建实例时配置默认值。请求配置会按照一定的优先级进行合并。

1.　全局默认值

全局默认值是通过 axios 类的 defaults 属性来设置的。例如：

图 9.10　处理请求错误

```
axios.defaults.baseURL = 'https://api.example.com'
axios.defaults.headers.common['Authorization'] = AUTH_TOKEN
axios.defaults.headers.post['Content-Type'] = 'application/x-www-form-urlencoded'
```

2. 自定义实例默认值

使用 axios.create()方法创建实例时，可以传入一个选项对象，用于配置这个实例专属的默认值。例如：

```
const instance = axios.create({
    baseURL: 'https://api.example.com'
})

// 创建实例后修改默认值
instance.defaults.headers.common['Authorization'] = AUTH_TOKEN;
```

3. 配置的优先级

请求配置将会按照优先级进行合并，其先后顺序如下。

（1）全局默认值。

（2）自定义实例的 defaults 属性。

（3）请求配置中的 config 参数。

后面的优先级要高于前面的，示例如下。

```
// 使用全局默认配置创建实例
// 此时超时配置的默认值为 0
const instance = axios.create()

// 重写全局超时默认值
// 现在所有使用此实例的请求都将在等待 2.5 秒后才会超时
instance.defaults.timeout = 2500;

// 重写此请求的超时时间，因为该请求需要很长时间
instance.get('/longRequest', {
    timeout: 5000
})
```

9.2.6　设置拦截器

使用 Axios 发送一个网络请求时，可以使用 then()方法处理响应数据，或者使用 catch()方法处理错误信息。但是，在实际开发中，也可以在请求或响应被 then()或 catch()方法处理之前对它们进行拦截，并根据需要进行相应的操作。

1. 添加请求拦截器

要为一个请求添加拦截器，可以通过使用 axios.interceptors.request.use()方法来实现：

```
axios.interceptors.request.use(config => {
    // 在发送之前对请求配置进行处理
    return config;
```

```
    }, error => {
        // 对请求错误进行处理
        return Promise.reject(error)
    })
```

在这里，use()方法接收了两个函数类型的参数，其中第一个函数接收请求配置作为参数，可以在发送之前对请求配置进行处理，随后将其返回，如果不返回配置，请求将会就此结束，不再发送；第二个函数接收请求错误作为参数，可以对请求错误进行处理，随后返回一个拒绝函数 Promise.reject(error)。

也可以给自定义的 Axios 实例添加拦截器：

```
const instance = axios.create();
instance.interceptors.request.use(function () {/*...*/})
```

2. 添加响应拦截器

要为一个响应添加拦截器，可以使用 axios.interceptors.response.use()方法实现：

```
axios.interceptors.response.use(response => {
    // 2xx 范围内的状态码都会触发该函数
    // 在此处对响应数据进行处理
    return response
}, error => {
    // 超出 2xx 范围的状态码都会触发该函数
    // 对响应错误进行处理
    return Promise.reject(error)
})
```

在这里，use()方法接收两个函数类型的参数，其中第一个函数接收响应作为参数，当返回的状态码在 2xx 范围内时都会触发该函数，可以通过该函数对响应数据进行处理，随后返回响应对象；第二个函数接收错误对象作为参数，当返回的状态码超过 2xx 范围时都会触发该函数，可以对请求错误进行处理，随后返回一个拒绝函数 Promise.reject(error)。

3. 移除拦截器

如果稍后需要移除拦截器，则可以在添加拦截器时将 use()方法返回的拦截器赋予一个变量：

```
const myInterceptor = axios.interceptors.request.use(function () {/*...*/})
```

在移除拦截器时，调用 axios.interceptors.request.eject()方法，并传入之前的拦截器：

```
axios.interceptors.request.eject(myInterceptor)
```

【例 9.8】本例用于演示如何添加请求拦截器和响应拦截器。

（1）在 D:\Vue3\chapter09 目录中创建 vue-project9-08 项目，并安装 Axios 网络请求库和 Bootstrap 前端工具包（安装命令：npm install bootstrap@5.3.0）。

（2）在 arc/main.js 文件中引入 Bootstrap 样式库，代码如下。

```
import '../node_modules/bootstrap/dist/css/bootstrap.css'
```

（3）编写应用根组件 src/App.vue，代码如下。

```
01   <script setup>
02   import {ref} from 'vue'
03   import axios from 'axios'
```

```
04
05    const show = ref(false)
06    const imgUrl = ref('')
07    const loadImg = () => {
08      axios.get('http://httpbin.org/image/png', {
09        responseType: 'blob'
10      }).then(response => {
11        imgUrl.value = URL.createObjectURL(response.data)
12      }).catch(error => {
13        console.log(error.message)
14      })
15    }
16    axios.interceptors.request.use(config => {
17        show.value = true
18        return config
19      }, error => {
20        return Promise.reject(error)
21      }
22    )
23    axios.interceptors.response.use(response => {
24      show.value = false
25      return response
26    }, error => {
27      return Promise.reject(error)
28    })
29  </script>
30
31  <template>
32    <div class="container text-center">
33      <h4 class="mt-3">设置请求拦截器</h4>
34      <div class="text-center mt-3">
35        <img :src="imgUrl" class="rounded" alt="">
36      </div>
37      <div v-if="show" class="text-center mt-3">
38        <strong>加载中...</strong>
39        <div class="spinner-border ms-auto"
40             role="status" aria-hidden="true">
41        </div>
42      </div>
43      <p class="mt-3">
44        <button class="btn btn-outline-primary"
45                @click="loadImg">加载图片
46        </button>
47      </p>
48    </div>
49  </template>
```

设置请求拦截器

设置响应拦截器

根据 show 的属性值来决定是否显示加载提示组件

在上述代码中，第 5 行和第 6 行使用 ref() 函数定义了响应式属性 show 和 imgUrl，它们的初始值分别被设置为 false 和空字符串。第 7 行~第 15 行定义了组件方法 loadImg()，其功能是通过发送 GET 请求加载一张图片，其中第 9 行在请求配置中将 responseType 属性值设置为 blob；第 11 行在请求成功时调用的回调函数中，使用 URL.createObjectURL()方法将 response.data 转换为一个 URL，并赋值给 imgUrl。第 16 行~第 22 行为请求添加拦截器，其中第 17 行在请求发送之前将 show.value 设置为 true，使"加载中..."提示信息和动画加载图标显示出来。第 23 行~第 28 行为响应添加拦截器，其中第 24 行在收到服务器响应后将 show.value 设置为 false，将"加载中..."提示信息和动画加载图标隐藏起来。

第 35 行在组件模板中添加了一个 img 元素，并将其:src 属性绑定到 imgUrl 属性上。第 37 行~第 41 行添加了一个加载提示组件，在最外层 div 元素中添加了 v-if 指令，并将其值绑定到 show 属性上，以控制该组件的显示与隐藏。第 44 行~第 46 行添加了一个 button 按钮，并将其 click 事件处理器绑定到 loadImg()方法上，这样在单击该按钮时就会发送 GET 请求。

（4）运行项目，在浏览器中打开入口页面，在页面中单击"加载图片"按钮，此时将会显示提示信息"加载中..."和动画加载图标，稍后便会看到图片，运行结果如图 9.11 和图 9.12 所示。

图 9.11　拦截请求时显示加载提示

图 9.12　拦截响应时隐藏加载提示

习题 9

一、填空题

1. Axios 是一个基于＿＿＿＿＿＿＿的网络请求库。

2. 使用 npm 包管理工具通过命令＿＿＿＿＿＿＿安装 Axios。

3. 在组件中使用 import＿＿＿＿＿＿＿来导入 Axios。

4. 附加在路径上的查询参数可以通过＿＿＿＿＿＿＿属性来设置。

5. 使用 axios.post()方法时通过传入第＿＿＿＿＿＿＿个参数来指定要传递的数据。

6. axios.all()方法用于处理＿＿＿＿＿＿＿请求。

7. 通过调用静态方法＿＿＿＿＿＿＿来创建 Axios 实例。

二、判断题

1. Axios 在服务端和客户端均使用 XMLHttpRequest 对象。　　　　　　（　　　）
2. 只能通过 axios.get() 方法来发送 GET 请求。　　　　　　　　　　（　　　）
3. 使用 axios.get() 方法时将返回一个 Promise 对象。　　　　　　　　（　　　）
4. 添加请求拦截器可以通过调用 axios.interceptors.response.use() 方法来实现。　（　　　）
5. 请求成功时将收到响应 response，对其解构后可继续保持响应性。　　（　　　）

三、选择题

1. 在下列 HTTP 请求方法中，用于获取数据的是（　　　）。

  A．GET   B．HEAD   C．POST   D．PUT

2. 在下列请求配置选项中，（　　　）表示请求体被发送的数据。

  A．method   B．baseURL   C．params   D．data

3. 在下列 HTTP 响应选项中，（　　　）表示由服务器提供的响应。

  A．data   B．status   C．headers   D．config

四、简答题

1. 简述 Axios 有哪些特点。
2. 简述在开发前端单页应用时如何提供模拟性数据。
3. 简述 Axios 发起 HTTP 请求有哪几种方式。
4. 简述 Axios 为 HTTP 请求方法提供的别名有哪些。
5. 简述 Axios 实例方法有哪些。
6. 简述 Axios 中处理请求错误的具体流程。
7. 简述 Axios 请求配置合并时的优先级。

五、编程题

1. 通过 Axios 发送一个 GET 请求。
2. 通过 Axios 发送一个 POST 请求。
3. 通过 Axios 发送一个并发请求。
4. 通过 Axios 为请求和响应添加拦截器。

第 10 章

Vue 状态管理

在 Vue 前端开发中，往往会遇到多个组件共享同一个状态的情况，这些组件都需要根据状态的变化做出响应，而这些组件之间可能不是父子组件这种简单的关系。在这种情况下，就需要有一个全局状态管理方案。Vue 官方推荐使用 Pinia 作为新的全局状态管理方案，替换原来的状态管理库 Vuex。

10.1　Pinia 使用基础

Pinia 的发音为 /piːnjʌ/，类似英文中的 peenya。Pinia 是 Vue 的专属状态管理库，它允许跨组件或页面共享状态。如果熟悉组合式 API，可能会认为通过一行简单的 export const state = reactive({})就可以共享一个全局状态。这对于单页应用来说确实可以，但如果应用在服务器端渲染，就可能会使应用暴露出一些安全漏洞。这里可以使用 Pinia，即使是在小型单页应用中也可以获得更多的新功能，如 Devtools 支持、追踪时间线及热更新等。

10.1.1　安装 Pinia

Pinia 并没有包含在 Vue 核心库中。要在 Vue 应用中使用 Pinia 来进行状态管理，首先要安装 Pinia。在 Vue 模块化开发中，可以在使用命令 npm init vue@lates 初始化项目时选择安装 Pinia，这样就会在 package.json 文件的 dependencies 中加入 Pinia 及其版本号。例如：

```
"dependencies": {
    "pinia": "^2.1.3",
    "vue": "^3.3.4"
},
```

此时，通过执行命令 npm install 安装所有依赖即可。

如果构建项目时未选择安装 Pinia，则可以使用 npm 包管理工具来单独安装 Pinia：

```
npm install pinia
```

接下来，需要对项目入口文件 main.js 进行修改，代码如下。

```
01    import {createApp} from 'vue'
02    import {createPinia} from 'pinia'
03    import App from './App.vue'
04
05    const app = createApp(App)
06    const pinia = createPinia()
07
08    app.use(pinia).mount('#app')
```

导入 createPinia()函数并创建 Pinia 实例

加载 Pinia 实例而后挂载 Vue 应用实例

在上述代码中，第 1 行从 Vue 中导入了 API 函数 createApp()，第 2 行从 Pinia 中导入了 API 函数 createPinia()，第 3 行从单文件组件中导入了根组件 App。

第 5 行使用 createApp()函数创建了一个 Vue 应用实例并传入根组件。第 6 行使用 createPinia()方法创建了一个 Pinia 实例并赋值给 pinia。第 8 行使用 app.use()方法加载 Pinia 实例，以它作为根 store 并将其传递给应用实例，并且通过链式调用 mount()方法将应用实例挂载在容器元素中。该容器元素包含在项目入口页面 index.html 中。

至此，Pinia 就集成到 Vue 项目中了。

10.1.2 基本用法

安装并启动 Pinia 后，即可在整个 Vue 应用中使用 Pinia 进行全局状态管理。当使用 Pinia 管理状态时，首先需要创建一个 store 来存储状态信息，然后在组件中使用这个 store 来访问和更新状态信息。

【例 10.1】本例用于演示使用 Pinia 管理状态的基本流程。

（1）在 D:\Vue3\chapter10 目录中创建 vue-project10-01 项目，安装 Pinia。

（2）修改项目入口文件 src/main.js，代码如下。

```
01    import {createApp} from 'vue'
02    import {createPinia} from 'pinia'
03    import App from './App.vue'
04
05    const app = createApp(App)
06    const pinia = createPinia()
07
08    app.use(pinia).mount('#app')
```

上述代码已在 10.1.1 节中做过说明，这里不再赘述。在本章中创建每个项目时都需要安装 Pinia，同样也都需要在项目入口文件 main.js 中写入上述代码，如果没有进行修改，则不再说明。

（3）在项目根目录中创建一个名为 stores 的文件夹，随后在这里创建一个用于定义 stores 的 JavaScript 文件，并将其命名为 counter.js，代码如下。

```
01    import {defineStore} from 'pinia'
02
03    export const useCounterStore = defineStore('counter', {
```

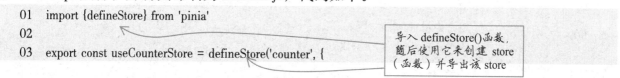

导入 defineStore()函数，随后使用它来创建 store（函数）并导出该 store

```
04      state: () => ({
05        count: 0
06      }),
07      getters: {
08        doubleCount(state) {
09          return state.count
10        }
11      },
12      actions: {
13        increment() {
14          this.count++
15        }
16      }
17    })
```

在 store 中定义 state、getters 和 actions 属性

上述代码用于定义一个 store，store 是一个用于保存状态和业务逻辑的实体，可以理解为存储数据的仓库或容器。第 1 行从 Pinia 中导入了 API 函数 defineStore()；第 3 行～第 17 行通过调用 defineStore() 函数创建了一个 store，所传入的第一个参数是字符串 'counter'，用来命名 store。defineStore() 函数的返回值是一个函数，将该返回值赋值给 useCounterStore 对象并通过 export 导出。可以在其他组件中引用 useCounterStore 对象，并用来创建和使用 store。

为 defineStore() 函数传入的第二个参数是一个选项对象，用于配置 store。该选项对象包含 state、getters 和 actions 属性。

第 4 行～第 6 行在选项对象中设置 state 属性，它相当于组件中的 data，其值为一个返回对象的函数，所返回对象中包含 count 属性，其初始值被设置为 0，表示应用的初始状态。

第 7 行～第 11 行在选项对象中设置 getters 属性，它相当于组件中的计算方法，其值为对象类型，可以在该对象中定义多个函数。本例中定义了一个 doubleCount() 函数，它接收 state 属性作为参数，对状态值 state.count 进行计算并返回计算结果。

第 12 行～第 16 行在选项对象中定义 actions 属性，它相当于组件中的 methods，其值是一个对象，可以在该对象中定义多个函数。本例中定义了一个 increment() 方法，通过 this.count 形式来引用和修改状态的值。

（4）编写根组件 src/App.vue，代码如下。

```
01    <script setup>
02    import {useCounterStore} from '@/stores/counter'
03
04    const store = useCounterStore()
05    </script>
06
07    <template>
08      <h3>Pinia 状态管理</h3>
09      <p>当前计数：{{store.count}}</p>
10      <p>计数倍数：{{store.doubleCount}}</p>
11      <button @click="store.increment">加 1</button>
12    </template>
```

从 counter.js 文件中导入 useCounterStore() 函数，并创建 store 对象

在组件模板中引用 store 对象中的 state、getters 和 actions 属性

在上述代码中,第 2 行在<script setup>代码块中导入了上一步中所导出的 useCounterStore()
函数;第 4 行使用这个函数创建了一个 store 并赋值给 store 变量;第 9 行在组件模板中以插
值表达式形式来使用 store.count,它是一个响应式属性;第 10 行以插值表达式形式引用
store.doubleCount,它是一个计算属性,会随着 store.count 属性的变化而更新;第 11 行将按钮
的 click 事件处理器绑定到 store.increment()方法上。

(5)运行项目,在浏览器中打开入口页面 index.html,当单击按钮时,当前计数及其倍数
会发生变化,运行结果如图 10.1 所示。

图 10.1　Pinia 状态管理

10.2　创建 store

store 是一个用于保存状态和业务逻辑的实体,它并不与应用中的组件树绑定。store 承载
了全局状态,它像一个永远存在的组件,每个组件都可以读取和写入它。store 有三个核心概
念,即 state、getter 和 action,相当于组件中的 data、computed 和 methods。

10.2.1　定义 store

一个 store 应该包含可以在整个应用中访问的数据,如显示在导航栏中的用户信息,需要
通过页面保存的数据,以及复杂的多步骤表单等。不过,应该避免在 store 中引入那些原本可
以在组件中保存的本地数据,如一个元素在页面中的可见性等。并非所有应用都需要访问全
局状态,但如果应用确实需要一个全局状态,则使用 Pinia 进行全局状态管理将使开发过程变
得更加轻松。

要使用 store 来管理应用状态需要进行以下步骤:首先通过调用 defineStore()函数来定义
store,这将返回一个用于创建和使用 store 的函数;然后在组件中导入该函数并创建 store 实例;
最后在组件模板中使用来自 store 实例的响应式属性、计算属性和相关方法。

在定义 store 之前,首先需要从 Pinia 中导入 defineStore()函数:

```
import {defineStore} from 'pinia'
```

然后调用 defineStore()函数来创建 store:

```
const useDemoStore = defineStore(id, storeSetup, options?)
```

其中,第一个参数为字符串类型,用于指定 store 的名称,这个名称在应用中必须是唯一
的,Pinia 将通过它来连接 store 和 Vue Devtools 插件;第二个参数可以接收 Setup()函数或选项

对象，用于指定 store 的各种配置选项。

    defineStore() 函数的返回值为 useStore() 函数，用于检索 store 的值。应将 defineStore() 函数的返回值赋予一个变量，虽然可以对该变量任意命名，但建议最好以 use 开头并以 Store 结尾，即采用 useXxxStore 形式，如 useUserStore、useCartStore、useProductStore 等，这样符合组合式函数风格的命名规范。

10.2.2　两种语法风格

    当定义 store 时，传入 defineStore() 函数的第一个参数总是一个字符串，而且是独一无二的 id，它用来命名 store；传入的第二个参数则有两种语法风格可供选择，即选项式语法和组合式语法，它们分别类似于 Vue 的选项式 API 和组合式 API。

1. 选项式语法

    与 Vue 的选项式 API 类似，当调用 defineStore() 函数时，对第二个参数可以传入一个选项对象，其中定义了 state、getters 和 actions 属性，可以认为 state 是 store 中的数据（data），getters 是 store 中的计算属性（computed），而 actions 则是 store 中的方法（methods）。

    在例 10.1 中，定义 store 时传入的第二个参数就是一个选项对象。

2. 组合式语法

    与 Vue 组合式 API 的 setup() 函数相似，调用 defineStore() 函数时，对第二个参数也可以传入一个箭头函数，在该函数中定义一些响应式属性和方法，并返回一个包含想暴露的属性和方法的对象。

    与选项式语法相比，组合式语法更具灵活性，因为在一个 store 内可以创建监听器并自由地使用任何组合式函数。至于定义 store 时选择哪种语法风格，要看个人的喜好，选择自己认为最舒服的风格即可。

    【例 10.2】本例用于说明如何使用组合式语法来定义 store。

    （1）在 D:\Vue3\chapter10 目录中创建 vue-project10-02 项目，安装 Pinia。

    （2）编写 store 定义文件 src/stores/couter.js，代码如下。

```
01  import {ref, computed} from 'vue'
02  import {defineStore} from 'pinia'
03
04  export const useCounterStore = defineStore('counter', () => {
05      const count = ref(0)
06      const doubleCount = computed(() => count.value * 2)
07      const increment = () => count.value++
08
09      return {count, doubleCount, increment}
10  })
```

> 此处传入 defineStore() 函数的第二个参数为箭头函数，其中定义了响应式属性、计算属性和函数

> 注意：最后必须在返回的对象中包含前面定义的响应式属性、计算属性和函数

    在上述代码中，第 1 行导入了 API 函数 ref() 和 computed()。第 2 行导入了 defineStore() 函数。第 4 行～第 12 行将 defineStore() 函数的返回值赋予 useCounterStore() 函数并导出。其中，第 4 行

传入的第一个参数是字符串 'counter'，用于指定 store 的 id；第 4 行～第 9 行传入的第二个参数是一个函数；第 5 行在该函数中定义了响应式属性 count，用于保存状态的值；第 6 行定义了计算属性 doubleCount，返回 count.value 值的两倍；第 7 行～第 9 行以箭头函数形式来定义increment()函数，通过 count.value 形式来访问和更新状态的值；第 11 行返回了一个对象，该对象包含了要暴露的响应式属性 count、计算属性 doubleCount 及用于更改状态值的函数increment()。

（3）编写根组件 src/App.vue，代码如下。

```
01   <script setup>
02   import {useCounterStore} from '@/stores/counter'
03
04   const store = useCounterStore()
05   </script>
06
07   <template>
08     <h3>Pinia 状态管理 – <small>Setup Store</small></h3>
09     <p>当前计数：{{store.count}}</p>
10     <p>计数倍数：{{store.doubleCount}}</p>
11     <button @click="store.increment">加 1</button>
12   </template>
```

上述代码与例 10.1 中的代码完全相同，这里不再赘述。

（4）运行项目，在浏览器中打开入口页面 index.html，当单击按钮时当前计数及其倍数会发生变化，运行结果如图 10.2 所示。

图 10.2　Setup Store 应用

10.2.3　使用 store

在定义一个 store 并导出 useXxxStore()函数后，即可在组件中导入该函数，之后在组件的<script setup>代码块中调用 useXxxStore()函数创建 store 实例并赋值给 store 变量。创建完成后就可以在组件内的任意位置访问 store 变量，这意味着可以通过 store.xxx 语法格式，直接访问在 store 的 state、getters和 actions 属性中定义的任何属性。

由于 store 是使用 reactive 包装的对象，所以使用 getters 时并不需要在后面添加.value。此外，不要试图解构 store 实例，因为一旦解构，它将会失去响应性。

为了在从 store 中提取属性时能够继续保持其响应性，需要使用 storeToRefs()函数传入store，这样会为每一个响应式属性创建引用。当只使用 store 的状态而不调用任何 action 时，这种处理方式对保持其响应性是很有用的。不过，由于 action 也被绑定到 store 上了，因此可以直接从 store 中进行解构。

【例 10.3】本例用于说明如何对 store 实例进行解构。

（1）在 D:\Vue3\chapter10 目录中创建 vue-project10-03 项目，安装 Pinia。

（2）编写 store 定义文件 src/stores/index.js，代码如下。

```
01    import {ref, computed} from 'vue'
02    import {defineStore} from 'pinia'
03
04    export const useCounterStore = defineStore('counter', () => {
05        const count = ref(0)
06        const doubleCount = computed(() => count.value * 2)
07        const increment = () => count.value++
08
09        return {count, doubleCount, increment}
10    })
```

> 使用组合式语法定义 store

上述代码与例 10.2 中的相同，但是现在文件名已经改为 index.js 了，所以在组件中的导入方式也会有所不同。

（3）编写根组件 src/App.vue，代码如下。

```
01    <script setup>
02    import {storeToRefs} from 'pinia'
03    import {useCounterStore} from '@/stores'
04
05    const store = useCounterStore()
06    const {count, doubleCount} = storeToRefs(store)
07    const {increment} = store
08
09    </script>
10
11    <template>
12        <h3>store 实例解构使用</h3>
13        <p>当前计数：{{count}}</p>
14        <p>计数倍数：{{doubleCount}}</p>
15        <button @click="increment">加 1</button>
16    </template>
```

> 在 import 语句中省略了 /index
>
> 使用 storeToRefs() 函数为 store 中的响应式属性创建引用并解构赋值，以保持其响应性
>
> 在组件模板中直接以变量形式来引用 store 中的 state、getter 和 action

在上述代码中，第 1 行从 Pinia 中导入了 API 函数 storeToRefs()；第 2 行从 store 定义文件中导入了 useCounterStore() 函数，后面写的是 '@/stores'，省略了文件名 index.js；第 5 行调用 useCounterStore() 函数创建了 store 实例并赋值给 store 变量；第 6 行使用 storeToRefs() 函数为 store 实例中的每个响应式属性创建引用，并解构赋值给变量 count 和 doubleCount；第 7 行直接对 store 实例解构并赋值给变量 increment。

第 13 行~第 15 行在组件模板中直接以变量形式来引用 store 中的 state、getter 和 action 属性，没有在名称前面冠以 store.。

（4）运行项目，在浏览器中打开入口页面 index.html，当单击按钮时，当前计数及其倍数会发生变化，运行结果如图 10.3 所示。

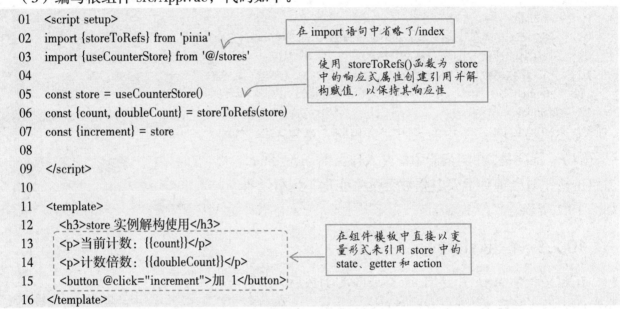

图 10.3　store 实例解构使用

10.3 管理 state

在大多数情况下，state 都是 store 的核心，通常需要先在应用中定义 state 来表示状态。在使用组合式语法定义 store 时，虽然不能在 store 中添加 state，但此时可以使用 ref()函数定义一些响应式属性，通过它们来描述应用的状态，这与使用 state 异曲同工。

10.3.1 定义 state

当使用选项式语法时，需要为 defineStore()函数再传入一个选项对象作为第二个参数。在该选项对象中，可以将 state 定义为一个返回初始状态对象的箭头函数。在这个初始状态对象中可以添加多个属性，它们可以是各种数据类型，但都是响应式属性。

如果使用组合式语法，则需要为 defineStore()函数传入一个箭头函数作为第二个参数。在这个箭头函数中，不再需要定义 state，而是使用 ref()函数来定义一些响应式属性以描述应用的状态。还需要返回一个包含这些属性的对象，以便向外暴露它们。这些属性的作用与使用选项式语法定义的 state 中的属性是一样的。

在默认情况下，可以在组件中通过 store 实例来访问 state，允许直接对其进行读写操作。也可以使用 storeToRefs()函数对 state 中的响应式属性创建引用，从而简化对这些属性的访问。当使用选项式语法时，可以通过调用 store 实例的$reset()方法将 state 重置为其初始值。

不过，如果使用组合式语法来定义 store，则不能使用$reset()方法。此时可以通过 Pinia 实例的 use()方法来添加这个功能。

【例 10.4】本例用于说明如何定义和使用 state。

（1）在 D:\Vue3\chapter10 目录中创建 vue-project10-04 项目，安装 Pinia。

（2）修改项目入口文件 src/main.js，代码如下。

```
01   import {createApp} from 'vue'
02   import {createPinia} from 'pinia'
03   import App from './App.vue'
04
05   const app = createApp(App)
06   const pinia = createPinia()
07
08   pinia.use(({store})=>{
09     const initialState = JSON.parse(JSON.stringify(store.$state));
10     store.$reset = ()=>{
11       store.$state = JSON.parse(JSON.stringify(initialState));     ← 为 store 添加$reset()方法
12     }
13   })
14
15   app.use(pinia)
16   app.mount('#app')
```

在上述代码中，第 6 行用于创建 Pinia 实例；第 8 行～第 13 行使用实例方法 use()为 store

添加了 $reset() 方法；第 9 行用于获取 store 的初始状态；第 10 行和第 11 行用于为 store 实例定义 $reset() 方法，其功能是将该实例重置为其初始状态。

（3）使用组合式语法编写 store 定义文件 src/stores/index.js，代码如下。

```
01    import {ref} from 'vue'
02    import {defineStore} from 'pinia'
03
04    export const useStore = defineStore('myStore', () => {
05        const count = ref(100)
06        const username = ref('张三')
07        const isAdmin = ref(true)
08        const fruits = ref(['苹果', '水蜜桃', '草莓'])
09        const book = ref({
10            id: 12345,
11            title: 'Vue.js 前端开发'
12        })
13
14        return {count, username, isAdmin, fruits, book}
15    })
```

定义一些响应式属性，并在返回的对象中包含这些属性

在上述代码中，第 1 行导入了 API 函数 ref()；第 2 行导入了 defineStore() 函数；第 4 行~第 15 行定义并导出了 useStore 函数()，在调用 defineStore() 函数时传入一个箭头函数作为第二个参数。其中，第 5 行~第 12 行使用 ref() 函数定义了一些响应式属性，它们的类型各不相同，有数字、字符串、数组及对象等，第 14 行返回了一个对象，该对象中包含要暴露的响应式属性。

（4）编写应用根组件 src/App.vue，代码如下。

```
01    <script setup>
02    import {storeToRefs} from 'pinia'
03    import {useStore} from '@/stores'
04
05    const store = useStore()
06    const {count, username, isAdmin, fruits, book} = storeToRefs(store)
07
08    const updateState = () => {
09        store.count += 10
10        store.username = '李四'
11        store.isAdmin = false
12        store.fruits.push('雪梨')
13        store.book.id = 67890
14    }
15    </script>
16
17    <template>
18        <h3>state 数据访问</h3>
19        <ul>
20            <li>count: {{count}}</li>
```

定义函数 updateState()，用于修改 store 中的各个响应式属性

```
21      <li>usrename: {{username}}</li>
22      <li>isAdmin: {{isAdmin}}</li>
23      <li>fruits: {{fruits}}</li>
24      <li>book: {{book}}</li>
25    </ul>
26    <p>
27      <button @click="updateState">更新状态</button> 
28      <button @click="store.$reset">重置状态</button>
29    </p>
30  </template>
```

> 将此按钮的 click 事件绑定到 updateState() 函数上

> 将此按钮的 click 事件绑定到 $reset 方法上

在上述代码中，第 2 行和第 3 行分别导入了 storeToRefs() 和 useStore() 函数；第 5 行调用了 useStore() 函数创建 store 实例；第 6 行调用了 storeToRefs() 函数为 store 中的各个响应式属性创建引用，并分别赋值给变量 count、username、isAdmin、fruits 和 book；第 8 行～第 14 行定义了函数 updateState()，用于修改来自 store 实例的属性；第 19 行～第 25 行通过一个无序列表显示了来自 store 实例的属性；第 27 行和第 28 行分别将两个按钮的 click 事件处理器绑定到 updateState() 和 store.$reset() 上。

（5）运行项目，在浏览器中打开入口页面 index.html，当单击"更新状态"按钮时会修改页面上显示的状态信息，当单击"重置状态"按钮时会重置这些状态信息，运行结果如图 10.4 和图 10.5 所示。

图 10.4　更新状态

图 10.5　重置状态

10.3.2　更改 state

在组件中创建 store 实例后，即可使用在 store 中定义的 state，可以读取和更改 state 中的各个属性。更改 state 可以通过以下 4 种方式来实现。

1. 使用 store 实例

在组件中，可以直接使用 store 实例来改变 state，这时数据仍将保持响应性。如 store.count++。但如果直接从 store 中解构数据，则将丢失其响应性。使用 storeToRefs() 函数可以保证解构出来的数据是具有响应性的。例如，在组件中首先执行 const {count} = storeToRefs(store) 语句，然后通过 count++ 方式来更改 state。

2. 使用 action

如果在定义 store 时创建了 action，则可以使用 action 来更改 state。例如，在定义 store 时创建一个名为 increment 的 action，用于实现 count 的自增。在组件中，可以通过 store.increment 来调用这个 action，也可以将按钮的 click 事件处理器绑定到 store.increment 上。

3. 使用$patch()方法

如果要在同一时间更改 state 中的多个属性，则可以使用 store 实例的$patch()方法来实现。$patch()方法对使用选项式语法或组合式语法定义的 store 都是适用的。当使用$patch()方法更改 state 时，可以为其传入一个对象，也可以为其传入一个函数。

1）传入对象

在使用$patch()方法时，可以通过传入一个状态的补丁对象来更改 state 中的多个属性。例如：

```
store.$patch({
    count: store.count + 1,
    age: 120,
    name: 'DIO',
})
```

不过，如果使用这种语法，有一些变更是很耗时或很难实现的，这是因为对集合的任何修改都需要创建一个新的集合。例如，向数组中添加元素，从数组中移除元素，或者对数组执行 splice 操作等。

2）传入函数

在使用$patch()方法时，可以传入一个函数，以组合那种难以用补丁对象实现的变更。例如：

```
store.$patch((state) => {
    state.items.push({name: 'shoes', quantity: 1})
    state.hasChanged = true
})
```

4. 使用$state 属性

也可以使用 store 实例的$state 属性来更改 state 中的多个属性。实际上，在使用$state 属性时，Pinia 实例在其内部是调用$patch()方法来完成相应操作的。例如：

```
store.$state = {
    count: 123,
    name: 'mary'
}
```

这样做不会替换整个 state，因为在内部是通过调用$patch()方法来实现的：

```
store.$patch({
    count: 123,
    name: 'mary'
})
```

实际上，此时只是更改了 store.count 和 store.name，state 中的其他属性并不会受到影响。如果执行 store.$state = {}语句，则不会更改 state 中的任何属性，而是将 state 设置为空对象。

【例 10.5】本例用于说明如何更改 store 中存储的状态。

（1）在 D:\Vue3\chapter10 目录中创建 vue-project10-05 项目，安装 Pinia。

（2）使用组合式语法编写 store 定义文件 src/stores/index.js，代码如下。

```
01    import {ref} from 'vue'
02    import {defineStore} from 'pinia'
03
04    export const useStore = defineStore('myStore', () => {
05      const count = ref(10)
06      const name = ref('张三')
07      const whether = ref(true)
08      const arr = ref([10, 20, 30])
09
10      return {count, name, whether, arr}
11    })
```

在上述代码中，第 4 行～第 11 行使用 defineStore()函数定义了 useStore()函数并将其导出。其中，第 5 行～第 8 行使用 ref()函数定义了响应式属性 count、name、whether 和 arr；第 10 行返回了一个包含这些属性的对象。

（3）编写应用根组件 src/App.vue，代码如下。

```
01    <script setup>
02    import {useStore} from '@/stores'
03
04    const store = useStore()          ┌─────────────────────┐
                                         │ 使用 store.$patch()方法来 │
05    const updateSate = () => {          │ 更改 state 中的各个属性    │
06      store.$patch((state) => {        └─────────────────────┘
07        state.count += 30
08        state.name = state.name === '张三' ? '李四' : '张三'
09        state.whether = !state.whether
10        state.arr.push(state.count)
11      })
12    }
13    </script>
14
15    <template>
16      <h3>更改 state</h3>
17      <ul>
18        <li>状态：{{store.$state}}</li>
19        <li>计数：{{store.count}}</li>
20        <li>姓名：{{store.name}}</li>
21        <li>是否：{{store.whether}}</li>
22        <li>数组：{{store.arr}}</li>
23      </ul>
24      <button @click="updateSate">更改状态</button>
25    </template>
```

在上述代码中，第 4 行调用 useStore()函数创建了 store 实例；第 5 行创建了 updateState()函数，它通过调用 store.$patch()方法来更改 state 中的各个属性；第 17 行～第 23 行在组件模板中添加了一个无序列表，用于显示 state 中各个属性的值，其中 store.$state 表示存储在状态中的所有数据。

（4）运行项目，在浏览器中打开入口页面，通过单击"更改状态"按钮来更改状态列表项中的数据，运行结果如图 10.6 和图 10.7 所示。

图 10.6　初始页面　　　　　　　　　图 10.7　更改后的状态

10.3.3　订阅 state

如前文所述，存储在 store 中的 state 可以通过各种不同的方式来更改。根据需要，还可以使用 store.$subscribe()方法来设置在 state 更改时调用的回调函数，语法格式如下。

```
const unsubscribe = store.$subscribe((mutation, state) => {
  // ...
}, {detached: true})
```

其中第一个参数为 state 更改时调用的回调函数；若将第二个参数 detached 设置为 true，则将订阅与调用它的上下文（通常是组件）分离，卸载组件时将继续保持状态监听，否则会在卸载组件时将状态监听函数自动清理。

在所设置的回调函数中，第二个参数 state 是对象类型，表示存储在 store 中的状态，也就是要监听的目标；第一个参数 mutation 也是对象类型，它具有以下属性。

- mutation.type：表示更改状态的操作类型，其值可以是 'direct'（通过 store 实例直接更改）、'patch object'（向$patch()方法传入一个补丁对象）或 'patch function'（向$patch()方法传入一个函数）。
- mutation.storeId：表示在定义 store 时设置的唯一 id。
- mutation.payload：只有当 mutation.type 的值为 'patch object' 时才可用，表示给 store.$patch()方法传递的补丁对象。

store.$subscribe()方法返回一个函数，可以用于删除所设置的回调函数。因此，调用该方法时应将其返回值赋予一个变量（如 unsubscribe），以便在需要时删除回调函数。例如：

```
unsubscribe()
```

【例 10.6】本例用于说明如何监听 state 的变化。

（1）在 D:\Vue3\chapter10 目录中创建 vue-project10-06 项目，安装 Pinia。

（2）使用组合式语法编写 store 定义文件 src/stores/index.js，代码如下。

```
01  import {ref} from 'vue'
02  import {defineStore} from 'pinia'
03
04  export const useCounterStore = defineStore('counter', () => {
05    const count = ref(0)
06    const increment = () => count.value++          定义响应式属性和函数，并
07                                                    在返回的对象中包含它们
08    return {count, increment}
09  })
```

在上述代码中,第4行~第9行使用 defineStore() 函数定义了 useCounterStore() 函数并导出;第5行使用 ref() 函数定义了响应式属性 count, 这相当于 store 中的 state; 第6行定义了函数 increment(), 用于更改 count 属性的值, 这相当于 store 中的 action。

（3）编写应用根组件 src/App.vue, 代码如下。

```
01  <script setup>
02  import {useCounterStore} from '@/stores'
03  import {ref} from "vue";
04
05  const id = ref('')
06  const type = ref('')
07  const payload = ref(null)
08
09  const store = useCounterStore()
10
11  const updateState1 = () => {
12    store.$patch({
13      count: store.count + 1
14    })
15  }
16  const updateState2 = () => {
17    store.$patch((state) => {
18      state.count++
19    })
20  }
21  store.$subscribe((mutation, state) => {
22    id.value = mutation.storeId
23    type.value = mutation.type
24    payload.value = mutation.payload
25  })
26  </script>
27
28  <template>
29    <h3 style="text-align: center">订阅 state - subscribe</h3>
30    <table width="500" align="center">
31      <tr>
32        <td>
33          <div id="counter">当前计数：{{store.count}}</div>
34          <p>
35            <button @click="store.count++">直接更改</button> 
36            <button @click="store.increment">action 更改</button>
37          </p>
38          <p><button @click="updateState1">$patch 更改 --- 传入对象</button></p>
39          <p><button @click="updateState2">$patch 更改 --- 传入函数</button></p>
40        </td>
41        <td valign="top">
42          <h4 style="margin-top: 20px;">存储状态监听</h4>
```

定义 updateState1()函数, 向 store.$patch()方法传入对象

定义 updateState2()函数, 向 store.$patch()方法传入函数

调用 store.$subscribe 设置在状态更改时触发的回调函数

在模板中添加了四个按钮, 以不同的方式更改状态

```
43              <ul style="margin-top: -15px;">
44                  <li>state: {{store.$state}}</li>
45                  <li v-if="id">storeId: {{id}}</li>
46                  <li v-if="type">type: {{type}}</li>
47                  <li v-if="payload">payload: {{payload}}</li>
48              </ul>
49          </td>
50      </tr>
51    </table>
52  </template>
53
54  <style scoped>
55  #counter {
56      width: 156px;
57      height: 36px;
58      line-height: 36px;
59      text-align: center;
60      border: 1px solid green;
61      font-weight: bold;
62  }
63  </style>
```

在上述代码中，第 5 行～第 7 行使用 ref()函数定义了响应式属性 id、type 和 payload；第 9 行调用 useCounterStore()函数创建了 store 实例；第 11 行～第 15 行定义了函数 updateState1()，通过调用 store.$patch()方法并传入对象来更改 store.count 的值；第 16 行～第 20 行定义了函数 updateState2()，通过调用 store.$patch()方法并传入函数来更改 state.count 的值；第 21 行～第 25 行调用 store.$subscribe 设置在状态更改时触发的回调函数，用获取的 mutation.storeId、mutation.type 和 mutation.payload 来设置响应式属性。

第 33 行在一个 div 元素中显示 state 的值{{store.count}}；第 35 行～第 36 行、第 38 行和第 39 行分别添加了一个按钮，并将它们的 click 事件处理器分别绑定到 store.count++（通过 store 更改）、store.increment（调用 action）、updateState1（调用$patch()方法并传入对象）及 updateState2（调用$patch()方法并传入函数）上；第 44 行～第 47 行通过一个无序列表来显示 store.$state 与响应式属性 id、type 和 payload 的值。

（4）运行项目，在浏览器中打开入口页面，分别单击页面上的四个按钮来更改存储状态，并观察 state、id、type 和 payload 属性值的变化，运行结果如图 10.8、图 10.9、图 10.10 和图 10.11 所示。

图 10.8　直接更改

图 10.9　action 更改

図 10.10　$patch 更改-传入对象　　　　図 10.11　$patch 更改-传入函数

10.4　管理 getter

如果说 state 相当于组件中的 data，那么 getter 就相当于组件中的 computed，它可以用来对 store 的 state 进行计算并返回计算结果。getter 依赖于 store 中的 state，当更改 state 时 getter 也将随之变化。

10.4.1　定义 getter

getter 是在 store 中定义的。定义 store 有两种风格，定义 getter 自然也有两种风格。定义 getter 时通常会用到 state，但有时也会用到同一个 store 中的其他 getter。

当使用选项式语法定义 getter 时，可以通过 defineStore() 函数中的 getters 属性来定义它们。推荐使用箭头函数，并接收 state 作为第一个参数。

如果使用组合式语法定义 getter，则应在 defineStore() 函数中使用 API 函数 computed() 来定义一些只读的响应式 ref 对象，它们通过.value 暴露 getter 方法的返回值。但务必要把它们包含在所返回的对象中。

当在 store 中定义 getter 时，getter 通常仅依赖 state，但有时它们也可能会使用其他 getter。与 computed 一样，也可以组合多个 getter。

当使用选项式语法时，可以通过 this 来访问同一个 store 中的任何其他 getter，但此时不可以使用箭头函数。如果使用组合式语法，则应在使用 computed() 函数创建 getter 时，通过"变量名.value"的形式来访问同一个 store 中的其他 getter，如同访问 store 中的 state 一样。

【例 10.7】本例用于说明如何定义 getter，以及访问其他 getter。

（1）在 D:\Vue3\chapter10 目录中创建 vue-project10-07 项目，安装 Pinia。

（2）使用组合式语法编写 store 定义文件 src/stores/index.js，代码如下。

```
01    import {ref, computed} from 'vue'
02    import {defineStore} from 'pinia'
03
04    export const useCounterStore = defineStore('counter', () => {
05        const count = ref(0)
06        const doubleCount = computed(() => count.value * 2)
```

```
07      const doubleCountPlusOne = computed(() => doubleCount.value + 1)
08      const increment = () => count.value++
09
10      return {count, doubleCount, doubleCountPlusOne, increment}
11   })
```

在定义 getter 时访问其他 getter

在上述代码中，第 4 行~第 11 行创建并导出了 useCounterStore() 函数。其中，第 5 行使用 ref() 函数定义了响应式属性 count，它的作用相当于 store 中的 state；第 6 行使用 computed() 函数定义了只读的响应式对象 doubleCount，它以 count.value 形式访问了 store 中的 state，它的作用相当于 store 中的 getter；第 7 行使用 computed() 函数定义了另一个只读的响应式对象 doubleCountPlusOne，它本身也是一个 getter，但它以 doubleCount.value 形式访问了同一个 store 中的其他 getter。

（3）编写应用根组件 src/App.vue，代码如下。

```
01   <script setup>
02   import {useCounterStore} from '@/stores'
03
04   const store = useCounterStore()
05   </script>
06
07   <template>
08     <h3>定义 getters</h3>
09     <ul>
10       <li>state：{{store.count}}</li>
11       <li>doubleCount：{{store.doubleCount}}</li>
12       <li>doubleCountPlusOne：{{store.doubleCountPlusOne}}</li>
13     </ul>
14     <button @click="store.increment">更改状态</button>
15   </template>
```

在上述代码中，第 4 行调用所导入的 useCounterStore() 函数创建了 store 实例；第 10 行在列表项中展示了 store 中的 state 值；第 12 行和第 13 行在列表项中分别显示了 store 中的两个 getter 值；第 14 行将按钮的 click 事件处理器绑定到 store 的 action 上。

（4）运行项目，在浏览器中打开入口页面，当单击"更改状态"按钮更改 state 值时，两个 getter 值也会随之发生变化，如图 10.12 所示。

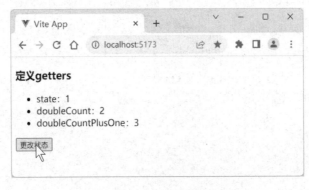

图 10.12　定义 getters

10.4.2　访问 getter

在定义 getter 时，如果要访问来自其他 store 的 getter，则应首先导入其他 store 的定义文件，然后创建该 store 的实例，接着就可以在当前 getter 内使用来自该 store 的 getter。如果要在组件中使用 getter，则应首先创建 store 实例，然后就可以直接访问该 store 实例上的 getter。

【例 10.8】本例用于说明如何访问来自其他 store 中的 getter。

（1）在 D:\Vue3\chapter10 目录中创建 vue-project10-08 项目，安装 Pinia。

（2）编写 store 定义文件 src/stores/items.js，代码如下。

```
01   import {defineStore} from 'pinia'
02   import {computed, ref} from 'vue'
03
04   export const useItemsStore = defineStore('items', () => {
05     const items = ref([1, 2, 3])
06     const sum = computed(() => {
07       let total = 0
08       for (let i = 0; i < items.value.length; i++) {
09         total += items.value[i]
10       }
11       return total
12     })
13
14     const addItem = () => {
15       items.value.push(sum.value)
16     }
17     return {items, sum, addItem}
18   })
```

定义只读的响应式对象 sum，相当于 store 中的 getter

在上述代码中，第 4 行～第 18 行创建并导出了 useItemsStore()函数。其中，第 5 行使用 ref()函数定义了响应式属性 items，它相当于当前 store 中的 state；第 6 行～第 12 行使用 computed()函数定义了只读的响应式对象 sum，用于计算 items 属性中各项的和，它相当于当前 store 中的 getter；第 14 行～第 16 行定义了函数 addItem()，用于向 items 属性中添加新元素，它相当于当前 store 中的 action；第 17 行返回了一个包含 items、sum 和 addItem 的对象。

（3）编写 store 定义文件 src/stores/index.js，代码如下。

```
01   import {ref, computed} from 'vue'
02   import {defineStore, storeToRefs} from 'pinia'
03   import {useItemsStore} from '@/stores/items'
04
05   export const useCounterStore = defineStore('counter', () => {
06     const count = ref(0)
07     const doubleCount = computed(() => count.value * 2)
08     const increment = () => count.value++
09
10     const itemsStore = useItemsStore()
11     const {items, sum} = storeToRefs(itemsStore)
```

通过创建响应式引用和解构赋值获取来自 itemsStore 实例的 getter

```
12      const addItem = itemsStore.addItem
13
14      return {count, doubleCount, increment, items, sum, addItem}
15    })
```

在上述代码中，第 3 行从上一步编写的 store 定义文件中导入了 useItemsStore() 函数。第 5 行~第 15 行创建并导出了 useCounterStore() 函数。其中，第 6 行使用 ref() 函数定义了响应式属性 count，它相当于当前 store 中的 state；第 7 行使用 computed() 函数定义了只读的响应式对象 doubleCount，它相当于当前 store 中的 getter；第 8 行定义了函数 increment()，它相当于当前 store 中的 action。

第 10 行调用所导入的 useItemsStore() 函数创建了 itemsStore 实例；第 11 行使用 storeToRefs() 函数对 itemsStore 实例中的响应式对象创建引用，并解构赋值给 itmes 属性和 sum 对象；第 12 行直接将 itemsStore.addItem 赋值给本地变量 addItem；第 14 行返回了一个包含要向外暴露的 count、doubleCount、increment、items、sum 和 addItem 的对象。

（4）编写应用根组件 src/App.vue，代码如下。

```
01    <script setup>
02    import {useCounterStore} from "@/stores";
03
04    const store = useCounterStore()
05    </script>
06
07    <template>
08      <h3>访问 getters</h3>
09      <ul>
10        <li>state -- 当前计数：{{store.count}}</li>
11        <li>getter - 计数倍数：{{store.doubleCount}}</li>
12        <li>state -- 元素列表：{{store.items}}</li>
13        <li>getter - 元素求和：{{store.sum}}</li>
14      </ul>
15      <p>
16        <button @click="store.increment">计数加 1</button> 
17        <button @click="store.addItem">添加元素</button>
18      </p>
19    </template>
```

在上述代码中，第 4 行调用了所导入的 useCounterStore() 函数创建 store 实例；第 10 行~第 13 行通过无序列表中的列表项来显示来自 store 的 state 和 getter；第 16 行和第 17 行将两个按钮的 click 事件处理器分别绑定到来自 store 的 action 上，即 store.increment 和 store.addItem。

（5）运行项目，在浏览器中打开入口页面，分别单击两个按钮，并观察 state 和 getter 的变化，如图 10.13 和图 10.14 所示。

图 10.13　更改计数　　　　　　　　　　　图 10.14　添加元素

10.4.3　向 getter 传递参数

getter 实际上是一个计算属性，所以不能向其传递任何参数。不过，可以从 getter 返回一个函数，这个函数是可以接收任意参数的。在这种情况下，getter 将不再被缓存，而只是一个被调用的函数。

【例 10.9】本例用于说明如何向 getter 传递参数。

（1）在 D:\Vue3\chapter10 目录中创建 vue-project10-09 项目，安装 Pinia。

（2）编写 store 定义文件 src/stores/index.js，代码如下。

```
01    import {ref, computed} from 'vue'
02    import {defineStore} from 'pinia'
03
04    export const useUserListStore = defineStore('user', () => {
05        const users = ref([
06            {userId: 1, username: '张三', age: 19},
07            {userId: 2, username: '李四', age: 18},
08            {userId: 3, username: '刘五', age: 17}
09        ])
10
11        const getUserById = computed(() =>
12            (userId) => users.value.find((user) => user.userId === userId)
13        )
14        return {users, getUserById}
15    })
```

在定义 getter 时返回一个函数，根据传入的 id 来查找用户

在上述代码中，第 4 行～第 15 行定义并导出了函数 useUserListStore()。其中，第 5 行～第 9 行使用 ref() 函数定义了响应式属性 users，这是一个对象数组，用作 store 中的 state；第 11 行～第 13 行创建了一个只读的响应式对象，用作 store 中的 getter，从该 getter 返回一个可以接收参数的函数，根据指定的用户 ID 返回相应的用户；第 14 行返回了一个对象，其中包含属性 users 和 getUserById。

（3）编写应用根组件 src/App.vue，代码如下。

```
01    <script setup>
02    import {useUserListStore} from '@/stores'
```

```
03    import {ref} from 'vue'
04
05    const store = useUserListStore()
06    const userId = ref(1)
07    </script>
08
09    <template>
10      <h3>向 getter 传递参数</h3>           引用 getter 并传递参数
11      <label for="userId">用户 ID: </label>
12      <input id="userId" type="number" min="1" v-model="userId">
13      <h4 v-if="store.getUserById(userId) !== undefined">
14        <span>userId: {{store.getUserById(userId),userId}</span>
15        <span>username: {{store.getUserById(userId).username}}</span>
16        <span>age: {{store.getUserById(userId).age }}</span>
17      </h4>
18      <h4 v-else>查无此人! </h4>
19      <ul>
20        <li v-for="user in store.users">
21          <span v-for="(v, k) in user">{{k}}: {{v}}</span>
22        </li>
23      </ul>
24    </template>
25
26    <style scoped>
27    span:not(:last-of-type) {
28      margin-right: 1rem;
29    }
30    </style>
```

在上述代码中,第 5 行使用导入的 useUserListStore()函数创建了 store 实例;第 6 行使用 ref()函数定义了响应式属性 userId。

第 12 行将数字输入框绑定到 userId 属性上;第 13 行~第 17 行用于显示 getter 的计算结果,这个 getter 通过 store.getUserById()形式来引用,并传入 userId 属性作为参数。这个 getter 的返回值是一个用户对象,可以从中取出 userId、username 和 age 属性的值。

如果输入用户 ID 时未找到相应的用户,则 store.getUserById()方法将返回 undefined。因此分别在第 13 行和第 18 行使用了 v-if 和 v-else 指令,这样就可以根据不同的查找结果来显示不同的内容。

第 19 行~第 23 行使用嵌套的 v-for 指令,通过一个无序列表来显示 store.users 包含的用户信息;第 26 行~第 30 行设置了模板中 span 元素的右边距属性。

(4)运行项目,在浏览器中打开入口页面,在输入框中输入不同的用户 ID,并观察查找结果,如图 10.15 和图 10.16 所示。

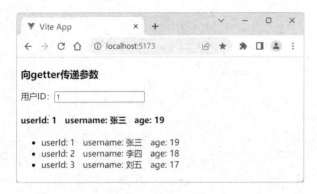

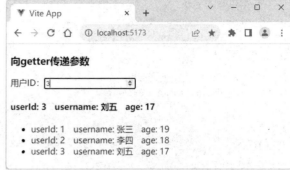

图 10.15　初始页面　　　　　　　图 10.16　输入不同的用户 ID

10.5　管理 action

action 是 store 中的三个组成部分之一，它相当于组件中的 method，可以用来对存储在 store 中的 state 进行处理，是定义业务逻辑的完美选择。

10.5.1　定义 action

action 是在 store 中定义的。当使用选项式语法时，可以通过 defineStore() 函数中的 actions 属性来定义一个或多个 action，它们可以通过 this 来访问整个 store 实例；当使用组合式语法时，可以直接在 defineStore() 函数中定义一些函数并导出它们，这些导出函数可以用作 action。action 的两种定义方式是完全等价的，它们在 Vue Devtools 中的表现也是完全一致的。

定义 action 时，可以自由地设置参数并返回结果。action 可以是同步的，也可以是异步的，可以在 action 中通过 await 来调用任何 API 函数，也可以调用同一个 store 中的其他 action，或者调用其他 store 中的 action。定义好 action 后，就可以像使用函数或通常意义上的方法一样来调用它们。

【例 10.10】本例用于说明如何定义和使用 action。

（1）在 D:\Vue3\chapter10 目录中创建 vue-project10-10 项目，安装 Pinia。

（2）使用选项式语法编写 store 定义文件 src/stores/user.js，代码如下。

```
01   import {defineStore} from 'pinia'
02
03   export const useUserStore = defineStore('user', {
04     state: () => ({
05       username: '',
06       password: ''
07     }),
08     getters: {
09       isAuthenticated(state) {
10         return state.username === 'admin' && state.password === '123456'
11       }
12     },
```

```
13    actions: {
14      setUsername(username) {
15        this.username = username
16      },
17      setPassword(password) {
18        this.password = password
19      }
20    }
21  })
```

在 actions 属性中定义了两个带参数的 action

在上述代码中，第 4 行～第 7 行在 state 中定义了数据属性 username 和 password；第 8 行～第 12 行在 getters 中定义了 isAuthenticated()方法，该方法是一个带有参数的 getter，这个 getter 基于 username 和 password 属性返回一个认证结果；第 13 行～第 20 行在 actions 中定义了 setUsername()和 setPassword()方法，它们都是带有参数的 action，可以根据传入的参数来设置 state 中的 username 和 password 属性。

（3）使用组合式语法编写 store 定义文件 src/stores/index.js，代码如下。

```
01  import {ref, computed} from 'vue'
02  import {defineStore, storeToRefs} from 'pinia'
03  import {useUserStore} from '@/stores/user'
04
05  export const useMainStore = defineStore('main', () => {
06    const count = ref(0)
07    const doubleCount = computed(() => count.value * 2)
08    const increment = (step) => count.value += step
09
10    const userStore = useUserStore()
11    const {username, password, isAuthenticated} = storeToRefs(userStore)
12    const {setUsername, setPassword} = userStore
13
14    return {count, doubleCount, increment, username,
15      password, isAuthenticated, setUsername, setPassword}
16  })
```

在 store 中导入其他 store

解构赋值其他 store 中的 state、getter 和 action

在上述代码中，第 3 行导入了上一步编写的 useUserStore()函数。第 5 行～第 16 行创建并导出了 useMainStore()函数。其中，第 6 行使用 ref()函数定义了响应式属性 count，用作 store 中的 state；第 7 行使用 computed()函数定义了一个只读的响应对象 doubleCount，用作 store 中的 getter；第 8 行定义了一个带参数的 increment()函数，用作 store 中的 action；第 10 行调用导入的 useUserStore()函数创建了 userStore 实例；第 11 行将该实例传入 storeToRefs()函数中创建响应式属性的引用，并赋值给相应变量；第 12 行直接对 userStore 实例解构，以获取两个 action；第 14 行和第 15 行返回了一个包含所有要暴露的属性对象。

（4）编写应用根组件 src/App.vue，代码如下。

```
01  <script setup>
02  import {useMainStore} from '@/stores'
03  import {ref} from "vue";
04
```

```
05    const store = useMainStore()
06    const step = ref(1)
07    const username = ref('')
08    const password = ref('')
09    const auth = () => {
10      store.setUsername(username.value)
11      store.setPassword(password.value)
12    }
13  </script>
14
15  <template>
16    <h3>定义和使用 action</h3>
17    <table width="500">
18      <tr>
19        <td valign="top">
20          <div>步长：<input type="number" v-model="step"></div>
21          <div>当前计数：{{store.count}}</div>
22          <div>计数倍数：{{store.doubleCount}}</div>
23          <p><button @click="store.increment(step)">增加计数</button></p>
24        </td>
25        <td>
26          <label for="username">用户名：</label>
27          <input id="username" type="text" v-model="username"><br>
28          <label for="password">密　码：</label>
29          <input id="password" type="password" v-model="password"><br>
30          <button @click="auth" style="margin-left: 4rem;">提交</button>
31          <p>用户{{store.username}}{{store.isAuthenticated ? '已' : '未'}}认证。</p>
32        </td>
33      </tr>
34    </table>
35  </template>
36
37  <style scoped>
38  input {
39    width: 4rem;
40  }
41  </style>
```

在上述代码中，第 5 行调用导入的 useMainStore()函数创建了 store 实例；第 6 行～第 8 行使用 ref()函数定义了响应式属性 step、username 和 password；第 9 行～第 12 行定义了函数 auth()，其中调用了 store 中的两个 action 并传入参数。

第 20 行将数字输入框绑定到 step 属性上；第 21 行和第 22 行用于展示 store 中的 state 和 getter；第 23 行将"增加计数"按钮的 click 事件处理器绑定到 store 中的 action 上，并为其传入参数；第 27 行～第 29 行分别将文本框和密码框绑定到 username 和 password 属性上；第 30 行将"提交"按钮的 click 事件处理器绑定到 auth()方法上；第 31 行基于 store 中的 state 和 getter

来显示用户的认证状态。

（5）运行项目，在浏览器中打开入口页面，分别对左边的计数器和右边的用户认证功能进行测试，结果如图 10.17 和图 10.18 所示。

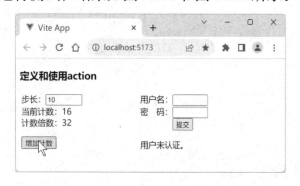

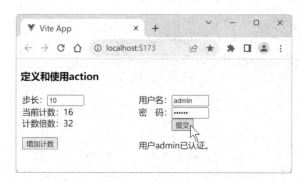

图 10.17　测试计数器功能　　　　　　图 10.18　测试用户认证功能

10.5.2　订阅 action

通过调用 store.$onAction()方法可以监听 action 及其操作结果，语法格式如下。

```
const unsubscribe = store.$onAction(({name, store, args, after, onError}) => {
  // ...
}, detached)
```

其中第一个参数是一个回调函数，它会在 action 被调用之前执行。该回调函数接收以下 5 个参数：name 表示被监听到的 action 的名称；store 表示被调用的 store 实例；args 表示传递给 action 的参数数组；after 表示在 action 返回或解构后的钩子；onError 表示 action 抛出或拒绝的钩子。这些钩子对于追踪运行时错误是非常有用的。

第二个参数 detached 是可选参数，其值为布尔类型，默认值为 false，这意味着当所绑定的组件被卸载时，action 订阅器将被自动删除。如果默认值为 true，则会将 action 订阅器从当前组件中分离出来，这样在组件卸载后依旧会保留这些订阅器。

调用 store.$onAction()方法时将返回一个函数，应将该函数赋予一个变量（如 unsubscribe）。如果稍后需要删除 action 订阅器，那么调用返回的这个函数即可。例如：

```
unsubscribe()
```

【例 10.11】本例用于说明如何监听 action 及其操作结果。

（1）在 D:\Vue3\chapter10 目录中创建 vue-project10-11 项目，安装 Axios 和 Pinia。

（2）使用组合式语法编写 store 定义文件 src/stores/index.js，代码如下。

```
01   import {defineStore} from 'pinia'
02   import axios from 'axios'
03
04   export const useStore = defineStore('main', () => {
05     const request = (url, method) => axios({url, method})
06     return {request}
07   })
```

> 在 store 中定义 request()函数用作 action，并返回包含该函数的对象

在上述代码中，第 4 行~第 7 行定义并导出了函数 useStore()。其中，第 5 行定义了函数

request()并将其用作 action，它接收参数 url 和 method，并通过调用 Axios 构造方法以 method 指定的方法向参数 url 指定的地址发起请求，返回一个 Promise 对象；第 6 行返回了一个包含 request 的对象。

（3）编写应用根组件 src/App.vue，代码如下。

```
01   <script setup>
02   import {useCounterStore} from '/stores'
03
04   const url1 = 'http://httpbin.org/deny'
05   const url2 = 'http://httpbin.org/get'           通过调用 store.$onAction()方
06   const store = useStore()                         法监听 action 及其操作结果
07
08   const unsubscribe = store.$onAction(({name, store, args, after, onError}) => {
09     const startTime = Date.now()
10     console.log(`启动 action "${name}"`)
11     console.log(`传入参数 [${args.join(', ')}]`)
12
13     after((result) => {
14       console.log(`"${name}"于${Date.now() - startTime}毫秒后结束 `)
15       console.log(`结果: ${result.data}`)
16     })
17     onError((error) => {
18       console.warn(`action "${name}"于${Date.now() - startTime}毫秒后结束`)
19       console.warn(`错误: ${error}`)
20     })
21   })
22   </script>
23
24   <template>                  通过单击按钮来调用 action
25     <h3 style="margin-bottom: 60px;">订阅 action</h3>
26     <p><button @click="store.request(url1,'get')">执行动作 1</button></p>
27     <p><button @click="store.request(url2,'post')">执行动作 2</button></p>
28   </template>
```

在上述代码中，第 4 行和第 5 行定义了变量 url1 和 url2，它们分别给出了一个网址。第 6 行调用 useStore()函数创建了 store 实例。第 8 行～第 21 行调用 store.$onAction()方法对 action 及其操作结果进行监听，其中第 10 行和第 11 行用于在控制台中输出启动的 action 的名称及传入的参数；第 13 行～第 16 行创建了 after 钩子，在控制台中输出 action 的结束时间及网络请求的结果；第 17 行～第 20 行了创建 onError 钩子，在控制台中输出 action 的结束时间及出现的错误信息。第 26 行～第 27 行将两个按钮的 click 事件处理器分别绑定到 store.request（即 action）上，并传入了不同的参数。

（4）运行项目，在浏览器中打开入口页面，分别通过单击两个按钮来对 action 订阅进行测试，结果如图 10.19 和图 10.20 所示。

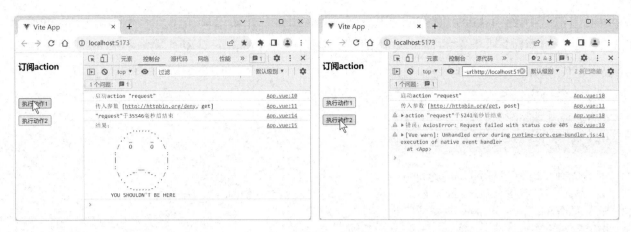

图 10.19　执行 after 钩子　　　　　　　图 10.20　执行 onError 钩子

10.6　Pinia 持久化存储

默认情况下，在浏览器中刷新页面时，存储在 Pinia store 中的应用状态将被恢复为其初始值。如果希望刷新页面时保留应用状态，则可以通过 Pinia 的持久化插件 pinia-plugin-persistedstate 来实现。

10.6.1　安装持久化插件

pinia-plugin-persistedstate 插件旨在通过一致的 API 为项目中的 Pinia store 提供持久性。在使用该插件前，首先需要安装它，可以使用 npm 包管理工具来安装该插件：

```
npm i pinia-plugin-persistedstate
```

在安装完成后，还需要将该插件添加到 Pinia 实例中，代码如下。

```
import {createApp} from 'vue'
import {createPinia} from 'pinia'
import App from './App.vue'
import piniaPluginPersistedstate from 'pinia-plugin-persistedstate'

const app = createApp(App)
const pinia = createPinia()
pinia.use(piniaPluginPersistedstate)
app.use(pinia).mount('#app')
```

至此，pinia-plugin-persistedstate 插件已经集成到 Vue 项目中了。

10.6.2　实现持久化存储

pinia-plugin-persistedstate 插件安装成功后，在使用 defineStore()函数定义 store 时，除了原本的两个参数，还可以传入第三个参数，通过设置这个新的参数即可实现持久化存储。该参数的设置方式取决于定义 store 时使用了何种语法风格。

1. 使用选项式语法

使用选项式语法定义 store 并开启持久化存储的示例代码如下。

```
import {defineStore} from 'pinia'

export const useStore = defineStore('main', {
  state: () => {
    return {
      someState: 'hello pinia',
    }
  },
  persist: true
})
```

2. 使用组合式语法

使用组合式语法定义 store 并开启持久化存储的示例代码如下。

```
import {defineStore} from 'pinia'

export const useStore = defineStore(
  'main',
  () => {
    const someState = ref('hello pinia')
    return {someState}
  },
  {
    persist: true
  },
)
```

10.6.3　配置持久化存储

在定义 store 时，将 persist 选项设置为布尔值 true 即可开启持久化存储。若要对持久化存储进行更多配置，则应将 persist 选项设置为包含一些键值对的对象。下面介绍两个常见的配置选项。

1. 设置存储持久状态的位置

在配置 persist 选项时，可以通过 storage 属性来指定存储持久状态的位置，其取值为 sessionStorage 或 localStorage，默认值为 localStorage，表示可以跨浏览器窗口和选项卡共享数据。

在下面的示例中，将 storage 属性值更改为 sessionStorage。

```
import {defineStore} from 'pinia'

export const useStore = defineStore('store', {
  state: () => ({
    someState: 'hello pinia',
  }),
```

```
    persist: {
        storage: sessionStorage
    },
})
```

在上述示例中，所定义的 store 将保留在 sessionStorage 中。此时，存储的数据将独立于选项卡和窗口。如果同时打开了两个选项卡，并在其中一个选项卡中更新了数据，则在其他选项卡和窗口中并不会反映出来。

2. 设置哪些数据需要持久化存储

在默认情况下，整个状态都会被持久化存储。如果只想保留部分数据，则可以在配置 persist 选项时设置 paths 属性。该属性的取值是一个字符串数组，默认值为 undefined，表示保留整个状态。[]表示不保留任何状态，若要保留部分数据，则将相应的字段名添加到数组中即可，如['a', 'b.c']。

在下面的示例中说明如何设置 paths 属性。

```
import {defineStore} from 'pinia'

export const useStore = defineStore('store', {
    state: () => ({
        save: {
            me: 'saved',
            notMe: 'not-saved',
        },
        saveMeToo: 'saved',
    }),
    persist: {
        paths: ['save.me', 'saveMeToo'],
    },
})
```

在上述示例中，只有 save.me 和 saveMeToo 会被持久化存储，save.notMe 则不会。

【例 10.12】本例用于说明如何实现 Pinia 持久化存储。

（1）在 D:\Vue3\chapter10 目录中创建 vue-project10-12 项目，安装 Pinia 和 pinia-plugin-persistedstate 插件。

（2）修改入口文件 src/main.js，代码如下。

```
01   import {createApp} from 'vue'
02   import {createPinia} from 'pinia'
03   import App from './App.vue'
04   import piniaPluginPersistedstate from 'pinia-plugin-persistedstate'
05
06   const app = createApp(App)
07   const pinia = createPinia()
08   pinia.use(piniaPluginPersistedstate)
09   app.use(pinia).mount('#app')
```

在上述代码中，第 1 行～第 4 行导入了函数 createApp()和 createPinia()、根组件 App.vue 及

函数 piniaPluginPersistedstate()；第 6 行和第 7 行分别用于创建应用实例和 Pinia 实例；第 8 行在 Pinia 实例中添加了 piniaPluginPersistedstate()函数；第 9 行加载 Pinia 实例并挂载应用实例。

（3）编写 store 定义文件 src/stores/index.js，代码如下。

```
01  import {ref} from 'vue'
02  import {defineStore} from 'pinia'
03
04  export const useUserStore = defineStore('userStore', () => {
05      const user = ref({
06          username: '张三',
07          password: '123456',            ←  定义用于保存用户状态
08          gender: '男'                       的 state 响应式对象
09      })
10
11      const updateUsername = () => {
12          user.value.username = '李四'
13      }
14
15      const updatePassword = () => {
16          user.value.password = 'abcdef'   ←  定义用于修改用户状态
17      }                                       的 action 方法
18
19      const updateGender = () => {
20          user.value.gender = '女'
21      }
22
23      return {user, updateUsername, updatePassword, updateGender}
24  },
25  {
26      persist: {
27          key: 'user',
28          storage: localStorage,          ←  Pinia 持久化存储选项配置
29          paths: ['user.username', 'user.gender']
30      }
31  })
```

在上述代码中，第 4 行～第 31 行通过调用 defineStore()函数来创建 store，将其赋值给 useUserStore 并导出。其中，向 defineStore()函数传递了三个参数，第一个参数为字符串 'userStore'，用于指定 store 的 id；第二个参数是一个箭头函数（storeSetup），在该函数中定义了一个响应式对象 user，这是在 store 中存储的用户状态信息，此外还定义了用于修改用户状态信息的三个函数，即 updateUsername()、updatePassword()和 updateGender()。第 23 行返回了一个包含响应式对象和这三个函数的对象。第 25 行～第 31 行传入了第三个参数，该参数为对象类型，用于设置持久化存储选项 persist，其中 key 属性指定了用于引用 storage 属性中存储的反序列化数据的键值（可以用于 getItem()和 setItem()方法），如果不对其进行设置，则默认为 store 的 id，即传入 defineStore()函数的首参数（字符串'userStore'）；storage 属性指定了存储持久化数据的位置，这里设置为 localStorage；paths 属性用于指定要对哪些数据进行持久化

存储，这里指定了 user.username 和 user.gender，但未指定 user.password。

（4）修改根组件 src/App.vue，代码如下。

```
01   <script setup>
02   import {useUserStore} from "@/stores";
03   import {storeToRefs} from "pinia";
04
05   const store = useUserStore()
06
07   const {user} = storeToRefs(store)              ← 从 store 中获取数据和函数
08   const {updateUsername} = store
09   const {updatePassword} = store
10   const {updateGender} = store
11   const refresh = () => {
12     location.reload()                           清除存储在 localStorage 中
13   }                                             的持久化存储数据
14   const clear = () => {
15     window.localStorage.clear()
16     location.reload()
17   }
18   </script>
19
20   <template>
21     <h3>用户信息</h3>
22     <ul>
23       <li v-for="(v, k) in user">{{k}}: {{v}}</li>
24     </ul>
25     <p>
26       <button @click="updateUsername">修改用户名</button> 
27       <button @click="updatePassword">修改密码</button> 
28       <button @click="updateGender">修改性别</button>
29     </p>
30     <p>
31       <button @click="refresh">刷新页面</button>         将这些按钮的 click
32       <button @click="clear">清除存储</button>               事件处理器绑定到
33     </p>                                                    action 方法上
34   </template>
```

在上述代码中，第 7 行在 store 中创建响应式对象引用并进行解构赋值，以获取存储的 user 对象的 state 信息；第 8 行～第 10 行通过对 store 解构赋值获得 store 中的三个 action 方法；第 11 行～第 13 行定义了函数 refresh()，用于刷新当前页面；第 14 行～第 17 行定义了函数 clear()，用于清除持久化存储的数据并刷新页面。

第 22 行～第 24 行在组件模板中创建了一个无序列表，并通过 v-for 指令来遍历 user 对象，生成包含用户状态信息的各个列表项；第 26 行～第 28 行及第 31 行和第 32 行用于创建一些按钮，并将这些按钮的 click 事件处理器分别绑定到 store 中的 action 方法及当前组件中定义的函数上。

（5）运行项目，在浏览器中打开入口页面，此时将看到 store 中的初始状态信息，如图 10.21 所示；首先依次单击"修改用户名"、"修改密码"和"修改性别"按钮，此时可以看到状态信息发生了变化，如图 10.22 所示；然后单击"刷新页面"按钮，此时可以看到用户名和性别保持修改后的值，但密码恢复为初始状态，如图 10.23 所示；最后单击"清除存储"按钮，此时可以看到所有信息均恢复为初始状态，如图 10.24 所示。

图 10.21 初始状态信息

图 10.22 修改状态信息

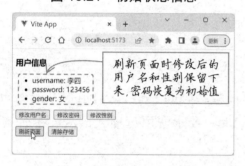

图 10.23 密码恢复为初始状态

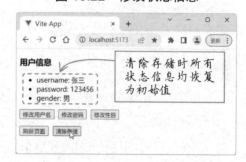

图 10.24 清除持久化存储数据

习题 10

一、填空题

1. 使用包管理器 npm 安装 Pinia 的命令是_____。
2. 使用 store 实例的_____属性可以更改 state 中的多个属性。
3. 使用 store._____方法可以设置在状态更改时触发的回调函数。
4. 使用 store._____方法可以监听 action 及其操作结果。
5. Pinia 持久化存储可以通过_____插件来实现。

二、判断题

1. store 中的 getter 相当于组件中的 data。 （ ）
2. 解构 store 实例后仍将保持其响应性。 （ ）
3. action 可以直接从 store 中解构。 （ ）
4. 使用组合式语法定义 store 时，可以使用$reset()方法将 state 重置为其初始值。 （ ）
5. 在配置持久化存储时，storage 属性的默认值为 sessionStorage。 （ ）

三、选择题

1. store 中的（　　　）相当于组件中的 methods。

    A．state   B．getter   C．action   D．mutations

2. 在下列关于 getter 的叙述中，错误的是（　　　）。

    A．从 getter 返回的函数可以接收任意参数

    B．使用选项式语法时可以通过 getters 来定义它们

    C．使用组合式语法时可以使用 computed() 函数来定义它们

    D．无论使用何种语法都可以通过 this 来访问同一 store 中的其他任何 getter

四、简答题

1. 简述如何在 Vue 单页应用中集成 Pinia。

2. 简述使用 store 管理应用状态的步骤。

3. 简述更改 state 有哪些方式。

4. 简述实现 Pinia 持久化存储的步骤。

五、编程题

1. 创建一个 Vue 单页应用，定义一个用于保存计数状态的 store，分别通过 state、getter 和 action 来保存计数值、计算倍数，以及实现计数增加，要求使用选项式语法和组合式语法来完成，并在根组件中使用所定义的 store。

2. 创建一个 Vue 单页应用，定义一个用于保存用户状态的 store，分别通过 state 和 action 来保存和更改用户信息，要求实现数据的持久化存储，并在根组件中使用所定义的 store。